国家出版基金项目
NATIONAL PUBLICATION FOUNDATION

"十四五"国家重点出版物出版规划项目

"双碳"目标下清洁能源气象服务丛书

丛书主编：丁一汇　　丛书副主编：朱 蓉　申彦波

江苏风能资源气象监测评估研究

陈兵　陈燕　杨杰　孙佳丽　著

U0336205

气象出版社
China Meteorological Press

内 容 简 介

风能资源是一种重要的清洁能源，其开发利用是实现碳达峰碳中和目标的重要途径之一。江苏省是我国新能源战略版图中重要的风能开发利用基地，本书基于多年的监测、评估和服务工作，系统介绍了江苏省风能资源的基本概况、气象观测、特征分析、数值模拟与评估、影响风能资源开发利用的高影响天气，给出了多个江苏省风电开发专业气象服务的典型案例，可以为各级政府及相关行业决策部门在制定风电开发相关政策时提供参考，也可供气象、电力、风机制造等领域的科技人员参考使用。

图书在版编目（CIP）数据

江苏风能资源气象监测评估研究 / 陈兵等著.
北京 ：气象出版社，2024. 10. -- （"双碳"目标下清洁能源气象服务丛书 / 丁一汇主编）. -- ISBN 978-7-5029-8334-5

Ⅰ．TK81；P41

中国国家版本馆 CIP 数据核字第 2024CX0400 号

江苏风能资源气象监测评估研究
Jiangsu Fengneng Ziyuan Qixiang Jiance Pinggu Yanjiu

出版发行：气象出版社

地 址：北京市海淀区中关村南大街 46 号　　　　**邮政编码**：100081

电 话：010-68407112（总编室）　010-68408042（发行部）

网 址：http://www.qxcbs.com　　　　**E - m a i l**：qxcbs@cma.gov.cn

丛书策划：王萃萃　　　　　　　　　　　　　　**终 审**：张 斌

责任编辑：王萃萃 马 可　　　　　　　　　　**责任技编**：赵相宁

封面设计：艺点设计　　　　　　　　　　　　　**责任校对**：张硕杰

印 刷：北京地大彩印有限公司

开 本：787 mm×1092 mm 1/16　　　　　　　　**印 张**：21.5

字 数：518 千字

版 次：2024 年 10 月第 1 版　　　　　　　　　**印 次**：2024 年 10 月第 1 次印刷

定 价：210. 00 元

本书如存在文字不清、漏印以及缺页、倒页、脱页等，请与本社发行部联系调换。

丛书前言

2020 年 9 月 22 日，在第七十五届联合国大会一般性辩论上，国家主席习近平向全世界郑重宣布——中国"二氧化碳排放力争于 2030 年前达到峰值，努力争取 2060 年前实现碳中和"。这是中国应对气候变化迈出的重要一步，必将对全球气候治理产生变革性影响。加快构建清洁低碳、安全高效能源体系是实现碳达峰、碳中和目标的重要部分，近年来，我国清洁能源发展规模持续扩大，为缓解能源资源约束和生态环境压力做出了突出贡献。但同时，清洁能源发展不平衡不充分的矛盾也日益凸显，不能满足当前清洁能源国家统筹、省负总责，建立国家和省两级协调，以省为主体统筹开展基地开发建设的发展需求，高质量跃升发展任重道远；各地区资源分布不均衡，需要因地制宜、分类施策，准确识别各区域具备开发利用条件的资源潜力至关重要。因此，迫切需要提高清洁能源气象服务保障能力。

风、光等作为气候资源，必然受到气象条件的影响，气象影响贯穿电场建设运行的始终，气象服务保障、气候评估等工作至关重要。气象部门以服务需求为引领，积累了基础风能太阳能资源观测资料，开展了资源评估，形成了风能太阳能资源监测和预报能力。面对目前的挑战和需求，气象出版社组织策划了"'双碳'目标下清洁能源气象服务丛书"(以下简称"丛书")，丛书系统全面介绍了包含陆上风能、海上风能、太阳能、水能、生物质能、核能等清洁能源特征，及其观测、预报预测、资源评估和开发潜力分析，相关气象灾害及其评估、预测与预警，各区域清洁能源发展规划、对策等新成果，介绍了各区域清洁能源开发利用气象保障服务体系框架、典型案例、应用示范以及煤炭清洁高效开发利用等方面的代表性成果，为助力能源绿色低碳转型，保障能源安全，实现碳达峰、碳中和目标，应对气候变化，促进我国经济社会高质量可持续发展提供科技支撑与服务。

丛书涵盖华北、东北、西北、华中、东南沿海、西南、新疆等区域中风能、太阳能等资源丰富和有代表性的地区，并覆盖水资源丰富的长江、黄河、金沙江、西江流域等，覆盖面广，内容全面，兼顾了科学性和实用性，既可为气象、能源、电力等相关领域的科研、业务人员提供参考，也可为政府部门统筹规划、精准施策提供科学依据。中国气象局首席气象专家朱蓉研究员和申彦波研究员作为丛书副主编，为保障丛书的顺利编写和出版做出了重要贡献；丛书编写团队集合了清洁能源气象观测、预报、科研、业务一线专家，涵盖了全国各区域的清洁能源科技创新团队带头人、首席专家和技术骨干，保证了丛书的科学性、权威性、创新性。

丛书得到中国工程院院士李泽椿和徐祥德的支持与推荐，列入了"十四五"国家重点出版物出版规划项目，并得到国家出版基金资助。丛书的组织和实施得到中国气象局、相关省(自治区、直辖市)气象局及电力、水利相关部门领导和专家的全力支持。在此，一并表示衷心感谢！

丛书编写出版所用的基础资料数据时间序列长、使用要素较多，涉及专业面广，参与编写人员众多，组织协调工作有一定难度，书中难免出现错漏之处，敬请广大读者批评指正。

丛书主编：丁一汇

2024 年 5 月

本书前言

习近平主席在第七十五届联合国大会一般性辩论上郑重宣布"二氧化碳排放力争于 2030 年前达到峰值，努力争取在 2060 年前实现碳中和"，为新时代我国风能、太阳能等可再生能源发展提供了基本遵循。"十四五"时期是江苏深入贯彻党的十九大和二十大精神，全面贯彻落实习近平新时代中国特色社会主义思想，深入践行"争当表率、争做示范、走在前列"新使命新要求，奋力谱写"强富美高"新江苏新篇章的重要时期，必须深入贯彻"四个革命、一个合作"(能源消费革命、能源供给革命、能源技术革命、能源体制革命、加强全方位国际合作)能源安全新战略，将发展风能、太阳能等可再生能源作为实现江苏省"碳达峰"目标、推动能源转型的关键着力点，为建设"强富美高"新江苏提供清洁、可靠的能源保障。

江苏省作为全国经济发达省份，人口众多且密度大，能源需求量大，是全国的电力消纳中心之一，能源需求与供给矛盾较为突出。历史上，江苏在夏季多次出现高峰时段拉闸限电的情况，给生产生活带来较为严重影响。同时，江苏省地势低平，水网密布，土地利用率高，是传统化石能源匮乏地区，对外来能源的依赖程度很高。石油、煤炭等化石能源的占比高，对实现"碳达峰、碳中和"的目标带来挑战和压力，也给全省的生态文明建设和绿色发展造成不利影响。因此，因地制宜开发风能资源、提高能源自给率尤为重要。

良好的风力条件是风能资源开发利用的前提和基石。江苏省滨江临海，具有 954 千米的海岸线和全国最大的滩涂、辐射沙洲，具有开展风力发电的潜力。开展风能资源监测和评估工作是风能资源开发利用的前提基础，摸清全省的风能资源分布特征和储量对开展风能资源开发利用规划尤为重要。风能资源的多寡、优劣对风力发电的效率有着决定性的影响。同时，江苏省地处东亚季风区和南北气候过渡带，大风、雷电、台风、冰雹等气象灾害多发，可能会对风能资源开发利用带来不利影响。因此，开展江苏风能资源监测和评估工作，研究江苏省的风能资源特点和影响风能资源开发利用的高影响天气，是非常必要也是紧迫的。

本研究根据《江苏省"十四五"能源发展规划》《江苏省"十四五"可再生能源发展专项规划》等，基于全省风能资源监测、风电行业发展等数据和资料，结合江苏省风能资源普查、江苏省风能资源详查和多个风电场风能资源评估等全省多年风能资源监测、评估已有研究成果，重点研究全省风能资源分布特征、风资源特点以及影响风能资源开发利用的高影响天气，结合风电开发气象专业服务典型案例分析，努力探明全省风电开发潜力，为全省风电开发利用提供参考依据，也为科研和业务人员开展风能资源开发利用研究、实践提高参考。

本书由江苏省气候中心组织完成，编写人员包括陈兵、陈燕、杨杰、孙佳丽，许遐祯、王瑞等协助编写。

著者

2024 年 8 月

目 录

第 1 章
江苏省风电发展概况

近百年来,全球气候正经历一次以变暖为主要特征的显著变化,世界气象组织(WMO)宣布 2023 年全球平均气温比工业化前(1850—1900 年)高 1.45 ℃,正式确认 2023 年为有记录以来最热一年。我国是气候变暖特征最为显著的国家之一,2023 年平均气温为 10.7 ℃,较常年值(9.9 ℃)偏高 0.8 ℃,为 1961 年以来最高。气候变暖对能源活动有着非常广泛的影响,包括直接影响和间接影响,为了积极应对气候变化和实现"碳达峰"的目标,大力发展风电成为必然选择。

1.1 研究背景及意义

江苏作为全国经济最为发达的省份之一,其能源生产和消费有着非常显著的特点。一方面,江苏省是能源消费大省,2021 年全省能源消费总量 3.48 亿 t 标准煤,位居全国第三,其中非化石能源占 12.3%。另一方面,江苏省是传统化石能源资源小省,化石能源资源十分匮乏,2020 年的一次能源生产量仅为 3620.89 万 t 标准煤,一次能源生产量只能满足 11% 的能源消费需求,是典型的能源输入型地区(图 1.1)。第三方面,随着经济发展,江苏省的能源消费增长迅猛,从 2000 年以来,全省能源消费总量增长了 4 倍。

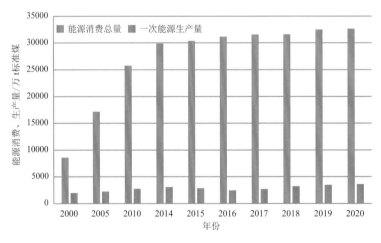

图 1.1 江苏省能源消费总量和一次能源生产量

因此,江苏省一次能源生产量远不能满足江苏日益增长的能源消费需求,大部分能源及能源产品需要从省外调入或从国外进口。全省常规能源资源较为贫乏,煤炭保有资源量为 40 亿 t,93% 集中在徐州地区,部分矿井已处于衰老阶段,今后煤炭年产量仅能维持目前水平甚至下行。在苏北地区已探明油田 34 个,探明石油地质储量 2 亿 t,核实年生产能力为 160 万 t,天然气探明储量为 22 亿 m³。同时,江苏省地势平坦,水能资源匮乏,不具备开发利用水电的条件。全省能源消耗总量大,供需矛盾十分突出,96% 以上的煤炭、99% 以上的油气由省外输入,省外来电占全社会用电量的比重达到 20%,能源的外部约束大,江苏的经济社会发展对外来能源的依赖程度很高。另外,随着中国甚至全球化石能源资源的不断减少,江苏省的能源供应面临着严峻的挑战。

能源与地区生产总值(GDP)是一种投入产出的关系。2000—2011 年间,江苏省 GDP 年平均增长 16.8%,而能源消费总量平均增长达 10.9%。随着江苏实施了一系列节约能源和节能减排的政策和措施,江苏单位 GDP 能耗不断下降,2011 年降至 0.56 t 标准煤/万元。随着社会经济的发展和人民生活水平的提高,全省人均能耗总体呈大幅增长的趋势,尤其是 2001 年以后人均能耗急剧增长。2001 年江苏省的人均能耗为 1.21 t 标准煤/人,但 2011 年江苏省的人均能耗增至 3.49 t 标准煤/人,为 2001 年的 2.88 倍。可以预见,随着能源消费总量的增加和人口总数的稳定,未来全省的人均能耗仍将呈上升趋势。

从能源生产结构来看,江苏省能源生产以原煤和发电量为主,到 2005 年,全省发电量开始超过原煤生产量,位居能源生产结构的首位,且一直保持上升的势头,到 2009 年,所占比重已达到 41.01%,而原煤生产量一路下跌至 2009 年比重为 19.52%。从能源消费结构来看,江苏能源消费主要以煤炭为主、多能互补。能源消费结构不合理,化石能源消费比例高,煤炭和石油分别占一次能源消费的 75% 和 16%。能源是碳排放的主要领域,为了完成"碳达峰"的目标,我国必然从政策上控制化石能源的使用,2020 年和 2030 年,中国的 CO_2 排放强度将大幅降低,从而为减缓温室气体排放做出突出贡献。作为经济和能源消费大省,江苏将承担更多的减排任务。在短时间内,江苏能源消费仍将以煤炭为主,为了完成节能减排目标,必须控制煤炭的使用,减少碳排放。从能源的生产和消费结构来看,全省面临着巨大的能源结构调整压力。

在全球气候变化的背景下,气候变暖和极端天气气候事件频数的改变将会引起能源需求和消耗的变化(高峰,2000)。由于人类经济活动与气温存在明显的相关性,尤其在城市采暖与降温的能源消耗上,气候变化的影响将会非常巨大。已有研究表明,由气候变暖导致长江中下游地区 1985—2004 年间冬季采暖耗能降低了 30% 以上。与 20 世纪 60 年代相比,在 21 世纪初华东取暖度日减少了 7%,降温度日则增加了 17%。对江苏而言,随着气温的升高,全省的采暖、降温耗能发生了明显的变化,具体表现为采暖初日推迟、终日提前,采暖期变短,降温初日提前、终日推迟,降温期大幅延长。

在能源消费需求增长、实现"碳达峰"目标的双重压力下,开发利用风能、太阳能等清洁可再生能源已经成为必然的选择(许瑞林 等,2011)。风能资源作为可再生的气候资源已经在我国取得了飞速的发展,风能资源是风电事业发展的基石,是影响风电投资成败的主要因素。较好的风力条件是建立风电场的基本条件,有效开展风能监测和评估,是风电场建设的前提。风是受地理环境影响最大的气象要素,由于受到地表摩擦的作用,不同的下垫面条件,其风能资源存在很大的差异。

同时,风机作为高耸单体结构,轮毂高度高、叶片长,为了获得更多的能量,常常采用提高风机轮毂高度、风机叶片加长加宽等措施。风电场的安全运行常常受到强风、雷电、大雾、结冰等不利气象条件的挑战。在风电场工程设计中,需要对风电场的风参数进行研究,以便为工程设计、设备选型提出设计基准参数。若设计基准过高,则容易导致工程成本的增加,造成浪费;若设计基准过低,则给风电场安全运行带来风灾的风险,甚至可能造成颠覆性的后果。

因此,开展风能资源监测和评估研究,研究全省风能资源分布和风资源特征,了解不同下垫面条件下的风能资源特点,摸清全省风能资源储量和分布,研究影响风电开发的高影响天气、气象灾害等不利气象条件特点,对风电开发有着关键的意义。因此,本书在风能资源监测、调查、评估的基础上,利用全省气象台站长序列气象观测数据、不同地区梯度测风塔资料,结合风电开发的典型案例,开展风能资源监测和评估研究。主要目的是全面总结江苏省风能资源监测、评估的发展历程和现状,着力阐明全省风资源分布特点和资源量,研究风电开发的高影响天气及其危害,为全省风电开发提供支持,也为全国风电开发提供有用的参考。

1.2 江苏省风能开发利用政策

在国家的新能源战略版图中,江苏省与甘肃、内蒙古、吉林等内陆省份同被列入七大"风电三峡"基地。为了改变火电单一结构和一次性能源贫乏的局面,江苏把发展风电作为一项重要措施,积极实施风电项目,打造风电产业,有序推进风能的开发利用(严慧敏,2005)。

早在 21 世纪初,江苏省发展与改革委员会就制定了《江苏省海上风电发展工程规划(2000—2020 年)》,提出到 2015 年,实现海上装机达到 7000 MW、陆地达到 3000 MW 的规模,积极推进江苏沿海风力发电的发展。在特许权政策的支持下,江苏省积极推进陆地风电场建设。同时,在江苏省如东县近海推进海上风电试验风场的建设,为海上风电大规模开发创造条件。

2008 年,江苏省人民政府制定了并发布了《江苏省风力发电发展规划(2006—2020年)》,提出了建设千万千瓦级风电基地的目标。同时,江苏省发展和改革委员会制定并发布了《江苏省风力发电装备发展规划纲要》,提出"以常州、无锡、南通、盐城等地区为重点,突出发展年产 100 台以上的兆瓦级风电整机,以扬州为重点,突出发展大批量小型家用风电整机,以南京、无锡、盐城、连云港、徐州、泰州等地区为重点,突出发展叶片、塔筒、法兰、轮毂、底盘、主轴、回转支承以及特种电缆、变压器等配套产品和关键部件",并明确到 2020 年基本形成 800 万 kW 整机制造能力和 1000 亿元销售规模。2009 年,江苏省人民政府发布了《江苏省新能源产业调整和振兴发展纲要》,提出"发挥现有产业优势,以风电场的规模化建设带动风电装备产业化发展,推动产业标准化、系列化,建设风力发电和风电装备制造基地"。

2010 年,江苏省能源局组织编制了《江苏千万千瓦级风电基地规划》,明确了风电基地的建设目标,到 2010 年,全省风电装机达到 1500 MW(不含海上),到 2020 年,达到 10000 MW,远期形成 21000 MW 装机容量。根据《江苏省海上风电场工程规划(2012—2020 年)(修编)》,全省规划修编(包括已建、在建、核准和规划项目)的场址 61 个,规划装机容量 14600 MW。除了积极推进风电规模化发展以外,江苏积极推进分散式风电场的建设。全省各地纷纷制定了分散式风电发展规划,探索和推动分散式风电场的开发建设。

随着全省风电的快速发展和国家风电政策的调整,江苏省为了推进实现风电高质量发展,也进行了风电政策的调整。2019 年 6 月,江苏暂停集中式风电项目竞争配置。2021 年 7

月,江苏省发展和改革委员会发布《关于做好2021年风电和光伏发电项目建设工作的通知》,要求严格控制新上陆上风电项目,明确了"鼓励分散式风电开发,采取多种方式支持分散式风电建设"。通知中还特别提出,"十四五"期间将进一步优化风电、光伏发电结构,重点发展海上风电和光伏发电,并提出了"十四五"可再生能源发展目标——力争全省2025年风电和光伏发电总装机容量达到6300万kW以上,其中风电、光伏发电将累计新增3069万kW以上。

2021年,江苏省发展和改革委员会发布了《江苏省"十四五"海上风电规划》。根据规划,将江苏海洋空间划分为优化开发、重点开发、限制开发和禁止开发四类区域。其中,优化开发区域包括连云港赣榆区、盐城滨海县和大丰区、如东县、海门市、启东市,海域总面积达16860.4 km²,占全省海域面积的53.65%。重点开发区域包括连云港连云区、南通通州湾江海联动开发示范区(简称通州湾示范区),共2941.5 km²,占全省海域面积的9.36%。限制开发区域包括灌云县、灌南县、响水县、射阳县、亭湖区和东台市、海安县,共9647.9 km²,占全省海域面积的30.70%。禁止开发区域包括盐城国家级珍禽自然保护区、大丰麋鹿国家级自然保护区、启东长江口(北支)湿地省级保护区和达山岛(含达东礁)、麻菜珩、外磕脚3个领海基点所在岛屿。根据规划,海上风电新规划场址达28个,规划装机达9090 MW,规划总面积达1444 km²。同时,新规划的28个海上风电场场址均离岸达10 km以上。

2022年,江苏省发展和改革委员会发布了《江苏省"十四五"可再生能源发展专项规划》。规划提出,要优化风电发展结构,重点发展海上风电,实现风能资源的科学开发和有效利用。建立海上风电资源竞争性配置工作机制,加大省级统筹资源力度。加快完成灌云、滨海、射阳、大丰、如东、启东等地存量海上风电项目建设,形成近海千万千瓦级风电基地。按照"近海为主、远海示范"的原则,通过技术引领、政策机制创新等多种方式,加快推动海上风电技术进步和成本降低,全力推进近海海上风电规模化发展,稳妥开展深远海海上风电示范建设。按照"统一规划、统一送出"的思路,探索开展海上风电柔性直流集中送出、海洋牧场、海上综合能源岛、海上风电制氢、海上风电与火电耦合等前沿技术示范。有序推进陆上风电存量项目建设。规划提出,到2025年,全省风电装机达到28000 MW以上,其中海上风电装机达到15000 MW以上。

根据《江苏省"十四五"可再生能源发展专项规划》,江苏将逐步构建以新能源为主体的新型电力系统,加快可再生能源项目配套送出及电网加强工程协同,积极推进沿海第二通道和过江通道等建设,提高北电南送输电能力,全面提升可再生能源消纳能力。同时,探索和完善可再生能源配置储能的市场化模式和共享共建模式,建立健全可再生能源电力消纳保障机制,强化可再生能源电力消纳责任权重引导,鼓励优先生产和消费可再生能源电量,推动形成可再生能源与传统电源公平竞争的市场机制,逐步扩大绿色电力参与市场化交易比重。完善可再生能源绿色电力证书交易制度,积极引导绿色能源消费。

同时,专项规划提出,要发挥江苏省在智能电网装备、光伏发电、海上风电、储能系统等方面的技术优势,加强可再生能源前沿技术和核心技术装备攻关,加大新型电力系统关键技术研究与推广应用。推进超大型海上风电机组研制以及高承载主轴承等核心技术研发和创新,开展深远海海上风电勘察、施工及柔性直流送出等新技术的研究和应用。全力打造盐城、南通海上风电装备制造产业集群,推动国家级海上风电检测中心落户江苏,加快海上风电装备研发、设计制造基地建设,加快提升港口能级,加强海上风电运维平台及港口码头等配套基础设施建设,建设海上风电施工运维一体化应用基地,逐步形成自主可控的海上风电产业体系。

由此可见,江苏省将加快全省风电规模化开发的进程,风电开发的重点区域将以近海为主。同时,江苏将加快风电电力输送、施工、运维等配套基础设施的建设,积极推动风电产业装备的发展。通过完善风电电力消纳、消费等政策机制以及加强技术创新,大力推进全省风电开发的发展。

1.3 江苏省风电产业发展现状

江苏省 20 世纪 90 年代初开始风电场的气象水文观测、地质基础调查、风能资源观测等前期工作,于 2004 年开展了全省的风能资源普查,于 2007 年开展了全省风能资源详查和评估工作,基本摸清了全省陆地风能资源的储量和分布特点,为全省风电开发奠定了基础。

2003 年如东风电一期 100 MW 项目特许权招标,拉开了江苏风能规模化开发利用的序幕。沿海风电场陆续开始招标建设,至 2009 年,已投产项目包括如东风电场一期(100 MW)、如东风电场二期(150 MW)、东台风电场(200 MW)、大丰风电场(200 MW)、华能启东风电场(91.5 MW)、启东东元风电场(100.5 MW)、响水风电场(200 MW)、如东东凌风电场一期(70.5 MW)。至 2009 年底,全省已投入运行的风电场 9 个,总装机容量达 1317 MW。另外,在响水、滨海各建设一个 200 MW 的风电场。这一阶段的规模化风电场建设主要位于沿海陆地和滩涂地区。同时,已在潮间带和近海安装了 10 多台海上实验风机,取得了一定的海上风电建设组织和施工经验,为下一步的海上风电建设奠定了基础(图 1.2,图 1.3)。

图 1.2 如东环港风电场

图 1.3 如东风电场

2010 年以后,随着《江苏千万千瓦级风电基地规划》的制定,江苏规模化风电场建设逐渐转向海上。2010 年,滨海、射阳、大丰、东台四个国家第一批海上风电场特许权项目招标,拉开了江苏海上风电场规模化发展的序幕。随后,中广核如东 150 MW 海上风电场(图 1.4)、海装如东 300 MW 海上风电场(图 1.5)纷纷开展建设。至 2020 年,全省海上风电并网装机达 5730 MW,位居全国首位。同时,陆地和沿海滩涂风电场也迅猛发展,风电场建设逐渐向丘陵、沿湖等延伸,龙源盱眙风电场(一期、二期、三期)、华能六合风电场、华能泗洪风电场、协鑫泗洪风电场等一大批陆地风电场陆续开工建设、投入运行。至 2020 年,全省风电并网装机达 15470 MW,超额完成到 2020 年 10000 MW 的规划装机目标。

图 1.4 中广核如东海上风电场

图 1.5 海装如东海上风电场

　　江苏除了海上风电发展迅猛以外,全省的分散式风电也发展迅速。一方面,依托持续创新,风轮直径的加大、翼型效率的提升、控制策略的智能化、超高塔筒的应用以及微观选址的精细化等,机组的发电效率和可靠性显著增强,低风速风能资源的开发价值也大幅提升。另一方面,江苏省内的大量工厂园区、港口码头、村前屋后、田间地头等,非常适合"见缝插针"开发分散式风电项目。一批分散式风电项目建成并网且已产生效益。例如,在土地获取条件严苛的江阴临港开发区,借助分散式开发模式,利用港口的堆场边角土地,已投运 14 台机组,总装机容量超过 3 万 kW。这些机组所发的绿色电力不仅可以满足港口近一半的用电需求,还使得整体用电成本下降了 20% 以上,产生显著的经济、社会和生态效益。2022 年 4 月,华润电力宜兴徐舍 4.29 万 kW 分散式 EPC 风电项目完成并网,工程投产发电后,每年可向电网输送约 9680.57 万 kW·h 清洁能源电量,与同等规模的燃煤电厂相比,每年可节约标准煤约为 11897.42 t,对助力实现"碳达峰、碳中和"目标具有重要意义。风圣能源(扬州)有限责任公司杨寿 50 MW 分散式风电项目、华润电力江苏仪征刘集 30 MW 分散式风电项目等一批分散式风电项目开工建设。

　　截至 2020 年,江苏省的风力发电替代作用日趋明显。2020 年,全省风力发电总计 229 亿 kW·h,占全社会用电量的 3.6%。江苏风电产业起步较早,在项目规模化开发的带动下,已形成很健全的风电产业链体系,涵盖开发建设、部件与整机供应、配套服务等,并在盐城、南通、连云港等地打造出百亿乃至千亿级的风电产业集群,风电已经成为江苏地区经济转型发展的新增长点与动力源。这些基地在满足国内市场需求的同时,还源源不断向国外出口风电设备。风电装备产业迅速壮大,以高塔筒、大叶轮为特点的低风速风机技术达到世界领先水平,内陆 140 m 高度以上风能得到有效利用,大容量海上风电核心技术取得突破,海上风电柔性直流输电工程施工建设,盐城、南通等地风电产业装备园建设卓有成效,形成了涵盖风电整机和电机、叶片、齿轮箱、电控等关键零部件在内的完整产业链(2022 年《江苏省"十四五"可再生能源发展专项规划》)。江苏省风力发电及其装备产业在取得迅猛发展的同时，也还存在一些比较突出的问题，主要表现在三个方面。一方面，江苏省经济发达、人口密集，土地资源非常紧张，土地资源的约束趋紧。受土地资源、生态红线、林业、海域等因素制约，随着生态文明建设要求的不断提升，陆地风电存在找地难、落地难、推进难等情况，土地资源等方面约束进一步趋紧。另一方面，风电消纳压力增大，受土地和风能资源分布制约，全省约99％的风电装机分布在长江以北地区，约60％的负荷分布在长江以南地区。同时，苏南、苏北被长江分隔，过江通道输送能力偏弱，辅助服务市场机制尚未完善，电源灵活调节能力不足，导致风电消纳压力增大，局部地区、局部时段存在一定的消纳问题（吴息 等，2009）。第三个方面是竞争力有待提高，受土地资源制约，江苏省的风电发展方向是发展海上风电，由近海向远海发展的同时面临国家政策调整。风力发电的技术成本虽已大幅下降，但非技术成本仍然较高，叠加电网调峰等问题，风电的竞争力相比化石能源仍然偏弱，整体成本仍然偏高。

第 2 章
江苏省风能资源概况

风资源作为气候资源是风电事业发展的基石,是影响风电投资成败的主要因素。较好的风力条件是建立风电场的基本条件,是风电场建设的前提。在风电场建设的前期工作中,首先要进行风能资源的测量和评估,摸清拟建场址区域的风资源状况和主要特点,为风电场投资估算、投资计划和风机选型等提供参考依据。本章将在全省风资源已有观测和评估的基础上,阐述全省的风能资源概况。

2.1　江苏省自然地理概况

江苏省位于中国东部沿海地区中部,长江、淮河下游,地处 $30°45'$—$35°07'$N,$116°21'$—$121°55'$E 之间,南北跨度 460 余千米,东西跨度 320 余千米,土地面积约 10.26 万 km^2,占全国土地总面积的 1.05%。江苏省北接山东,南临上海、浙江,西界安徽,东濒黄海,拥有近 1000 km 长的海岸线,沿海滩涂面积达 6500 km^2,约占全国滩涂总面积的 1/4,居全国各省、市之首。全省下辖南京、无锡、徐州、常州、苏州、南通、连云港、淮安、盐城、宿迁、扬州、镇江、泰州 13 个地级市及 52 个县(市),2021 年全省人口约 8500 余万,是中国经济最为发达的省份之一。

江苏省地势平坦,平原辽阔,河湖众多、水网密布。全省绝大部分地区海拔高度在 50 m 以下,地形以平原为主,平原面积约占全省总面积的 68%,分为徐淮平原、里下河平原、滨海平原、沿江平原和太湖三角洲平原 5 部分,是全国地势最为低平的省区。丘陵、山区仅占全省面积的 15%,主要集中在北部和西南部。本省内山脉有长江三角洲西侧的南京至镇江的宁镇山脉,自苏皖边界东向形成茅山丘陵和苏浙之间的宜溧山地等,北部有云台山脉、马陵山地和相山山地等。其中宜溧山地海拔在 300~500 m,徐淮平原以北的徐州、连云港附近有山东丘陵南向延续的残丘,徐州地区丘陵海拔一般在 100 m 左右,连云港地区丘陵一般为 200 余米,最高海拔为云台山玉女峰的 625 m,也是本省最高山峰。另外,宁镇山脉的钟山(紫金山)、汤山、栖霞山、青龙山和茅山都是本省著名山峰。

江苏省境内河川纵横,湖泊密布,水体面积大,水域面积占全省总面积的 16.9%。全省主要河流湖泊大致可分为沂沭泗水系、淮河下游水系、长江和太湖水系三大流域系统,全省有大小河道 2900 多条,湖泊近 300 个,水库 1100 多座,江河湖塘和水库等水域面积约 17360 km^2,约占全省总面积的 17%,比重之大居全国之冠,故以鱼米之乡而著称。其中长江横穿东西 400 多千米,京杭大运河纵贯南北 690 km,西南部有秦淮河,北部有苏北灌溉总渠、新沭河、通扬运河等。水乡江南的太湖、苏北平原的洪泽湖分别是全国五大淡水湖之一,另外,苏北的骆马湖,苏中的高邮湖,苏南的石臼湖、滆湖、长荡湖、阳澄湖等是本省的著名湖泊。如此众多的水域,使得我省能承受上游 200 多万平方千米面积的客水,故素有洪水走廊之称。

江苏省陆地地貌可分为 7 个地貌区,分别为沂沭丘陵平原区、徐淮黄泛平原区、里下河浅洼平原区、苏北滨海平原区、长江三角洲平原区、太湖水网平原区和宁镇扬丘陵岗地区。

沂沭丘陵平原区位于江苏省东北部,丘陵岗地主要由前震旦系变质岩组成,山地海拔多在200～300 m,丘陵岗地外围为冲积山前平原。本省西北部为徐淮黄泛平原区,地面海拔由西北部的45 m左右降低至东南部的3 m左右,黄河故道横贯东西,区内有堤内滩地、决口扇平原、堤侧微斜平原和各种低洼平原等,另外,徐州附近还有古生代为主的灰岩蚀余丘陵分布。里下河浅洼平原区位于苏北中部,里运河以西海拔为6～11 m,以东为2～6 m,兴化附近最低,区内有水网平原、圩田平原、湖荡平原和湖滩地等,由古泻湖经后期河海泛滥泥沙堆积而成。苏北滨海平原区位于范公堤以东的苏北沿海,地面海拔多在2～4 m,地貌可分为脱盐平原、半脱盐平原、条田化平原、海湾低平原、盐田平原和盐田,由近2000年来海岸不断向外淤涨而成。长江三角洲平原位于长江下游和长江口两侧,地面海拔由西部的8 m左右降低为东部的2～3 m,沿江沙洲和滩地2～5 m,区内有高沙平原、高亢平原和新三角洲平原,有长江泥沙在河口地区不断堆积而成。本省东南部为太湖水网平原区,海拔由西部的5～8 m降低为东部的2～3 m,为古湖荡平原,有"水乡泽国"之称。本省西南部为宁镇扬丘陵岗地区,低山丘陵海拔多在300～400 m,黄土岗地海拔多在10～30 m,可分为高岗、缓岗和微缓岗,长江及其支流沿岸为河谷平原和冲沟。

江苏省跨江滨海,平原辽阔,水网密布,湖泊众多为土地资源的开发利用提供了有利的自然基础。全省农用地面积为680余万公顷,建设用地面积为170余万公顷,未利用地面积为160余万公顷。江苏省地跨暖温带、北亚热带、中亚热带,同时又滨江临海,植被状况相对较为复杂。苏北灌溉总渠以北以落叶阔叶林和旱地作物植被为主,以南至宜兴、溧阳山区北缘,以落叶、常绿阔叶林混交林和轮作作物为主,再往南则以至边界地区为常绿阔叶林为多。

2.2　江苏省气候特征

2.2.1　气候概况

江苏省年平均气温在13～17 ℃,平均14.7 ℃,分布的趋势是自北向南递增。苏北连云港市的赣榆县年平均气温最低,仅13.6 ℃;太湖之滨的东山年平均气温最高,达16.1 ℃。全省冬季(12月、1月、2月)温度最低,介于1.1～5.0 ℃,其中1月为最冷月,月平均温度在−0.4～3.6 ℃;夏季温度最高,在25.2～27.0 ℃,其中7月为最热月,月平均温度在26.2～28.3 ℃。春季升温西部快于东部,东西相差4～7 d;秋季降温南部慢于北部,南北相差3～6 d。江苏省极端最高气温43.0 ℃,1934年7月13日出现在南京;极端最低温度−23.4 ℃,1969年2月5日出现在宿迁。由于江苏省地处中纬度,濒临黄海,受海洋性气候影响,与同纬度内陆省份相比较而言,气温年、日较差较小,气温年较差在23.5～27.1 ℃,全年无霜期较长,尤其是沿海地区(龚志强 等,2009)。

受季风气候影响,江苏降水充沛,年降水量在698～1247 mm,平均1000.4 mm。降水地区差异明显,沿海多于内陆,南部多于北部,丘陵山地多于平原。降水量高值区在宜溧山区,太湖之滨的宜兴年平均降水量最多,达 1246.3 mm;徐淮西北部为降水低值区,其中丰县年平均降水最少,仅 698.9 mm。全省夏季降水集中,冬季降水稀少,春、秋季介于夏季与冬季之间;全省的主要降水集中期为 6—9 月,占全年降雨量的 59.2%。

江苏省年平均风速在 2.1~5.3 m/s,若不计海岛站,则在 2.1~4.6 m/s。分布特点是湖区、平原地区风速较山地大,沿海较内陆大,沿海、长江口以及太湖以东地区的年平均风速在 3.0 m/s 以上。全省各地最大风速在 15.0~29.0 m/s,若不含海岛,则在 15.0~25.6 m/s(李超 等,2013)。

全省年蒸发量在 1265~1829 mm,因受海洋潮湿气流影响,蒸发量明显自东向西递增。全省年平均日照时数为 1818~2495 h,分布自北向南递减。影响江苏省的热带气旋年平均 1~3 个,最多年份可达 7 个,个别年份则没有热带气旋影响。

由于江苏处于中纬度地带、海陆相过渡带和气候过渡带,也是典型的气候灾害频发区。常见的气候灾害有洪涝、干旱、梅雨、暴雨、连阴雨、热带气旋、冰雹、龙卷、雷暴、大风、寒潮、大雪、冰冻、霜冻、大雾等。

2.2.2 四季气候特征

本书中所用的四季,按 3—5 月(春季)、6—8 月(夏季)、9—11 月(秋季)、12 月—次年 2 月(冬季)划分。受季风气候影响,江苏省四季分明,降水丰沛,光照充足,雨热同季,春季温和,夏季酷热,秋季凉爽,冬季寒冷。

2.2.2.1 春季

春季是由冬到夏的过渡季节,全省季内冷暖空气交替频繁,乍寒乍暖,天气多变。早春时节,受大陆冷高压控制,常有冷空气和寒潮影响,盛行偏北风,多大风天气,且持续时间长、范围广,平均风速较大,为一年当中风能资源开发比较有利季节。晚春,随着南方暖空气势力加强,江淮气旋增多,大风和降水增多,当冷暖空气对峙在江淮时,常出现春季连阴雨天气(姜爱军 等,2006)。全省晚春以偏东南风为多,平均风速较大,对风能资源开发利用有利。晚春强对流天气也常常出现,当强对流天气出现时,常出现局地雷雨大风天气,但持续时间短、范围相对较小,风力较大,常产生 25 m/s 以上大风,可能会给风能资源开发利用带来影响。

2.2.2.2 夏季

全省夏季明显分为初夏的梅雨期和盛夏两个阶段。前期多雨,后期多干旱。初夏,在西太平洋副热带高压北上过程中,若暖湿气流与北方冷空气交锋停滞在长江中下游时,即形成梅雨天气,进入全省主要雨季。梅雨季节暴雨频繁,降水集中、丰富,相对湿度大,日照少。梅雨的早迟、长短、丰、欠有着明显的年际差异。初夏常有江淮气旋影响,气旋影响时风速较大,对风能资源开发利用有利。梅雨期内常产生强对流天气,常有局地短时雷雨大风,但持续时间短、风力大,难以开发利用。梅雨期结束即进入高温酷热的盛夏,受稳定少变的西太平洋副热带高压的控制,全省晴热少雨,常出现 35 ℃ 以上的高温天气(郑有飞 等,2012)。全省夏季盛行东南风,风力小且静风较多,总体而言为一年当中风力最小的季节之一,风能资源相对缺乏。但是,夏季常有热带气旋影响,但大多数热带气旋影响时的风力在 10 级以下,可根据热带气旋的强度,科学合理利用热带气旋带来的风能资源。

2.2.2.3 秋季

初秋常受逐渐减弱的西太平洋副热带高压影响,天气晴朗,静风较多,风向仍以东南风为多,这一时段的平均风速较小,不利于风能资源开发利用。有的年份,会出现短暂的"秋老虎"高温天气。随着北方冷空气势力逐渐增强,夏季风逐渐被冬季风所取代,气温下降,偏北风向也逐渐增多,风力增大,有利于风能资源开发利用。进入中秋以后,常有冷空气或寒潮影响,气温下降明显,风力增大,大风天气也逐渐增多。全省自北向南出现初霜,沿海地区略晚于西部内陆地区。晚秋时节,全省常受大陆干冷气团影响,以偏北风为主,风力较大且较为稳定,有利于风能资源的利用。

2.2.2.4 冬季

进入冬季,受欧亚大陆干冷气团控制,全省气温低,降水少,盛行偏北风。季内冷空气影响频繁,大风天气多,风力较大,且持续时间长、范围广,对风能资源利用比较有利。进入隆冬时节,常常会有短暂的雨雪、冰冻天气出现,对风能资源开发利用造成影响。冬季的平均风速仅次于春季,风能资源较为丰富,风力条件相对而言较为稳定,可开发利用时数也较多,是风电场一年当中生产的主要季节之一。

2.3 江苏省风能资源分布特点

江苏省滨江临海,地势低平,全省主要以平原、水域和少量低山丘陵为主。江苏省位于中纬度东亚季风区,年内兼受热带、副热带、西风带天气系统和冷空气的影响,全省风能资源丰富。受季风气候和地形的共同影响,风能资源有着明显的地域和季节性差异(徐新华 等,1999)。

2.3.1 空间分布特征

2.3.1.1 全省风能资源空间分布

由于江苏省地势平坦,无大地形遮蔽作用,全省内陆地区风速分布相对较为均匀。根据全省70多个国家气象站10 m高度的风能资源观测和评估结果,全省大部分地区的年平均风速在2.0~3.0 m/s。沿海地区风速在3.0~5.0 m/s,其中,连云港市燕尾港站观测到的多年平均风速达4.6 m/s。沿海地区的风速等值线基本与海岸线平行,风速从沿海到内陆递减,沿海地区风速等值线较为密集,是风速变化最剧烈的地区,苏北连云港沿海地区尤为明显(《江苏省气候变化评估报告》编写委员会,2017)。

全省陆地年平均风速高值区主要位于沿海地区,沿海及太湖地区10 m高度年平均风速3.0 m/s以上,尤其是在苏北连云港沿海地区,年平均风速在4 m/s以上。年平均风速低值区主要分布在西北部、西南部以及沿江部分内陆地区。其中江苏西北部的徐州、宿迁及淮安西北部地区,大部分地区年平均风速在2.5 m/s以下;沿江的常州、镇江、扬州以及泰州地区的年平均风速在2.0~2.5 m/s;西南部的南京以及太湖以西的宜溧山地地区年平均风速同样也在 2.5 m/s 以下。年平均风速最大值在海岛上,其中西连岛年平均风速达到 5.2 m/s,最小值在沭阳,年平均风速仅 1.8 m/s。

根据江苏近海海域多个测风塔的观测和评估结果,江苏近海海域的 10 m 高度年平均风速基本在 6 m/s 以上,风能资源非常丰富(陈燕 等,2017)。另外,受局地下垫面地形的影响,沿江、沿湖、丘陵山地的离地 10 m 高度年平均风速可达 4 m/s 以上。根据部分区域风能资源观测和评估的成果,洪泽湖、骆马湖、高邮湖、太湖等地的 10 m 高度年平均风速可达 3.0~4.5 m/s,这些地区的风能资源也具备开发条件(表 2.1)。

表 2.1 部分地区 10 m 高度年平均风速

单位:m/s

地点	骆马湖	洪泽湖	盱眙丘陵	高邮湖(金湖)	太湖(东山气象站)	如东近海
风速	4.2	4.0	3.9	3.5	3.2	6.3

江苏省年平均风功率密度的分布特征和年平均风速较为相似。全省年平均风功率密度自沿海向内陆递减,沿海风功率密度等值线基本平行海岸线,呈带状分布。

全省大部分地区 10 m 高度年平均风功率密度在 25~100 W/m²,沿海及太湖地区风功率密度较大,其中沿海岸地区可达 100 W/m² 以上,尤其是苏北连云港和南通沿海地区年平均风功率密度较大,部分地区可达 150 W/m² 以上。洪泽湖地区由于湖面宽阔,其沿湖地区的年平均风功率密度明显高于周围内陆地区,部分地区可达 50 W/m² 以上。内陆大部分地区年平均风功率密度明显小于沿海地区,西北部和西南部部分地区不足 25 W/m²。全省年平均风功率密度最高值在海岛上,如西连岛达到 207.7 W/m²,低值区主要有两个,分别是徐州、宿迁及淮安西北部和沿江的常、镇、扬地区,年平均风功率密度最低值在苏北内陆的沭阳,仅 12.0 W/m²。

在江苏 30 m 等深线海域范围内,50 m 高度的年平均风功率密度大于 300 W/m² 的面积约为 49000 km²,属于 3 类风能资源。从分布来看,盐城和南通海域海上 5 m 等深线风能资源基本达到 3 类等级,连云港海域的海州湾地区海上 10 m 等深线风能资源也达到 3 类等级。江苏省海上风能资源具有大规模开发利用潜力。

在沿海陆地上,50 m 高度年平均风功率密度大于 200 W/m² 的面积约为 3000 km²,属于 2 类风能资源。其主要分布在连云港云台山脉以南至南通市沿海陆上,其中射阳以南至南通市沿海的部分地区接近 3 类风能资源等级。沿海陆地风能资源丰富,开发技术相对成熟,是全省目前风电场密集区域。

除了海上和沿海地区,洪泽湖、骆马湖等大型水体周围,风能资源相对丰富,接近 2 类风能资源等级,可以考虑适当开发利用(黄世成 等,2007)。江苏其余地区属于 1 类风能资源等级。

江苏沿海风能资源的可利用性较好(表 2.2,图 2.1)。70 m 高度有效风速(3~25 m/s)百分率达 90%,有效风功率密度达到 270 W/m²。风速主要分布在 3~10 m/s,占整个风速频率的 75% 以上,风速分布的主要区域也是风能分布的高值区,80% 以上的风能集中在 4~12 m/s 的风速区间。连云港沿海地区 7 m/s 风速区间的风能最丰富,占 14%,盐城和南通沿海地区 9 m/s 风速区间的风能最大,占 13%。

表 2.2 沿海地区 70 m 高度不同风速区间年小时数

风速区间	3～25 m/s	4～25 m/s	5～25 m/s	6～25 m/s	7～25 m/s	8～25 m/s
小时数/h	7910	7035	5863	4523	3252	2201
风速区间	9～25 m/s	10～25 m/s	11～25 m/s	12～25 m/s	13～25 m/s	14～25 m/s
小时数/h	1455	923	581	344	198	113

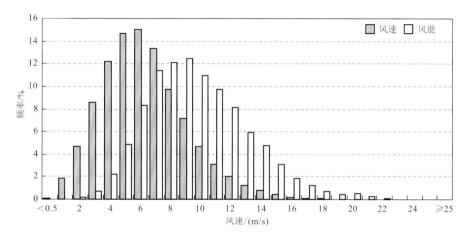

图 2.1 沿海测风塔 70 m 风速、风能频率分布

从风向分布来看(图 2.2),江苏沿海地区 60% 以上的风向集中在北—南东南扇区。秋冬季以偏北风为主,加之冬季风速大,全年 40% 以上的风能密度集中在偏北方向。春夏季以东南风为主,全年 20% 左右的风能密度集中在东南方向。

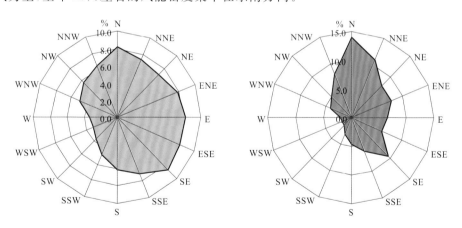

图 2.2 沿海测风塔 70 m 风向、风能密度玫瑰图

2.3.1.2 风能资源分区

根据风能资源观测和评估的结果,全省风能资源可分为极丰富区、丰富区、较丰富区、一般区和贫乏区(江苏省气候中心,2005)。

(1)风能资源极丰富区

江苏省的风能资源极丰富区主要位于海上、海岛及部分沿海滩涂地区,这些地区离地

10 m 高度的年平均风功率密度在 200 W/m² 以上,有效风速(风速在 3~25 m/s)累计小时数在 6000 h 以上,如西连岛的年平均风功率密度达到 207.7 W/m²,年有效风速达到 6337 h。

江苏海域面积大,受东亚季风气候的影响,冬半年盛行东北风,夏半年盛行东南风。无论是变性的陆地气旋入海还是热带气旋北上,都会给当地带来较大的风速。在冬半年,当冷空气南下时,由于气压梯度大,风速也较大,而海面摩擦力小,风速不易衰减。因此,江苏省海域的风能资源非常丰富,具备大规模开发的资源条件。

沿海岛屿周围为宽阔的海面,少地形遮挡作用。由于水体表面光滑,摩擦力小,当风从海面吹向大陆时,在面积相对较小、地势较低的海岛无明显的减弱,风速明显大于内陆地区;当风从大陆吹向海洋时,由于地表摩擦突然变小,在沿海地区风速增大,海岛地区风速同样要比内陆地区大得多。因此,无论是何种风向,海岛地区的风速都明显大于大部分内陆地区,风能资源也最为丰富。

沿海滩涂地区位于近海风速急变带,当风从海洋吹向大陆时,风速自滩涂向内陆递减,滩涂地区风速明显要大于内陆地区;当风自陆地吹向海面时,由于沿海岸地区风力增大,滩涂地区的风速同样要大于内陆地区。因此,沿海滩涂地区的风能资源也非常丰富。

(2)风能资源丰富区

全省风能资源丰富区主要位于苏北连云港市的连云区、灌云县和盐城市、南通市部分沿海岸地区以及沿海滩涂地区,这些地区的年平均风功率密度在 150~200 W/m²,年有效风速累计小时数在 5000 h 以上。

连云港连云区东临海州湾,西北面为山东丘陵地带,当风向为偏东和西南方向,在地形的影响下,风速有较为明显的加速作用。尤其在平均风速较大的冬半年,当北方冷空气过境后,在冷高压的控制下,本地盛行偏东北风,风沿着山东半岛南面宽阔的黄海面吹来,加上"喇叭口"地形影响,风速增大,有效风速也多,风能资源非常丰富。

盐城、南通沿海地区和沿海滩涂紧靠宽阔的黄海海面,周围地势低平,无地形遮蔽作用,地表摩擦对风速的衰减相对较小。同时,由于海陆热力差异,沿海地区还常受海陆风的影响,海陆风环流对当地的风速有增大作用。无论是冬半年还是夏半年,这些地区的年平均风速都较大,有效风速所占的比例大,风能资源相当丰富。

(3)风能资源较丰富区

江苏省风能资源较丰富区主要位于苏北连云港市的连云区、灌云县以及盐城市的响水县、滨海县和南通市的如东县、启东市、通州区、海门区部分近海岸地区,这些地区年风功率密度在 100~150 W/m²,年有效风速累计小时数在 4000 h 以上。

近海岸地区位于沿海风速急变带内,由于风速自近海向陆地衰减,这些地区风速要小于海岸和滩涂地区,但明显大于远离海岸的内陆地区,风能资源较为丰富。

(4)风能资源一般区

江苏省风能资源一般区主要包括沿海各市、县的内陆地区、太湖沿岸、洪泽湖湖畔以及沿江部分地区,另外还有丘陵山地地区。这些地区 10 m 高度的年平均风功率密度在 50~100 W/m²,年有效风速累计小时数在 3000 h 以上。

沿江、沿湖由于靠近大型水体,处于风速急变带内,地面摩擦小于陆地,风速比内陆陆地地区大,风能资源也相对较为丰富。部分沿江地区由于地形作用的影响,当风沿着江岸走向吹时,由于江面摩擦小,沿江两岸风速明显要大于远离江岸地区,风能资源相对也比远离江岸地区丰富一些。在大气边界层的低层,风速是随着高度升高而增加的,低山丘陵地区由于地势较高,较平原地区具有更大的风速优势。特别是在背风坡与迎风坡的过渡地带,常常会形成风速的局部增强区,这为风能开发提供了良好的场址选择条件。

(5)风能资源贫乏区

江苏省的风能资源贫乏区主要位于远离黄海、湖面、江面的内陆地区。风能资源贫乏区的年平均风功率密度在 50 W/m² 以下,大部分地区的年有效风速累计小时数在 3000 h 以下,如沭阳仅 1718 h。

大部分内陆地区远离海岸线,地势低平,林地植被较多,地表摩擦大,对风速有较强的衰减作用。在冬半年,由于常受北方冷空气影响,平均风速要大于夏半年,且由于地表摩擦的影响,风速明显要小于沿海地区。在夏半年,常受西太平洋副热带高压控制,虽然当有局部强对流天气和热带气旋影响时短时间风速较大,但总的来说,夏半年平均风速较小。因此,这些地区风能资源较为贫乏。另外,在贫乏区内,仍然可能存在一些有着特殊地形的地区,如高岗、峡谷,这些地区的风能资源相对丰富。

2.3.1.3　风能资源分布的成因

从年平均风速和年平均风功率密度的分布特点可以看出,江苏省风能资源的主要分布特点是:沿海地区风能资源丰富,内陆地区相对贫乏。这主要是由江苏省的气候特点、下垫面特征和地形作用所引起的。

江苏省滨江临海,地处东亚季风区,受季风气候影响,全省冬半年盛行偏北风,夏半年则以偏南风为主。而江苏省的海岸线呈东南一西北走向,在冬半年,偏北风从陆地向海面吹,由于海面摩擦小,沿海地区风速较大,风能资源也较丰富;在夏半年,偏南风自海面吹向陆地,由于地表摩擦突然减小,在沿海地区风速加大,同样使得沿海地区风能资源较内陆更为丰富。

沿海地区还受到海陆风的作用,对该地区的风能资源也有较大影响。在沿海地区,对于向岸风而言,由于地表粗糙度的突然增大,摩擦阻力增大,动能消耗增加,向岸风自沿海岸向陆地风速剧减;而对于离岸风来说,地表粗糙度的突然减小,摩擦阻力变小,离岸风自陆地向水面风速增大。另外,由于海洋热容量大,冬季、夜间降温慢,夏季和白天升温也慢;而陆地热容量小,冬季和夜间降温快,夏季和白天升温也快,造成冬季海洋较大陆温暖,夏季较大陆凉爽,在这种海陆温差的影响下,在冬季每当冷空气到达海上时风速增大,夏季自海上向陆地风速减小显著。因此,由于下垫面粗糙度的不同以及昼夜之间海陆风的影响,沿海地区风速明显要大于内陆地区的风速,造成沿海地区风能资源明显比内陆地区丰富。

地形特征对江苏省局部地区的风能资源分布有着较为明显的影响。苏北连云港沿海地区东临海州湾,西北方为山东省西南部丘陵地区,西南面为云台山,地形类似"喇叭口",对风速有加速作用,同时由于地处沿海,使得该地区成为全省风能资源最为丰富的地区之一。南通地区的如东、海门、启东位于长江口北侧,该地形如半岛,东面和东北面为宽阔的黄海,加上长江口的"喇叭口"地形效应,使得该地区风能资源也相当丰富。而位于江苏省西南部的宁、镇、扬地区其南面为宁镇山脉和丘陵地区,西面和西北面为安徽东部丘陵地区,使得沿江的宁、镇、扬地区就如一个狭长的盆地,由于受到地形的遮挡,年平均风速较小,风能资源相对贫乏。苏北沭阳地区地势较低,其北面、西北面、东北面为山东省南部的山地丘陵地区,西面为徐州、安徽丘陵地区,由于受到地形的遮蔽作用,尤其是在平均风速较大的冬半年,其风速明显要小于其他地区,使得该地区成为江苏省风能资源最为贫乏的地区。在江苏省及其周围地形的作用下,全省形成了风能资源的两个高值区和两个低值区。

2.3.2 季节分布特征

2.3.2.1 全省风能资源季节分布特点

春季,江苏省大部分陆地地区的风功率密度在 25～100 W/m²,自沿海向内陆递减。沿海及太湖、洪泽湖附近地区春季风功率密度较大,一般 50 W/m² 以上,尤其是苏北连云港沿海岸地区,春季风功率密度可达 150 W/m² 以上。低值区主要分布在西部内陆地区,徐州、宿迁及淮安西北部地区春季风功率密度在 25 W/m² 以下,南京西南部丘陵地区以及沿江的靖江、泰州地区春季风功率密度同样在 25 W/m² 以下。春季全省风功率密度最大值在海岛上,如苏北西连岛达到 203.7 W/m²,最小值出现在沭阳,仅 17.5 W/m²。

夏季风功率密度明显小于春季,全省大部分陆地地区在 15～50 W/m²,分布特征与春季相似。沿海地区夏季风功率密度较大,在 50 W/m² 以上,其中苏北连云港沿海岸地区可达 100 W/m² 以上;内陆地区风功率密度较小,大部分地区在 25 W/m² 以下。低值区有两个,分别是西北部的徐州、宿迁及淮安部分地区和泰州地区,不足 15 W/m²。夏季全省风功率密度最高值同样在海岛上,如西连岛达到 140.9 W/m²,沭阳最小,仅 7.5 W/m²。

全省大部分地区秋季风功率密度在 15～50 W/m²,同样是沿海大,内陆小。其中苏北沿海地区风功率密度可达 50 W/m² 以上,海岛地区可达 100 W/m² 以上,内陆大部分地区风功率密度在 25 W/m² 以下,最小值仍为沭阳,仅 8.6 W/m²。

冬季风功率密度明显大于夏秋两季,全省大部分陆地地区的风功率密度在 25～100 W/m²,自沿海向内陆递减。苏北沿海岸地区可达 100 W/m² 以上,西北部的徐州、宿迁、淮安和沿江的扬州、镇江、常州、泰州地区冬季风功率密度较小,在 25 W/m² 以下。全省冬季风功率密度最高值在海岛上,如西连岛达 247.4 W/m²,最小值出现在沭阳,仅 13.7 W/m²。

2.3.2.2 不同地区风能资源季节分布特点

(1)沿海地区

江苏沿海地区的风能资源有明显的季节变化(见表 2.3、图 2.3)。在沿海地区,冬春季风速和风功率密度均大于夏秋季,冬春季 70 m 高度(风机轮毂高度)平均风速为 6.8 m/s、风功率密度为 318 W/m²,分别比夏秋季高 15% 和 60%。

表 2.3　沿海地区各月 70 m 高度平均风速、风功率密度

	1月	2月	3月	4月	5月	6月	7月	8月	9月	10月	11月	12月
风速/(m/s)	6.4	6.7	7.7	6.7	6.5	6.1	5.7	6.6	5.5	5.2	7.2	5.9
风功率密度/(W/m²)	265	316	406	301	248	202	177	279	147	146	412	208

受季风气候影响,江苏省沿海地区不仅风能资源大小有着明显的季节变化,其风能资源

的方向分布上也有着明显的季节变化,见图 2.4。

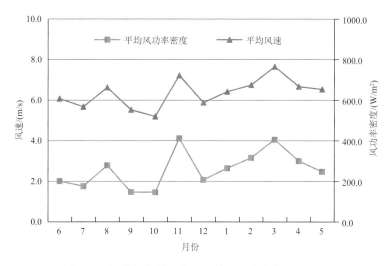

图 2.3　江苏沿海地区各月风速、风功率密度分布图

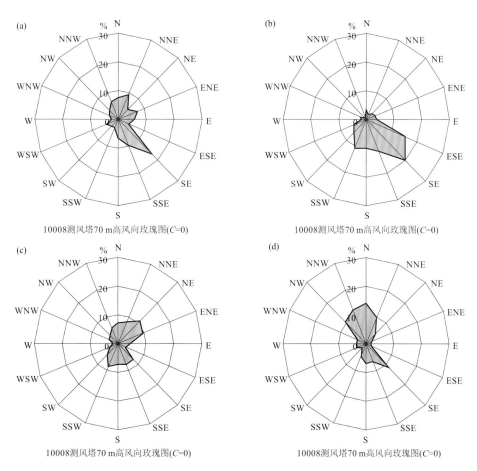

图 2.4　江苏沿海地区 70 m 高度各季风向玫瑰图

(a)春季;(b)夏季;(c)秋季;(d)冬季

春季,沿海地区的主导风向变为东南风,其风能资源主要存在于东南方向和偏东北方向。到了夏季,其主导风向主要为偏东南风,风能资源集中在偏东南方向。秋季,沿海地区的主导风向为偏东北风,风能资源主要集中在偏东北方向。由于初秋时冷暖势力相当,偏南方向的出现频率也较高。冬季,江苏省沿海地区的风能资源主要分布于偏北方向,主要是受冬季风的偏北气流影响,东南方向也有较大的风能频率。

(2)沿湖地区

以骆马湖、洪泽湖泗洪区域为例,研究江苏省沿湖地区风能资源的季节分布特征。其中,骆马湖地区的观测资料为2005年5月1日—2006年4月30日,洪泽湖泗洪区域的观测资料为2009年7月1日—2010年6月30日。

表2.4和图2.5分别给出了骆马湖各观测点平均风速的年变化。可以看出,各测点全年风速变化趋势基本一致,各月中冬春季风速较大,而夏秋季相对较小。其原因主要是冬春季地面植被稀疏,同时较大风速的冷空气频繁南下,维持时间相对较长,而夏季宿迁地面植被长势好、枝繁叶茂,产生较大风速的天气系统主要为中小尺度对流系统,维持时间相对较短。从图2.5还可看出,皂河10 m杆处全年风速都大于其他测点,这是该测点地势明显高于其他测点,这主要是由于四周开阔,高大树木较少的缘故。

表2.4 骆马湖各观测点观测期间平均风速

单位:m/s

观测点		1月	2月	3月	4月	5月	6月	7月	8月	9月	10月	11月	12月	年
皂河10 m杆		3.9	4.5	4.3	4.3	4.4	3.9	4.1	4.3	4.8	4.1	3.6	3.9	4.2
洋河滩10 m		3.3	3.7	4.0	3.7	3.3	2.8	2.8	3.3	2.9	2.7	2.9	4.2	3.3
嶂山10 m		2.7	2.9	3.1	3.0	3.4	3.0	2.9	2.9	2.6	2.4	2.5	3.3	2.9
湖滨塔	10 m	3.0	3.4	3.6	3.5	3.6	3.1	3.1	3.1	2.7	2.8	2.5	4.0	3.2
	30 m	4.0	4.2	4.5	4.3	4.5	3.9	4.3	4.8	3.6	3.4	3.5	4.9	4.2
	50 m	4.4	4.9	5.0	5.0	5.2	4.5	4.5	4.6	4.2	3.8	4.1	5.3	4.6
	70 m	4.8	4.9	5.1	5.1	5.6	4.9	4.5	4.7	4.8	4.5	4.5	5.6	4.9
皂河塔	10 m	3.0	3.3	3.3	2.9	3.0	2.6	2.6	2.9	2.8	2.6	2.7	2.8	2.8
	30 m	3.9	4.0	4.0	3.8	4.1	3.7	3.2	3.5	3.8	3.3	3.5	4.0	3.7
	50 m	4.4	4.6	4.8	4.6	4.8	4.4	3.9	4.2	4.2	3.9	4.1	4.6	4.4
	60 m	4.5	4.6	4.6	4.4	4.9	4.5	4.1	4.3	4.5	4.1	4.4	5.0	4.5

骆马湖地区的风能资源方向也有着明显的季节变化,如图2.6—图2.13。春季,骆马湖东岸以偏东风、偏东南风为主,风能资源主要集中在这两个方向,骆马湖西岸同样如此。夏季,骆马湖地区以偏东风、偏东南风为主,风能方向较为集中。秋季,骆马湖地区以偏东北风为主,风能资源主要集中在偏东北风方向。冬季,骆马湖地区以偏东北风方向为主,风能资源方向非常集中。

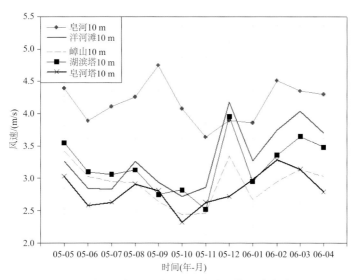

图 2.5 骆马湖各观测点 10 m 高度平均风速年变化图

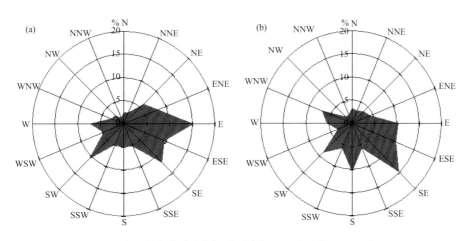

图 2.6 骆马湖东岸嶂山(a)、湖滨(b)10 m 高度春季风向玫瑰图

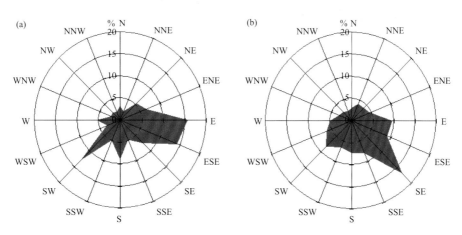

图 2.7 骆马湖西岸皂河梯度塔(a)、皂河 10 m 杆(b)春季风向玫瑰图

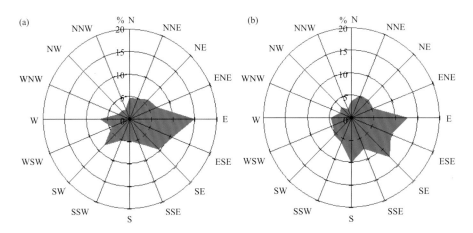

图 2.8　骆马湖东岸嶂山 10 m 杆(a)、湖滨梯度塔(b)夏季风向玫瑰图

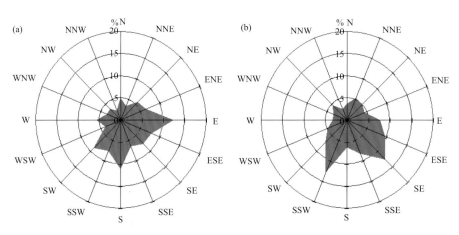

图 2.9　骆马湖西岸皂河梯度塔(a)、皂河 10 m 杆(b)夏季风向玫瑰图

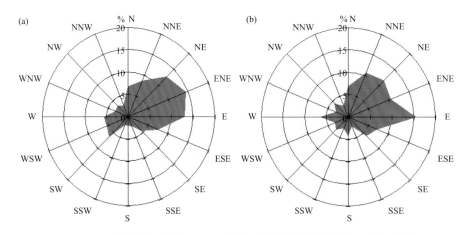

图 2.10　骆马湖东岸嶂山 10 m 杆(a)、湖滨梯度塔(b)秋季风向玫瑰图

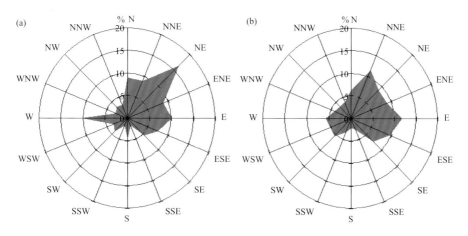

图 2.11 骆马湖西岸皂河梯度塔(a)、皂河 10 m 杆(b)秋季风向玫瑰图

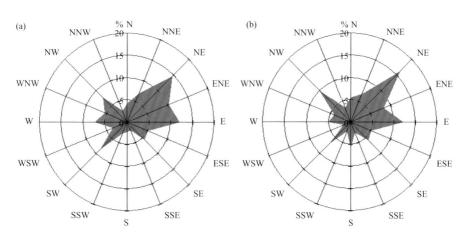

图 2.12 骆马湖东岸嶂山(a)、湖滨(b)梯度塔冬季风向玫瑰图

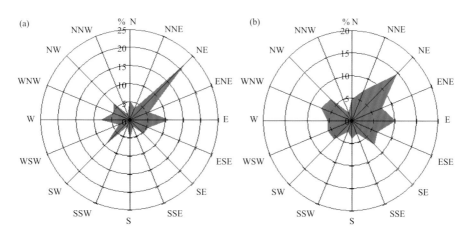

图 2.13 骆马湖西岸皂河梯度塔(a)、皂河 10 m 杆(b)冬季风向玫瑰图

洪泽湖泗洪区域的观测资料显示,洪泽湖各塔春季风速最大,其次为夏季,秋季最小。各测风塔3月风速最大,最大的龙集10 m塔达到5.6 m/s,其次为太平10 m塔达到5.3 m/s,最小的临淮塔也达到了3.9 m/s。4月是各塔风速次大的月份,最大的龙集10 m塔达到了4.8 m/s,太平也达到了4.7 m/s。10月是各测风塔风速最小的月份,各塔平均风速均不超过3.0 m/s,其中最小的临淮测风塔仅1.8 m/s(图2.14)。在同步观测期间,泗洪气象站平均风速为2.1 m/s,而各测风塔10 m高度平均风速明显高于泗洪气象站(表2.5)。尤其是龙集10 m塔,其平均风速达4.2 m/s,是泗洪站的2倍。由此可见,洪泽湖沿岸地区的风资源明显有别于气象站,这与洪泽湖大型水面的增风效应有关。

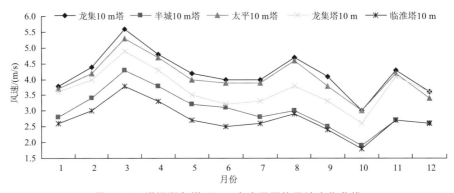

图 2.14 洪泽湖各塔 10 m 高度月平均风速变化曲线

表 2.5 洪泽湖各观测点观测期间平均风速

单位:m/s

观测点		7月	8月	9月	10月	11月	12月	1月	2月	3月	4月	5月	6月	年
龙集10 m塔		4.0	4.7	4.1	3.0	4.3	3.6	3.8	4.4	5.6	4.8	4.2	4.0	4.2
半城10 m塔		2.8	3.0	2.5	1.9	2.7	2.6	2.8	3.4	4.3	3.8	3.2	3.1	3.0
太平10 m塔		3.9	4.6	3.8	3.0	4.2	3.4	3.7	4.2	5.3	4.7	3.9	3.9	4.0
龙集塔	10 m	3.3	3.8	3.3	2.6	4.1	3.6	3.6	4.0	4.9	4.3	3.5	3.2	3.7
	30 m	3.7	4.3	3.6	2.9	5.3	4.7	4.8	5.3	6.4	5.7	4.9	4.2	4.8
	50 m	4.7	5.2	4.4	3.7	5.5	4.9	5.1	5.5	6.5	5.9	5.4	4.5	5.1
	70 m	5.0	5.5	4.6	4.1	5.9	5.3	5.5	6.3	7.1	6.3	5.9	4.8	5.5
临淮塔	10 m	2.6	2.9	2.4	1.8	2.7	2.6	2.6	3.0	3.8	3.3	2.7	2.5	2.7
	30 m	3.8	4.3	3.6	2.8	3.8	3.8	4.0	4.3	5.3	4.2	4.0	4.0	4.0
	50 m	4.3	5.0	4.2	3.4	4.5	4.2	4.6	5.2	6.1	5.4	4.9	4.6	4.7
	60 m	4.4	5.0	4.3	3.5	4.6	4.3	4.7	5.2	6.2	5.4	5.0	4.6	4.8
泗洪气象站		1.9	1.9	1.5	1.2	2.2	2.0	2.2	2.5	3.3	2.7	2.2	1.9	2.1

从洪泽湖泗洪区域不同高度的风速年变化来看,同样具有很好的一致性,见图2.15和图2.16。总体而言,春季风速较大,秋季最小。3月风速最大,龙集梯度塔70 m高度月平均风速达7.1 m/s,临淮塔60 m高度月平均风速达6.2 m/s。10月风速最小,龙集塔70 m高度月平均风速仅4.1 m/s,而临淮塔60 m高度则只有3.5 m/s。

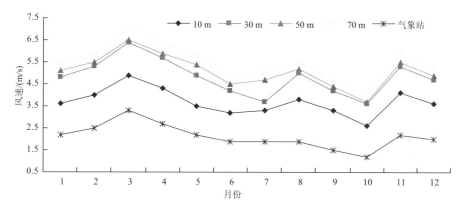

图 2.15 龙集梯度塔各层风速年变化

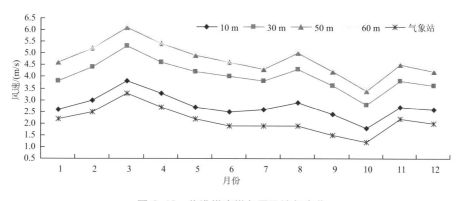

图 2.16 临淮梯度塔各层风速年变化

表 2.6—表 2.9 分别出了洪泽湖泗洪区域各测点不同季节的风向频率分布。从表中可以看出,洪泽湖泗洪区域风能资源方向同样存在着显著的季节分布特征。洪泽湖泗洪沿岸春、夏季盛行东南偏东风,风能资源以东南偏东风为多,夏季频率更高。春季各测风塔 SE、ESE、E 三个风向频率之和基本都达 30% 以上,其中临淮塔 10 m 高度达到了 46.6%。夏季同样以东南偏东风为多,除半城 10 m 塔以外,其他塔 SE、ESE、E 三个风向频率之和均在30% 以上,其中临淮 10 m 更是达到了 58.1%。到了秋季,洪泽湖泗洪沿岸偏东北风逐渐增多,风能资源逐渐向偏东北风方向转移。从风向频率来看,龙集 10 m 塔和临淮塔以偏东风最多,其余塔则以东北偏北风占主导。冬季,受大陆冷气团影响,洪泽湖泗洪沿岸盛行偏东北风,风能资源主要集中在偏东北风方向。

表 2.6 洪泽湖各风观测点春季风向频率

%

观测点	N	NNE	NE	ENE	E	ESE	SE	SSE	S	SSW	SW	WSW	W	WNW	NW	NNW
龙集 10 m 塔	5.8	8.1	6.1	8.8	11.8	9.8	9.8	7.5	5.6	3.3	4.5	3.4	2.1	4.1	3.7	5.5
半城 10 m 塔	5.3	6.2	7.7	7.6	8.4	10.4	10.6	9.8	6.5	4.0	3.8	5.7	2.0	3.7	4.5	3.9
太平 10 m 塔	5.4	7.7	7.4	7.8	6.7	11.3	13.0	6.4	4.8	5.2	6.5	2.6	2.5	3.9	3.9	4.9

续表

观测点		N	NNE	NE	ENE	E	ESE	SE	SSE	S	SSW	SW	WSW	W	WNW	NW	NNW
龙集塔	10 m	4.5	6.4	6.0	6.7	11.5	8.8	12.6	10.0	9.0	1.4	1.6	6.8	3.3	2.5	5.2	3.9
	30 m	4.5	4.6	6.9	6.1	9.4	10.0	9.9	11.3	9.6	5.4	3.8	4.0	4.3	2.4	3.5	4.4
	50 m	4.4	5.6	7.1	5.5	10.2	8.9	12.2	10.1	8.3	5.2	2.8	5.0	3.8	2.3	5.2	3.5
	70 m	3.5	4.9	6.5	5.7	8.2	10.8	9.6	10.3	10.6	6.9	4.3	3.2	4.2	3.4	3.2	4.7
临淮塔	10 m	3.2	3.7	6.3	6.4	15.0	14.7	16.9	2.5	0.1	5.0	4.4	4.3	5.8	3.2	5.0	3.4
	30 m	3.6	4.8	7.5	8.2	14.0	11.2	10.7	7.0	4.0	4.7	4.6	4.6	4.4	2.8	4.3	3.7
	50 m	3.5	4.5	7.1	7.2	14.2	10.9	10.5	8.0	4.9	4.9	4.6	4.5	4.4	2.7	3.8	4.2
	60 m	3.4	6.2	7.2	9.9	12.3	10.1	11.2	5.9	4.5	6.0	3.7	5.4	3.3	2.7	4.2	3.9

表 2.7 洪泽湖各风观测点夏季风向频率

%

观测点		N	NNE	NE	ENE	E	ESE	SE	SSE	S	SSW	SW	WSW	W	WNW	NW	NNW
龙集10 m塔		2.9	9.1	10.4	12.4	19.3	10.6	7.0	8.1	5.0	2.5	1.8	2.8	1.5	1.6	1.7	3.4
半城10 m塔		5.3	6.2	7.7	7.6	8.4	10.4	10.6	9.8	6.5	4.0	3.8	5.7	2.0	3.7	4.5	3.9
太平10 m塔		3.9	8.1	12.8	10.7	12.4	14.7	10.1	5.1	4.9	4.6	3.2	1.5	1.8	1.8	1.7	2.6
龙集塔	10 m	2.4	4.6	6.9	10.5	15.8	14.8	13.2	8.4	8.2	1.4	1.8	3.7	1.7	2.1	2.6	1.9
	30 m	2.0	2.8	4.8	12.8	11.9	16.7	11.3	9.7	6.4	4.8	3.9	2.8	1.5	2.2	2.1	2.3
	50 m	2.0	3.4	6.5	9.9	13	16.2	15.0	9.1	6.0	4.8	3.2	2.9	1.5	2.1	2.7	2.0
	70 m	1.6	2.9	4.3	7.7	12.2	16.7	14.8	10.1	8.8	5.6	4.1	3.1	1.5	2.1	2.2	2.3
临淮塔	10 m	2.2	2.5	5.2	9.7	19.2	20.9	18.0	2.1	0.1	3.3	4.9	2.9	2.7	3.0	1.9	1.3
	30 m	2.3	3.1	7.3	10.6	18.8	18.4	11.0	6.9	2.8	3.4	4.9	2.3	2.5	2.6	1.7	1.3
	50 m	2.2	2.9	6.3	10.1	18.8	17.3	12.6	7.0	4.1	3.6	4.6	2.7	2.2	2.7	1.8	1.4
	60 m	2.0	4.1	8.7	13.0	18.0	15.3	11.5	5.6	3.1	4.3	4.3	2.5	2.1	2.4	1.5	1.6

表 2.8 洪泽湖各风观测点秋季风向频率

%

观测点		N	NNE	NE	ENE	E	ESE	SE	SSE	S	SSW	SW	WSW	W	WNW	NW	NNW
龙集10 m塔		8.9	7.4	7.1	10.2	11.3	5.8	4.6	7.2	5.2	2.1	2.2	4.2	4.2	5.5	4.0	10.0
半城10 m塔		8.8	10.1	7.7	6.9	8.7	10.3	6.3	5.3	6.3	3.4	1.8	2.3	2.0	5.8	5.7	7.5
太平10 m塔		9.8	8.5	8.6	6.8	7.9	8.2	7.6	5.2	4.7	4.0	3.5	1.8	4.2	6.7	5.3	7.2
龙集塔	10 m	9.9	10.3	8.9	6.9	9.0	7.2	7.6	5.1	7.9	1.0	1.1	6.9	3.1	5.0	7.2	6.5
	30 m	6.3	11.0	7.9	8.0	10.1	10.0	7.6	5.0	6.3	6.4	4.1	2.0	1.6	3.0	5.0	5.6
	50 m	7.5	11.5	7.4	7.3	10.3	9.1	8.0	4.0	6.9	6.8	2.8	2.1	2.0	3.2	6.2	4.9
	70 m	5.1	11.0	8.7	6.8	8.9	11.4	8.0	4.7	5.2	8.1	5.1	2.4	1.6	2.8	4.8	5.5
临淮塔	10 m	8.7	6.6	7.1	10.0	15.0	11.5	9.1	2.2	0.5	4.7	3.7	2.1	3.0	4.6	5.8	5.1
	30 m	9.3	8.0	8.1	11.3	12.7	10.1	6.3	4.2	3.0	4.0	3.9	2.1	3.1	4.1	5.0	4.7
	50 m	8.3	8.4	7.6	10.5	13.5	9.9	6.7	4.3	4.0	4.2	3.9	2.3	3.0	3.8	4.8	5.0
	60 m	8.3	8.8	8.9	11.6	11.5	8.4	6.1	3.9	3.7	5.2	3.3	2.6	3.0	3.9	4.5	5.7

表 2.9 洪泽湖各风观测点冬季风向频率

%

观测点		N	NNE	NE	ENE	E	ESE	SE	SSE	S	SSW	SW	WSW	W	WNW	NW	NNW
龙集10 m塔		8.3	10.4	6.4	6.6	8.6	7.7	5.1	5.9	5.4	3.1	3.0	4.2	4.6	5.8	6.4	8.5
半城10 m塔		7.8	9.7	9.8	6.8	7.7	9.1	7.1	5.2	6.2	3.7	3.3	2.9	5.6	5.6	6.8	5.1
太平10 m塔		9.4	11.2	8.0	5.3	5.4	8.2	8.2	5.2	4.4	3.9	4.3	2.6	4.4	6.5	6.4	6.6
龙集塔	10 m	6.5	10.0	8.9	6.9	9.0	7.2	7.6	5.1	7.9	1.0	1.1	6.9	3.1	5.0	7.2	6.5
	30 m	6.6	7.4	10.4	7.9	7.9	8.7	6.9	5.3	5.3	2.8	4.3	2.6	3.8	5.3	5.4	6.9
	50 m	5.8	8.7	11.1	5.8	8.3	7.9	8.4	5.9	6.0	5.4	1.8	5.1	2.5	3.9	6.8	6.5
	70 m	7.3	7.3	9.6	8.2	6.3	10.5	7.6	6.3	6.5	5.4	2.2	3.1	3.4	5.4	5.5	7.7
临淮塔	10 m	5.0	6.2	9.9	9.5	12.4	10.0	11.0	2.9	0.4	3.8	5.1	3.6	3.5	6.4	6.4	4.5
	30 m	5.4	7.7	11.5	9.1	11.0	7.8	8.3	4.5	3.1	3.5	5.1	3.0	3.9	5.2	5.9	4.1
	50 m	4.5	7.2	10.8	8.9	11.7	8.1	8.8	4.6	3.3	3.7	5.1	3.3	3.5	5.0	5.7	4.8
	60 m	5.2	9.4	10.9	8.5	10.2	7.5	8.9	3.1	5.2	4.4	3.1	3.7	5.1	6.0	4.7	

（3）丘陵地区

以盱眙为例，研究江苏丘陵地区风能资源的季节分布特征。研究所用的基础资料为龙源盱眙风电场一期的 1046 号测风塔，该测风塔位于盱眙丘陵地区，分别在距地面 80 m、70 m、60 m、50 m、30 m 和 10 m 开展风能资源观测，观测资料的时间为 2010 年 6 月 1 日—2011 年 5 月 31 日（黄世成 等，2009a）。

表 2.10 给出了盱眙风电场测风塔观测期间的各月及年平均风速。从表中可以看出，测风塔不同高度的平均风速以 12 月最大，其次为 4 月。1 月的平均风速最小，其次为 7 月。从各月平均风速的分布来看，盱眙丘陵地区表现出了与其他地区不一样的年变化特征，这可能与观测时间只有一年，受观测期间天气系统的变化特点有关。

表 2.10 盱眙测风塔各月及年平均风速(实测)

单位：m/s

高度	6月	7月	8月	9月	10月	11月	12月	1月	2月	3月	4月	5月	年
10 m	3.9	3.4	3.5	3.6	3.6	3.9	5.0	3.3	4.0	3.9	4.4	4.2	3.9
30 m	4.7	4.2	4.3	4.5	4.5	4.9	6.2	4.1	4.9	4.8	5.4	5.2	4.8
50 m	5.3	4.7	4.7	4.9	5.0	5.4	6.9	4.6	5.4	5.3	5.9	5.7	5.3
60 m	5.5	4.8	4.8	5.1	5.3	5.6	7.2	4.8	5.6	5.4	6.1	5.9	5.5
70 m	5.7	5.0	5.0	5.3	5.4	5.7	7.4	4.9	5.6	5.5	6.2	6.1	5.7
80 m	5.9	5.2	5.1	5.4	5.6	5.9	7.7	5.1	5.8	5.8	6.5	6.3	5.9

2.3.3 时间变化特征

风速的变化取决于气压梯度力和下垫面粗糙度，这两者与气候变暖和人为改造下垫面有着密切关系。风速减弱可能是东亚夏季风和冬季风减弱的表现，并与经向环流减弱和东亚环流系统各成员变化有着密切联系，其中与极涡减弱、副热带高压和高原气压系统的增强均有显著的相关。另外寒潮、气旋等变化也是影响风速变化的重要因素。下垫面的改变是风速减弱的重要因素之一，尤其是随着城市化扩张，对城市风速减弱作用和影响范围均增大（李艳 等，2008）。

2.3.3.1 全省年平均风速变化

图 2.17 给出了江苏省 1961—2012 年年平均风速的变化,从图中可以看到,全省(不含海岛)年平均风速为 2.2~3.8 m/s,而 1961—2012 年间风速呈明显减弱趋势,1961—2012 年平均风速递减了 1.48 m/s。

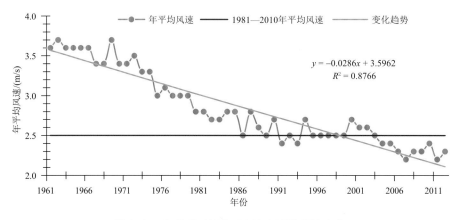

图 2.17 江苏省 1961—2012 年平均风速变化

江苏省全省多年平均风速为 2.5 m/s,沿海、长江口及太湖以东地区的平均风速都在 3.0 m/s 以上。自 1961—2012 年平均风速变化趋势来看(图 2.18),全省各地年平均风速均呈下降趋势。下降趋势最大的区域主要集中在淮北及江淮北部地区及苏南城市中心区,减小速率大多在 0.3 m/(s·10 a)以上,而沿海地区风速变化趋势相对较小,大多在 0.2 m/(s·10 a)以下。

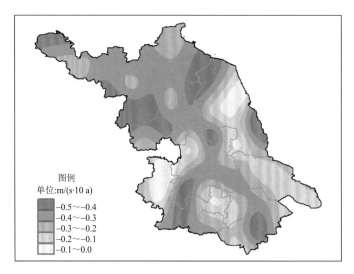

图 2.18 江苏省 1961—2012 年平均风速变化趋势分布

2.3.3.2 各地年平均风速变化

为了更好地反映全省各地风能资源的年际变化情况,必须考虑到气象台站资料的连续性以及完整性,挑选部分观测环境变化小、测风仪器更换较少且代表性较好的气象台站来分析。因此,分别挑选睢宁、扬中、东山、吕四、西连岛分别作为内陆、沿江、沿湖、沿海以及海岛代表站,分析其风能资源年际变化。

从图 2.19 可以看出,各站风速分布特征是海岛最大,内陆陆地最小,沿海、沿湖略大于沿江地区。各站风速呈准两年和 4~5 a 周期变化,这与东亚季风的准两年(QBO)和 4~5 a 周期变化特征相吻合。无论是海岛、沿海、沿江、沿湖地区,还是内陆陆地地区,其风力在 1960 年以来整体呈下降趋势。各站在 20 世纪 60 年代、70 年代风速相对较大,自 70 年代中期前后,风力开始下降。其中,位于内陆陆地的睢宁风力下降尤为明显,自 1970 年前后风力明显下降,沿海、沿湖的吕四、东山下降幅度较小。

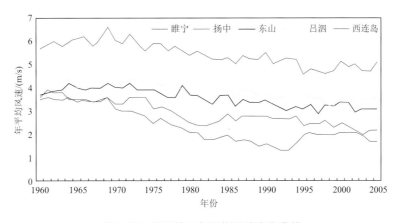

图 2.19　不同地区年平均风速变化曲线

造成各站风力下降的原因是较为复杂的,可能的原因有观测环境的变化以及全球气候变化背景的影响。已有的研究表明,20 世纪 70 年代中期前后,全球气候有明显的突变,东亚季风减弱,对各站风力可能有重要的影响。20 世纪 70 年代以后,随着我国经济的发展,各站周围的建筑物逐渐增多,观测环境或多或少受到影响,尤其是风速观测,周围环境变化对其影响是比较大的。究竟是何种原因造成全省各地风力下降有待研究。

2.3.3.3　风速的日变化

一般而言,在没有天气系统影响时,风速日变化主要是由边界层上下层空气动量交换所决定。一天之中,午后温度最高,上下对流最为活跃,高空动量下传使得近地层风速增大,这时候的风速最大。凌晨地表和近地层温度最低,上下对流最不活跃,高空动量下传受到抑制,这时段的平均风速最小。

然而,由于下垫面性质不同,其地表热容量的变化可能会导致风速的日变化有所不同。已有研究表明,在沙漠、海洋下垫面下,风速可能会产生不一样的日变化特征。本部分内容将结合不同地区的实测数据,研究不同下垫面条件下的风速日变化特征。

(1)近海海域

以中国广核集团有限公司(简称"中广核")如东 150 MW 海上风电场测风塔观测数据作为研究基础资料,该测风塔位于如东县偏东方近海海域,距离海岸约 30 km,测风层次为 100 m、80 m、65 m、55 m、40 m、25 m。利用该测风塔 2010 年 1 月 1 日—12 月 31 日的观测资料,开展风速日变化研究。

31

从图 2.20 可以看出,如东近海海域风速的日变化呈现单峰型的日变化特征,各层平均风速的日变化较为一致。19—21 时(北京时,下同)是平均风速最大的时段,而 10—12 时是一天之中平均风速最小的时段。另外,可以注意到,随着高度的增高,风速峰值出现的时间出现了延迟。

由此可见,由于海洋热容量较大,白天在太阳辐射作用下,近海面的空气加热速度可能要晚于陆地,上下层对流活跃时间推迟,高空动量下传要晚于陆地,造成了近海面平均风速峰值要比陆地晚出现 4～5 h。

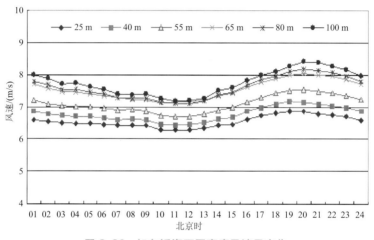

图 2.20　如东近海不同高度风速日变化

(2)沿海陆地

以江苏省风能资源详查和评估工作所建的沿海 14 座测风塔 2009 年 8 月 1 日—2010 年 7 月 31 日观测数据作为研究的基础资料,开展沿海地区风速日变化的研究。

图 2.21 给出了沿海测风塔不同高度的平均风速日变化图,从图中可以看出,测风塔各层平均风速的峰值出现在 15—18 时,高度越高,峰值出现时间越晚。

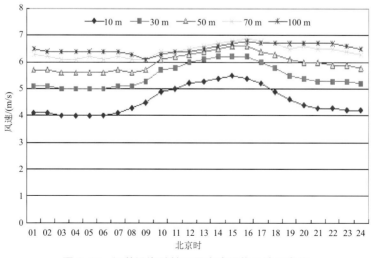

图 2.21　江苏沿海陆地不同高度平均风速日变化

（3）沿湖地区

同样以骆马湖和洪泽湖沿岸地区为例，研究沿湖地区的风速日变化特征。

图 2.22 给出了骆马湖东岸距地 10 m 高度风速的日变化特征，从图中可以看出，骆马湖南岸平均风速一般出现在中午 13 时，风速的低值出现在凌晨 05 时左右，这与以往气象站观测资料分析结果相一致。

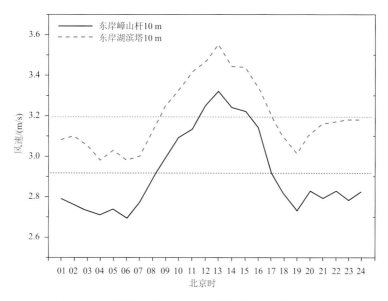

图 2.22　骆马湖东岸距地 10 m(湖滨塔、嶂山)风速日变化

然而，随着高度的增高，高层风速出现了与低层不一样的日变化特征，见图 2.23。距地 30 m、50 m、70 m 高度的风速峰值出现在 20—21 时，高度越高，峰值出现得越晚。

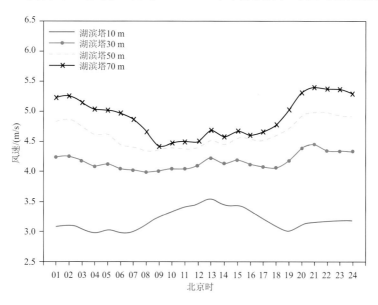

图 2.23　骆马湖湖滨梯度塔不同距地高度风速日变化

对洪泽湖沿岸而言,同样出现了与陆地不一样的风速日变化特征,见图2.24。测风塔各层风速的峰值出现在22时前后,而谷值出现在13—14时。由于观测时间较短,出现这种现象的原因还有待研究。

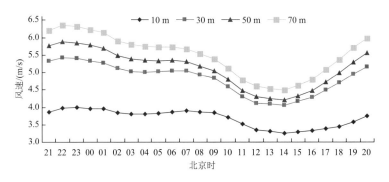

图2.24　龙集梯度塔各层风速日变化

（4）丘陵地区

以盱眙丘陵地区为例,研究其风速的日变化特征,见表2.11。在10 m高度上,10—15时风速较大,而17—19时风速较小。在30 m、50 m、60 m、70 m、80 m高度上,风速的最大值普遍出现在19—23时和00—07时,最小值则大部分出现在09—10时。10 m高度与其他层次呈现出反相的风速日变化特征。

表2.11　盱眙测风塔逐时(北京时)平均风速

单位: m/s

高度	时间（时）																							
	00	01	02	03	04	05	06	07	08	09	10	11	12	13	14	15	16	17	18	19	20	21	22	23
10 m	3.9	4.0	4.0	3.9	3.9	3.8	3.8	3.8	3.8	3.9	4.1	4.2	4.2	4.2	4.2	4.2	3.9	3.5	3.4	3.5	3.7	3.8	3.9	3.9
30 m	5.1	5.1	5.2	5.1	4.9	4.9	4.8	4.7	4.5	4.4	4.6	4.7	4.7	4.8	4.8	4.8	4.6	4.4	4.4	4.7	4.8	5.0	5.1	5.1
50 m	5.8	5.8	5.9	5.7	5.6	5.6	5.5	5.3	4.9	4.6	4.8	4.9	4.9	5.0	5.0	5.0	4.8	4.5	5.5	5.7	5.8	5.8
60 m	6.1	6.1	6.1	6.0	5.9	5.8	5.5	5.1	4.8	4.8	4.9	5.0	5.0	5.1	5.1	5.0	5.0	5.2	5.6	5.8	6.1	6.2	6.1
70 m	6.3	6.3	6.4	6.4	6.1	6.0	6.0	5.7	5.2	4.8	5.0	5.1	5.1	5.1	5.1	5.1	5.3	5.6	6.1	6.1	6.4	6.3
80 m	6.6	6.6	6.6	6.5	6.4	6.3	6.2	6.0	5.4	5.0	5.0	5.1	5.2	5.2	5.2	5.3	5.3	5.6	6.0	6.3	6.6	6.7	6.6

第 3 章
江苏省风能资源气象观测

风能资源气象观测是风能资源评估的数据基础,也是风电开发前期工作的必备过程。风能资源气象观测必须遵循国家有关要求,从观测地址选址、观测仪器选型以及观测方式等有着严格的规范、标准。风能资源观测的站点、方法具有多样性,包括国家气象站、区域自动气象站、梯度测风塔、海洋浮标站、雷达和卫星等遥感观测等。本章结合实际风能资源气象观测案例,介绍江苏省的风能资源气象观测工作。

3.1 地面气象观测

3.1.1 常规气象站

江苏省境内共有 70 个国家级气象观测台站,按其观测任务和功能性可划分为国家基准气候站、国家基本气象站、国家一般气象观测站,在这些国家级气象观测台站中开展长期的风速、风向观测(GB/T 35227—2017《地面气象观测规范　风向和风速》)。从风能资源观测评估分析的角度来说。风观测资料年限较长,一般都在 60 a 以上,这些观测资料是开展风能资源长期趋势评估分析以及风能资源长年代估算的重要参考依据。

国家基准气候站是根据国家气候区划,以及全球气候观测系统的要求,为获取具有充分代表性的长期、连续资料而设置的气候观测站,是国家气候站网的骨干。江苏省共有 3 个国家基准气候站,分别是南京、淮阴、吕四。

国家基本气象站是根据全国气候分析和天气预报的需要所设置的地面气象观测站,担负区域或国家气象信息交换任务,是国家天气气候站网的主体。江苏省共有 21 个国家基本气象站,包括沭阳、丹徒、昆山、南通、高邮、灌云、徐州、睢宁、邳州、阜宁、赣榆、泗洪、盱眙、大丰、如皋、溧阳、射阳、东山、东台、无锡、常州。

国家气象观测站是按省(区、市)行政区划设置的地面气象观测站,是国家天气气候站网的重要组成部分。江苏省共有 46 个国家气象观测站,分别是连云港、丹阳、溧水、泰州、泗阳、兴化、常熟、涟水、如东、东海、滨海、靖江、建湖、泰兴、淮安、高淳、海门、扬中、句容、金坛、洪泽、灌南、吴江、西连岛、浦口、宿迁、六合、太仓、金湖、张家港、响水、盐都、苏州、江都、扬州、仪征、宝应、丰县、沛县、新沂、江阴、宜兴、姜堰、启东、通州、海安。

3.1.2 区域自动气象站

区域自动气象站是指在某一地区根据需要,建设的能够自动探测多个要素,无需人工干预,即可自动生成报文,定时向中心站传输探测数据的气象站,是弥补空间区域上气象探测数据空白的重要手段。区域自动气象站由气象传感器、微电脑气象数据采集仪、电源系统、防辐射通风罩、全天候防护箱和气象观测支架、通信模块等部分构成(GB/T 35237—2017《地面气象观测规范　自动观测》)。

在江苏省风能资源观测中,常规气象站的风速、风向观测资料序列长,但是站点较为稀疏。为了获得更精细的风速、风向观测资料,江苏省气象局自2004年起开始建设区域自动气象站,目前已经建设超过2000个区域自动站,包括雨量站、温雨站、四要素站、六要素站等多种类型,其中四要素站和六要素站开展风速、风向的观测。这些星罗棋布于全省各市县的观测点可以为风能资源评估提供空间分辨率更高的观测资料。

3.1.3　风能资源观测塔

气象站分布密度大、观测资料年限长、数据统一规范,观测数据不仅可用于风能资源时空分析,更是风能资源长年代评估中不可缺少的宝贵数据。然而,气象站的风观测多为单层观测、观测高度一般在10 m左右,相对于风力发电而言,其观测高度低且缺少风的垂直梯度观测数据,无法获取风切变和湍流强度等风能资源参数。建设风能资源观测塔,开展风资源观测,可以和气象站观测形成优势互补,为风能资源评估提供更全面的观测数据。

风能资源观测塔是以风电开发为导向的风能观测,选用测风塔为载体,开展风、温、湿、压等气象要素的平行观测和梯度观测。陆地测风塔的高度一般在50~100 m,塔上常设有多层风速风向观测和温湿压观测。测风塔造价成本高、数量少,观测资料年限一般比较短。测风塔观测数据可以用于计算风电场风能资源参数、评定风电场风能资源等级,是风电场建设过程中的重要环节。

2005年以来,江苏省先后建设了超过100座梯度测风塔,包括地方政府、气象部门和发电企业等部门建设的测风塔(图3.1)。风能资源观测塔主要分布在近海、沿海区域和大型水体(洪泽湖、骆马湖)、山地丘陵周围,部分分布在平原陆地上。

图3.1　沿海梯度测风塔实景图

江苏沿海风能资源观测网位于风能开发潜力较好并具备大型风电场基本建设条件的沿海地区,包括沿海连云港、盐城、南通3市建设了14座风能资源观测塔(其中,70 m测风塔12座、100 m测风塔2座),开展长期观测,以满足风能资源开发利用的需要。连云港区域设置了3座70 m高测风塔分别位于九里、青口盐场、徐圩。盐城区域设置了4座70 m高测风塔和1座100 m高测风塔,分别位于在二罾、东沙港、东川垦区,其中东沙港为100 m高测风塔,东川垦区由沿海到滩涂并列设置了3座70 m高测风塔。南通区域内设置测风塔5座70 m高测风塔和1座100 m高测风塔,分别位于北凌垦区、长堤、东凌垦区、东灶港、东元、圆陀角,其中东凌垦区测风塔为100 m测风塔。

洪泽湖沿岸地区的江苏大型水体风能资源观测网,在沿岸的淮安市和宿迁市2市建设了10座风能资源观测塔(图3.2,图3.3)(其中,10 m测风塔3座、60 m测风塔1座、70 m测风塔3座、80 m测风塔2座、100 m测风塔1座),开展1 a左右的观测,以满足当地风电场风能资源评估的需要。泗洪县设置了6座测风塔,其中龙集、半城和太平各设有1座10 m测

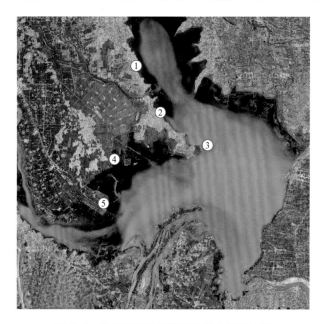

图3.2 洪泽湖泗洪区域测风塔布设位置图

图3.3 洪泽湖泗洪区域测风塔实景图

风塔,临淮设有 1 座 60 m 测风塔,龙集和天岗湖各设有 1 座 70 m 测风塔。盱眙县设置了 2 座 80 m 测风塔。泗阳县设置了 2 座测风塔,其中高渡镇设置了 1 座 70 m 测风塔,卢集镇设置了 1 座 100 m 测风塔。

骆马湖沿岸地区的江苏大型水体风能资源观测网,在宿迁市建设了 5 座风能资源观测塔(其中,10 m 测风塔 3 座、70 m 测风塔 2 座),开展 1 a 左右的观测,以满足当地风电场风能资源评估的需要(图 3.4)。在皂河镇船闸居委会湖边、井头镇渔业居委会洋河滩、晓店镇湖滨居委会嶂山各设有 1 座 10 m 测风塔。在晓店镇湖滨浴场北侧、皂河镇袁甸渔场附近各设有 1 座 70 m 测风塔。

图 3.4　骆马湖测风塔实景图

在江苏省沿海地区和近海海域,各地政府部门、气象部门和企业还布设了大量的测风塔。这些测风塔高度 30～150 m 不等,构成了江苏沿海地区和近海海域风能资源梯度观测网,为风能资源监测和评估提供数据支撑,也为江苏沿海地区和近海区域风能资源大规模开发提供支持(图 3.5,图 3.6)。另外,在南京长江四桥、苏通大桥、崇启大桥、张靖皋长江大桥等桥址附近和盱眙、宁镇丘陵山地还建有较多的测风塔,为当地风电开发提供支持。

3.1.4　海洋浮标站

2016 年江苏省首座海洋气象浮标观测站"黄海一号"在盐城建成并完成布放,2017 年投入使用(图 3.7)。

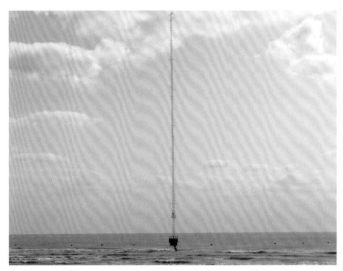

图 3.5　如东洋口港海上测风塔

图 3.6　启东 100 m 测风塔和张靖皋大桥梯度测风塔

图 3.7　海洋气象浮标观测站"黄海一号"

"黄海一号"观测站直径达 10 m,位于盐城射阳港东北侧 48 km 的黄海海面上,安装着各种观测设备,主要包括风速风向、气压、温湿度、雨量、能见度、方位、波浪、温盐等传感器,以及海流计和叶绿素浊度传感器。观测项目包括海气通量、常规风、温、湿、压、降水等气象要素和海浪、海流、叶绿素、浊度等海洋要素等。"黄海一号"观测站采用北斗卫星、CDMA 等通信方式,做到了数据不间断传输。此外,该气象浮标站还安装了航标灯、AIS 防避碰系统等安全防护设施和可抗 12 级以上大风的单锚进行系留,从而确保了浮标以及周边航道的安全。

"黄海一号"观测站实现了对黄海东部海域气象观测的全天候、自动化,有力填补了江苏黄海东部海域气象监测资料的空白,为盐城近海风能资源开发、海-陆-气相互作用与灾害天气预警提供实时、连续的海洋气象环境监测数据,对黄海东部海域沿岸防范应对台风、暴雨、强对流天气、海上大风等海洋气象灾害具有重要意义。

3.2 地面观测站址选择

3.2.1 国家气象观测站选址

国家气象观测站大多建于 20 世纪 50 年代、20 世纪 60 年代,基本按照一个县(市、区)布设一个国家气象观测站。不管是最初的选址,还是迁站,都有着严格的规定和程序。国家气象站的选址、观测场的建设都严格按照国家有关标准、规范进行,确保气象站能够代表其周围一定范围内的真实气象条件状况(图 3.8)。

气象台站应设在能较好地反映本地较大范围的气象要素特点的地方,避免局部地形的影响,观测场四周必须空旷平坦,避免建在陡坡、洼地,或邻近有铁路、公路、工矿、烟囱、高大建筑物的地方。因此,站址一般都不应选在山顶、山谷和洼地,也不应该靠近大片树林或在建筑物密集的城镇中,以及工业城市常年风向的下风方。

气象台站常因观测环境条件变化或其他原因而进行迁移。由于台站迁移,其观测记录序列将受到影响,影响程度由迁址距离、海拔高度、站址地形及周围环境条件决定。如果台站迁移后两地的地形、环境条件差异不大,且水平距离不超过 50 km、海拔高度差在 100 m 以内,其迁址后观测记录一般不会出现不连续现象。

3.2.2 测风塔选址

3.2.2.1 测风塔选址要求

风能资源测风塔位置应力求使测风塔的风观测具有本区域风能观测的代表性。在保证区域代表性的条件下,测风塔位置的选择还应适当考虑观测人员比较容易到达、无线传输信号较好等环境条件,以使观测活动具备较好的可操作性。同时,测风塔选址应避开不适宜建设风电场的区域,如基本农田、经济林地、自然保护区、风景名胜区、矿产压覆区、墓地、居民点、军事禁区、规划建设区等,并注意测风塔建设对环境保护与水土保持等要求。

东面200 m内无高大建筑物

南面200 m内有1栋2层楼房

西面开阔,300 m内无建筑物

北面开阔,少建筑物和植被

图 3.8　东台气象站观测环境图

在不同的地形条件下,测风塔的选址有不同的技术要求。按地形的起伏度,可将地形划分为平坦地形和复杂地形两大类。平坦地形是指地势高度起伏不大的区域,通常在 4～6 km 半径范围内,特别是盛行风上风方向地形相对高差小于 50 m,坡度小于 3°,平坦地形包括高原台地和平原等。复杂地形主要包括山地和丘陵等。江苏省地貌形态主要以平原为主,有部分低山丘陵。风能资源开发利用主要以沿海区域和大型水体(洪泽湖)周围为主。在地形平坦的沿海地区,测风塔位置尽量位于海岸线向陆地延伸 1 km 范围之内、防风林的外侧(向海)处,且周围开阔、盛行风方向不受阻挡的位置。在大型水体周围,测风塔一般设置在当地盛行风向处、靠近区域中心、地势略高、周围空旷、下垫面植被较为一致的位置。

测风塔选址包括图上初选、现场踏勘和位置确定三个环节。首先,在合适比例尺的地图上初步选出拟建测风塔的大体位置;再次,对图上初选测风塔位置的地形、土质、植被、环境等进行实地考察、测量;最后,根据现场踏勘数据和资料,确定测风塔建设的具体位置。

3.2.2.2　沿海测风塔

江苏省气象局开展了沿海风能资源详查和评价工作测风塔选址工作,在连云港、盐城、南通三个地区域进行测风塔选址。选址初期,首先根据拟开展风能观测区域的地形条件、附近气象站年平均风速和盛行风向情况,按测风塔选址原则和选址技术要求,初步选定测风塔大体位置,根据地形状况,确定多个备选测风塔位置。

现场踏勘期间,严格按照要求进行风能资源专业观测网的站址勘查工作。在沿海各市(县)气象部门以及发改委的大力支持和配合下,开展了选址踏勘工作,调研涉及南通、盐城、连云港市沿海地区共 14 个市、县、区,行程 3000 余千米。通过踏勘,了解了沿海风能资源利用现状、现有风电场和测风塔、土地利用和规划、交通、电网、植被等情况。在此基础上,初步选择了 14 座测风塔的塔址,并拍摄了现场的照片、录像,进行了现场测风。通过先后进行了 5 次现场走访调研,获得了大量翔实的资料,为测风塔选址提供了重要的基础。最终,在连云港、盐城、南通 3 个地区,共设立 14 座测风塔,其中 70 m 测风塔 12 座,100 m 测风塔 1 座。2009 年 4 月 15 日完成江苏省风资源观测网建设(表 3.1)。

表 3.1 沿海测风塔概况

地区	测风塔名称	观测塔编号	塔高/m	海拔高度/m	风速层次/m	风向层次/m	温湿度层次/m	气压层次/m
连云港	九里	10001	70	1.0	10,30,50,70	10,50,70	10,70	8.5
	青口盐场	10002	70	1.0	10,30,50,70	10,50,70	10,70	8.5
	徐圩	10003	70	1.0	10,30,50,70	10,50,70	10,70	8.5
盐城	二罾	10004	70	2.0	10,30,50,70	10,50,70	10,70	8.5
	东沙港	10005	100	1.0	10,30,50,70,100	10,50,70,100	10,70	8.5
	东川垦区 1	10006	70	0.5	10,30,50,70	10,50,70	10,70	8.5
	东川垦区 2	10007	70	0.5	10,30,50,70	10,50,70	10,70	8.5
	东川垦区 3	10008	70	0.5	10,30,50,70	10,50,70	10,70	8.5
南通	北凌垦区	10009	70	2.0	10,30,50,70	10,50,70	10,70	8.5
	长堤	10010	70	1.0	10,30,50,70	10,50,70	10,70	8.5
	东凌垦区	10011	100	1.0	10,30,50,70,100	10,50,70,100	10,70	8.5
	东灶港	10012	70	2.0	10,30,50,70	10,50,70	10,70	8.5
	东元	10013	70	2.0	10,30,50,70	10,50,70	10,70	8.5
	圆陀角	10014	70	1.5	10,30,50,70	10,50,70	10,70	8.5

江苏沿海测风塔多位于沿海的海岸和海堤附近,地势平坦、周围主要是滩涂、农田、低矮植被、零散民房,部分测风塔及其周边环境见图 3.9。

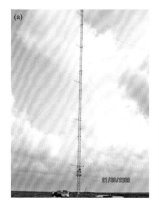

图 3.9 东川垦区 1(a)、东凌垦区(b)、圆陀角(c)测风塔实景图

3.2.2.3 洪泽湖测风塔

实地考察洪泽湖宿迁区域泗洪段的地形、地理位置、地貌特征、气候环境等状况的基础上,根据该区域主导风向,结合风能资源开发利用要求,制定了观测方案,确定测风塔位置,开展沿湖梯度测风塔建设并进行风能资源观测(表3.2,图3.10—图3.16)。

表 3.2 洪泽湖测风塔概况

地区	测风塔名称	塔高/m	风速层次/m	风向层次/m	测风塔周边环境
泗洪	龙集梯度塔	70	10、30、50、70	10、30、50、70	龙集镇伸向洪泽湖的半岛形陆地的顶端,离湖岸最近处约100 m,周围以低矮作物为主
泗洪	临淮梯度塔	60	10、30、50、60	10、30、50、60	临淮镇半岛地形的陆地的顶端,离湖岸约500 m,周围地势平坦,相比较而言,有较多的树木和部分房屋
泗洪	太平10 m塔	10	10	10	位于成子湖西岸中部,紧靠湖岸,周围地势平坦,以低矮作物为主,有少量树木
泗洪	龙集10 m塔	10	10	10	周围地势平坦开阔,紧靠湖岸,有少量树木
泗洪	半城10 m塔	10	10	10	地处洪泽湖北岸中部,离湖岸约1.5 km,周围为水产养殖区,地势平坦,有少量树木和低矮房屋
泗洪	天岗湖测风塔	70	10、30、50、70	10、70	附近地区地势平坦,有低矮的丘陵
盱眙	盱眙风电场一期测风塔	80	10、30、50、70、80	10、80	周围无高大障碍物
盱眙	盱眙风电场二期测风塔	80	10、30、50、70、80	10、30、80	周围无高大障碍物
泗阳	高渡镇测风塔	70	10、30、50、70	10、70	附近地势平坦,有大面积水体,少量农作物和房屋
泗阳	卢集测风塔	100	10、30、50、70、100	10、70、100	附近地势平坦,有大面积水体,少量农作物和房屋

图 3.10 龙集(a)和临淮(b)梯度测风塔

图 3.11　龙集梯度观测塔观测环境图

(a)东面；(b)南面；(c)西面；(d)北面

东面有房屋和树木　　　　　　　　　　南面有树木和少量房屋

西面有低矮房屋和少量树木　　　　　　北面有低矮房屋和树木

图 3.12　临淮梯度测风塔观测环境图

图 3.13 太平(a)、龙集(b)和半城(c)10 m 测风塔

东面为开阔的湖面   南面有少量树木

西面有少量树木   北面有少量树木

图 3.14 太平 10 m 测风塔观测环境图

东面为开阔的湖面

南面有部分树木

西面平坦开阔

北面大部为开阔水面

图 3.15　龙集 10 m 测风塔观测环境图

东面开阔，有少量房屋

南面约200 m有成排树木

西面有少量树木和低矮房屋

北面约150 m有少量树木和房屋

图 3.16　半城 10 m 测风塔观测环境图

3.2.2.4 骆马湖测风塔

根据骆马湖风电发展规划要求,实地考察骆马湖宿迁区域的地形、地理位置、地貌特征、气候环境,根据风随地理地貌变化的一般规律,并考虑风机轮毂高度在 60 m 左右及风电场建设范围,确定测风塔的布设方案。骆马湖宿迁区域测风点布设在沿湖的嶂山闸—洋河滩闸—邳洪闸环湖一线(表 3.3,图 3.17,图 3.18)。

表 3.3 骆马湖测风塔概况

地区	测风塔名称	塔高/m	风速层次/m	风向层次/m	测风塔周边环境
宿迁	湖滨梯度塔	70	10、30、50、70	10、30、50、70	地势平坦
宿迁	皂河梯度塔	60	10、30、50、60	10、30、50、60	地势平坦,有较多的树木
宿迁	嶂山 10 m 杆	10	10	10	地势平坦,有较多的树木和房屋
宿迁	洋河滩 10 m 杆	10	10	10	地势平坦,有较多的树木和房屋
宿迁	皂河 10 m 杆	10	10	10	地势平坦,有较多的树木和房屋

图 3.17 湖滨梯度塔(a)和皂河梯度塔(b)

图 3.18 沿湖 10 m 风塔

(a)嶂山;(b)洋河滩;(c)皂河

3.3　地面观测仪器

3.3.1　气象站风能观测仪器

气象站测量风的仪器主要有 EL 型电接风向风速计、EN 型系列测风数据处理仪、海岛自动测风站、轻便风向风速表、单翼风向传感器和风杯风速传感器等。

EL 型电接风向风速计是由感应器、指示器、记录器组成的有线遥测仪器。感应器由风向和风速两部分组成。风向部分由风标、风向方位块、导电环、接触簧片等组成;风速部分由风杯、交流发电机、涡轮等组成。指示器由电源、瞬时风向指示盘、瞬时风速指示盘等组成。记录器由 8 个风向电磁铁、一个风速电磁铁、自记钟、自记笔、笔挡、充放电线路等部分组成。

EN 型系列测风数据处理仪与特定感应器配套可以组成 EN1 型和 EN2 型两种自动测风仪。主要功能有:定时打印输出 2 min、10 min 平均风向、风速;打印输出大风报警、航危报大风报警及解除警报的风向、风速及其出现时间,发出报警信号;每天 20 时打印输出日极大风速、最大风速及相应的风向、出现时间,日合计、日平均风速和风向,并可随时显示各种瞬时值和平均值,存储 24 h 风向、风速记录。可代替 EL 型电接风向风速计的记录器、指示器和大风报警器。

海岛自动测风系统是专门为测量海岛出现的强风而设计的,其特点是具有较好的测强风能力。海岛自动测风系统由两个部分组成:一个是自动采集部分,另一个是接收部分。采集部分由风向风速传感器、数据处理器、调制解调器、无线电收发信机、太阳能板和蓄电池等组成。接收部分由计算机、调制解调器、无线电收发信机和打印机组成。采集部分对风向风速传感器采样,然后计算出风向风速的平均值。通过无线通信实现采集数据到接收部分的传输。

轻便风向风速表,是测量风向和 1 min 内平均风速的仪器,它用于野外考察或气象站仪器损坏时的备份。仪器由风向部分、风速部分和手柄三部分组成。

单翼风向传感器和风杯风速传感器,风向感应器为单翼风标,风速传感器采用三杯式感应器,风杯由碳纤维增强塑料制成。

3.3.2　沿海风能观测仪器

根据《风电场风能资源测量方法》(GB/T 18709—2002)和《风电场风测量仪器检定规范》(QX/T 73—2007)的规定进行仪器选型,确定风能观测仪器技术性能指标(表 3.4)。观测仪器性能见表 3.5—表 3.7。

表 3.4 传感器技术性能表

测量要素	测量范围	分辨力	准确度	平均时间	采样速率
风速	0～60 m/s (强风仪:0～90 m/s)	0.1 m/s	±(0.5+0.03 V)m/s	3 s 1 min 2 min 10 min	1 次/s
风向	0°～360°	3°	±5°		
温度	−50～+50 ℃	0.1 ℃	±0.2 ℃	1 min	6 次/min
湿度	0～100%	1 %	±4%(≤80%) ±8%(>80%)	1 min	6 次/min
气压	500～1100 hPa	0.1 hPa	±0.3 hPa	1 min	6 次/min
超声风	0～60 m/s	0.01 m/s	±1.5%RMS	—	10 次/s

表 3.5 VAISALA 公司的 HMP45 d 型温湿度传感器性能一览表

温度传感器	
工作温度	−40～+60 ℃
滤膜	0.2 μm 聚四氟乙烯膜
电能消耗	<4 mA
供电电压	7～35 VDC
稳定时间	0.15 s
湿度传感器	
量　程	0～100%无凝
输出电压信号	0.008～1 VDC
精度(20 ℃)	±2%RH(0～90%相对湿度)、±3%RH(90%～100%相对湿度)
温度相关	±0.05%RH/ ℃
典型长期稳定性	相对湿度变化<1%/a
响应时间(20 ℃,90%)	15 s

表 3.6 PTB220 型数字气压传感器性能一览表

工作温度	−40～+60 ℃
测量范围	500～1100 hPa
存储温度	−60～+60 ℃
分辨率	0.1 hPa
精度	±0.3 hPa
初始化	1 s
响应	300 ms
电源	直流 10～30 V

表 3.7 ZQZ-TF 型风向风速传感器性能一览表

项目	风速	风向
起动风速	≤0.5 m/s	≤0.5 m/s
抗风强度	>75 m/s	>75 m/s

续表

项目	风速	风向
工作电压	直流 5 V(12 V 可选)	直流 5 V(12 V 可选)
环境温度	−40～+55 ℃	−40～+55 ℃
环境湿度	0～100%RH	0～100%RH
测量范围	0～75 m/s	0～360°
准确度	±(0.3+0.03V)m/s 全量程	±2.5°
分辨力	0.1 m/s	2.5°/模拟量时取决于采集器
距离常数	≤2.5 m	—
阻尼比	—	≥0.4
输出信号形式	脉冲频率	七位格雷码/模拟量
最大回转半径	107 mm	410 mm
最大高度	267 mm	349 mm

3.3.3　内陆湖泊风能观测仪器

根据《风电场风能资源测量方法》(GB/T 18709—2002)和《风电场风测量仪器检定规范》(QX/T 73—2007)的规定进行仪器选型。选取的原则是符合规范、野外工作性能稳定。选用 EL15-1A 杯式风速传感器和 EL15-2A 风向传感器,图 3.19,其主要性能指标见表 3.8。

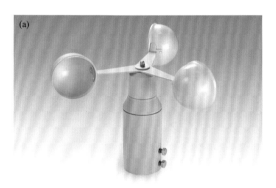

图 3.19　风速(a)和风向(b)传感器

表 3.8　风速、风向传感器主要性能指标

参数指标	EL15-1A 风速传感器	EL15-2A 风向传感器
使用环境	−40～60 ℃,0～100%RH	−50～60 ℃,0～100%RH
测量范围	0.3～60 m/s	0°～360°
启动风速(响应灵敏度)	≤0.3 m/s	≤0.3 m/s
分辨率	0.05 m/s	2.5°
抗风强度	75 m/s	75 m/s

3.4 卫星遥感观测

3.4.1 QuikSCAT

QuikSCAT(Quick Scatterometer)卫星是美国国家宇航局于 1999 年 6 月发射的一颗科学探测卫星,目的是弥补因 NSCAT 探测器故障带来的海面风探测资料的缺失,至 2009 年 5 月停止数据服务。SeaWinds 有一个直径 1 m 的抛物碟状天线,采用内外两个波束的圆锥扫描方式,并以 40°和 46°的观测角发射探测波束和接收回波,其中内波束采用水平极化,入射角为 46°;外波束采用垂直极化,入射角为 54°。QuikSCAT 回归周期为 4 d(绕地球旋转 57 圈),轨道周期 101 min,轨道高度为 803 km,扫描幅宽达到 1800 km,QuikSCAT 卫星每日上、下午两次的观测数据可以覆盖约 90% 的海面。

QuikSCAT 卫星上搭载的 SeaWinds(洋面风矢量散射探测仪)是一种特殊的传感器,主要通过探测海洋表面的起伏状况,得到海面 10 m 处的风矢量数据(图 3.20)。SeaWinds 是一台 Ku 波段的微波散射计,工作频率约为 13.4 GHz,可测量海面后向散射系数,利用 QuikSCAT 后向散射系数反演海面风矢量通过 Ku 波段地球物理模式函数(现用 Ku-2011)进行。

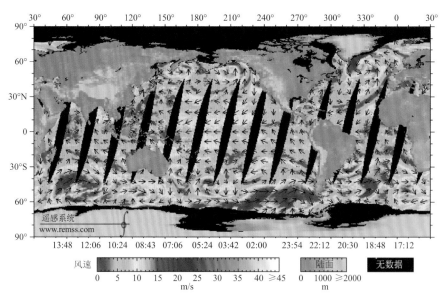

图 3.20 QuikSCAT 全球风速数据(2008 年 5 月 4 日 18 时)

3.4.2 WindSAT

2003 年 1 月 6 日美国国防部发射的科里奥利(Coriolis)卫星上面的搭载星载极化微波

辐射计(WindSAT),是美国海军研究实验室(NRL)研制的全球第一个星载全极化微波辐射计系统。WindSAT 的主要目的是为了证实星载全极化微波辐射计能够用于海面风矢量测量,同时也可以测量海面温度、土壤湿度、水汽、大气含水量和降雨率等信息。它具有 5 个频率 22 个通道,其中 10.7 GHz、18.7 GHz 和 37 GHz 3 个频率是全极化通道,6.8 GHz 和 23.8 GHz 是传统的垂直双极化通道,不同的频率的空间分辨率不同,WindSAT 能够测量水平和垂直极化亮温,利用 WindSAT 接收的海表亮度温度信息能够反演海面 10 m 高度风矢量信息(图 3.21)。

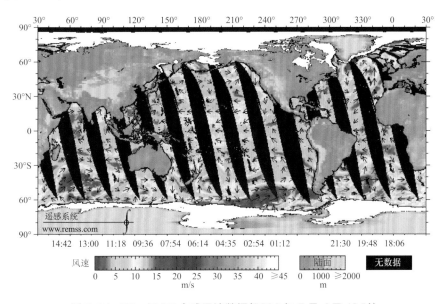

图 3.21 WindSAT 全球风速数据(2008 年 5 月 4 日 18 时)

3.4.3 ASCAT

欧洲气象卫星组织 EUMETSAT 于 2006 年 10 月 19 日成功发射的 MetOp-A 卫星上搭载着一台改进型微波散射计 ASCAT(Advanced Scatterometer)。从 2007 年 5 月开始全面运行,至今仍在运行。2012 年 9 月发射的 MetOp-B 卫星搭载另一台 ASCAT 散射计。AS-CAT 作为新一代的微波散射计,吸收了美国 NSCAT、QuikSCAT 和欧洲 ERS 等散射计卫星的经验,它的主要性能优于上述散射计卫星。ASCAT 的主要任务是用于海面风矢量测量,同时也可以进行极地冰川、土壤水分和植被等研究(图 3.22,图 3.23)。

ASCAT 是一台 C 波段微波散射计,工作频率为 5.255 GHz,可测量海面后向散射系数。C 波段的海面后向散射系数对于海面风矢量的变化和降水都较为敏感,但是 C 波段的散射计的性能受降雨的影响要小于 QuikSCAT 所使用的工作频率 Ku 波段的散射计。通过地球物理模式函数(C-2015),可以利用 ASCAT 测量的后向散射系数反演海面 10 m 高度的风矢量。ASCAT 运行在 98.59°倾角、800 km 高度的太阳同步轨道上,ASCAT 具有 3 根垂直极化天线,与飞行方向夹角分别为 45°、90°、135°,天线地面观测范围分别为仪器两侧 500 km 幅宽刈幅,两刈幅相距 360 km。

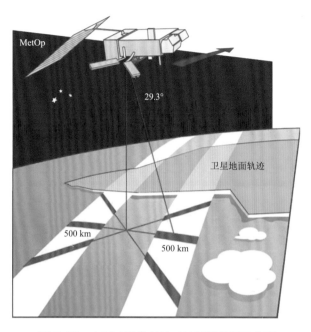

图 3.22　ASCAT 散射计对地观测几何示意图

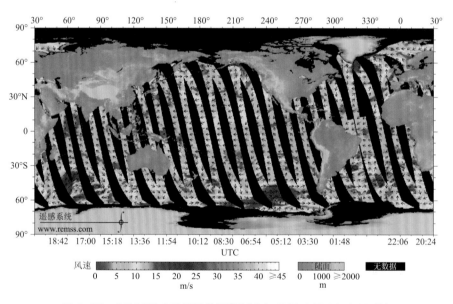

图 3.23　ASCAT 全球风速数据(2008 年 5 月 4 日 21 时 30 分)

3.4.4　ASAR

ENVISAT 卫星于 2002 年 3 月 1 日升空,是一颗太阳同步极地轨道卫星,卫星轨道重复周期为 35 d,单圈时间为 101 min,与 ERS-1/2 的一样。由于 ENVISAT 是太阳同步极地轨道的,所以高纬度地区的运行轨道之间的间距要小于低纬度地区,因此高纬度地区的重返率要高于低纬度的重返率。如果不考虑入射角的限制,在赤道地区的平均重访周期是 7 d,在

70°纬度地区的平均重访周期约为 2 d。而且卫星的扫面覆盖区域的重访周期也跟波束的入射角有关,入射角越大表示离星下点越远,从而重返率越低。表 3.9 为一个卫星轨道重复周期(35 d)内,不同纬度和不同入射角条件下的重访次数。

表 3.9　一个 35 d 卫星轨道重复周期内,不同纬度和不同入射角下的重访次数

入射角	纬度			
	0°	**45°**	**60°**	**70°**
<5°	3	4	6	9
<20°	1	1.4	2	3
不考虑入射角	5	7	11	16

ASAR(Advanced Synthetic Aperture Radar,高级合成孔径雷达)是一颗搭载在 ENVI-SAT 卫星上的 C 波段合成孔径雷达,工作频率为 5.34 GHz,它拓展了搭载在 ERS-1 和 ERS-2 (European Remote Sensing Satellite,欧洲遥感卫星)的 SAR(Synthetic Aperture Radar,合成孔径雷达)的任务,保证了 ERS-1/2 的 SAR 图像模式(Image Mode)和波模式(Wave Mode)的延续性。ASAR 使用了主动相位阵列天线,以右视的方式进行观测,入射角在 15°~45°,其数据产品广泛应用于海洋波浪、海冰范围、海冰运动和陆地表面等研究(图 3.24)。

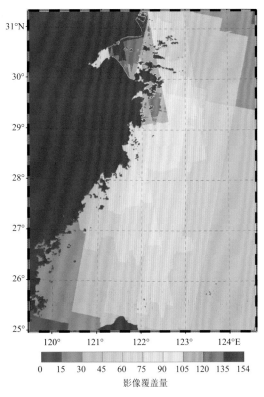

图 3.24　ASAR 影像的覆盖量

ASAR 的一个主要的特性是拥有主动相位阵列天线,能够独立控制天线平面不同区域的辐射发射器的相位和幅值,而且能够分别对不同区域接收到的信号的比重进行调整,这样

使得天线能发出不同的波束,从而以不同的模式进行测量。ASAR 有两种工作模式,分别为 Stripmap SAR 模式和 ScanSAR 模式。当以 Stripmap SAR 模式工作时,雷达的相位阵列天线能够灵活调整,能够以不同的入射角进行工作,从而获取不同幅宽的影像,由于测量时只以一种固定的入射角扫描地面,所以此模式下获取的影像幅宽较窄;ScanSAR 模式通过共享多个独立子幅宽运作时间的方式,将多个不同入射角波束得到的子刈幅合成一个完整的图像覆盖区,所得的影像幅宽较宽,如图 3.25 所示。

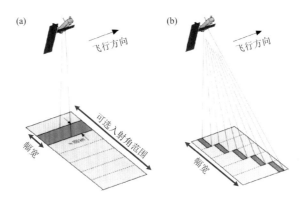

图 3.25　ASAR 的条带模式(a)和扫描模式(b)

ASAR 有 5 中不同的测量模式,分别为图像模式(Image Mode,IM)、波模式(Wave Mode,WM)、宽幅(Wide Swath Mode,WS)模式、全球模式(Global Monitoring Mode,GM)和交替极化模式(Alternating Polarisation Mode,AP),如表 3.10 所示。

表 3.10　ASAR 测量模式的主要特性

成像模式	图像模式(IM)	波模式(WV)	宽幅模式(WS)	全球模式(GM)	交替极化模式(AP)
幅宽	56~105 km	5 km	405 km	405 km	56~105 km
下行数据率	100 Mbit/s	0.9 Mbit/s	100 Mbit/s	0.9 Mbit/s	100 Mbit/s
分辨率	30 m 或 150 m	10 m	150 m	1000 m	30 m 或 75 m
工作模式	StripmapSAR	StripmapSAR	ScanSAR	ScanSAR	ScanSAR
极化方式	VV 或 HH	VV 或 HH	VV 或 HH	VV 或 HH	VV/HH 或 VV/VH 或 HH/HV

ASAR 的 5 中测量模式的工作特性主要有以下方面。

(1)图像模式和波模式的采用 Stripmap 技术。与图像模式不同的是,波模式并不获取扫描条带上的连续数据,而是有规律等间隔地获取条带上小区块的数据,这样以低数据率间歇式的工作方式使得 Wave 测量模式下的数据能够存储在卫星上,而不必实时地传到地面工作站上,波模式的影像会被转化成用于海洋探测的波谱。

(2)宽幅和全球模式采用 ScanSAR 技术,以 5 个不同的波束同时工作,每个波束能够得到相应的 sub-swath 影像,然后所有 sub-swath 拼接成宽幅的影像,可达到 405 km 的幅宽,宽幅模式的标称分辨率为 150 m,全球模式的标称分辨率为 1000 m。这种宽幅的影像在海洋中的中尺度现象、中尺度风场、大范围的海浪信息的研究具有重要意义。

（3）交替极化模式采用 ScanSAR 技术，与宽幅和全球模式不同的是，它并不是以同时扫描多个子刈幅（sub-swath）的方式工作，而是在用同一个刈幅内使用不同的极化方式进行扫描，从而同一个刈幅内能够获取两幅不同的极化方式的图像，其中 3 种不同极化方式的组合，分别为 HH/VV、HH/HV 或者 VV/VH。交替极化模式的与图像模式一样，有约 30 m 的空间分辨率的图像，由于采用了特殊的数据处理技术，与图像模式相比，交替极化模式图像辐射分辨率略有降低。

（4）所有测量模式能够以相同的极化方式发射和接收信号，得到相应的 HH 极化影像或者 VV 极化影像。

（5）图像模式、交替极化模式、宽幅模式设计为高数据率，下行数据率为 100 Mbit/s。全球模式和波模式设计为低数据率，下行数据率为 0.9 Mbit/s.

（6）如图 3.26 所示，与 ERS 的合成孔径雷达 AMI（Active Microwave Instrument，主动微波仪）只能以一种固定的刈幅工作不同，ENVISAT ASAR 的图像模式、波模式、交替极化模式能够以 7 种不同的刈幅中的一种进行工作，宽幅模式、全球模式能够以 5 种不同的刈幅同时工作。对 ASAR 来讲，不同位置的刈幅的幅宽是不一样的，这由不同刈幅的入射角范围决定的，小入射角形成的刈幅幅宽要大于大入射角形成的刈幅幅宽。相对来说，宽幅模式和全球模式的刈幅的入射角范围要比图像模式的入射角范围窄一些。

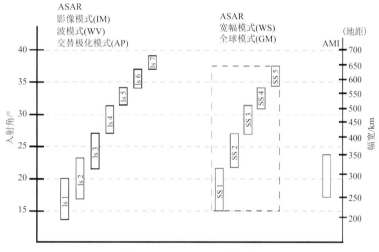

图 3.26　ASAR 刈幅设计

Level 1B 产品是从 Level 0 级产品得到的，共有 3 种形式：①完全证实的，该产品利用最精确的辅助数据，以离线生产方式得到的，该产品按时间顺序排序、没有数据间隙和重叠，并且经过完全验证，是进一步离线处理的基础；②部分证实的，该产品除了没有利用最精确的辅助数据，其他方式都与完全证实的一样；③未经证实的，该产品利用没有定标信息和精确轨道向量的准实时辅助数据，以准实时的方式生产得到的，主要用于检测仪器工作情况。

ASAR 有 5 种不同的测量模式，分别为 IM（图像模式）、AP（交替极化模式）、WS（宽幅模式）、GM（全球模式）、WV（波模式）。其中，Level 1B 产品的 IM 和 AP 模式的影像又可细分为 P（Precision，精细）、S（Single-look Complex，单视复型）、G（Ellipsoid Geocoded，椭球编码)、M(Medium-resolution,中等分辨率)4 种类别,其中 S 型影像为斜距影像,P、G、M 型影像为地距影像。所有 Level 1B 产品的特性如表 3.11 所示。

表 3.11 Level 1B 产品的特性

产品代号	产品名字	分辨率/m 距离向×方位向	像元尺寸/m 距离向×方位向	覆盖范围/km 距离向×方位向	等效视数
ASA_IMM_1P	图像模式中分辨率影像	150×150	75×75	56～100×100	40
ASA_IMP_1P	图像模式精细影像	30×30	15×15	56～100×100	＞3
ASA_IMS_1P	图像模式单视复型影像	9×6	自然像元尺寸	56～100×100	1
ASA_IMG_1P	图像模式椭球编码影像	30×30	15×15	56～100×100	＞3
ASA_APM_1P	交替极化模式中分辨率影像	150×150	75×75	56～100×100	50
ASA_APP_1P	交替极化模式精细影像	30×30	15×15	56～100×100	＞1.8
ASA_APG_1P	交替极化模式椭球编码影像	30×30	15×15	56～100×100	＞1.8
ASA_APS_1P	交替极化模式单视复型影像	9×12	自然像元尺寸	56～100×100	1
ASA_GMI_1P	全球观测模式影像	1000×1000	500×500	400×400	7～9
ASA_WSM_1P	宽幅标准影像	150×150	75×75	400×400	11.5
ASA_WVI_1P	波模复型式成像交叉谱	9×6	自然像元尺寸	5×5	1
ASA_WVS_1P	波模式单视复型成像交叉谱	—	—	5×5	

3.4.5 RASARSAT-2

RADARSAT-2 卫星上搭载了 C 波段高空间分辨率的合成孔径雷达传感器,该卫星是由加拿大空间局(Canadian Space Agency,CAS)于 2007 年 12 月发射,用于地物信息分类和海洋资源信息获取等众多研究领域,目前仍可正常接收数据。RADARSAT-2 卫星的轨道类型为太阳同步轨道,重访周期为 24 d,由于 RADARSAT-2 卫星拥有与 RADARSAT-1 相同的轨道参数,并且其二者对同一地区的成像时间差为 30 min,所以通过一定的处理,可以获得两颗雷达的干涉数据,对目标地物分类和表面特征观测等方面有着广阔的应用前景;此外,RADARSAT-2 卫星应用了新型天线技术,使得收发模块的相控阵功能得到增强,可实现短时间内不同成像模式的切换;雷达的固态记录仪也得到提升,具有可同步记录和下传数据的特性,可以在短时间内获取目标地物的实时数据信息。表 3.12 为 RADARASAT-2 卫星的主要参数。

表 3.12 RADARSAT-2 卫星主要参数

载波频率	C-band(5.405 GHz)	拍摄方向	左右侧视
发射时间	2007 年 12 月 14 日	入射角范围	10°～60°
轨道类型	太阳同步轨道	带宽	11.6 MHz、17.3 MHz、30 MHz、50 MHz、100 MHz
卫星高度	798 km(赤道上空)	天线尺寸	1.5 m×15 m(宽度×长度)
重访周期	24 d	天线质量	750 kg
轨道周期	100.7 min(14 轨/d)	有源天线	C 波段(T/R 模块)
极化方式	VV、HH、VH 和 HV	极化隔离度	＞25 dB

RADARSAT-2 卫星搭载的 SAR 是高空间分辨率全极化合成孔径雷达,不仅继承了 RADARSAT-1 所有的工作模式,同时还增加全极化成像(Quad Polarization Model)和移动目标探测模式(Moving Object Detection Experiment,MODEX)等功能,共拥有十几种成像模式。RADARSAT-2 卫星的空间分辨率为 3 ~100 m,入射角范围为 10°~60°,其最大成像幅宽为 500 km,同时具有左右视成像能力,这些特点大大缩短了卫星覆盖全球的周期;RA-DARSAT-2 卫星具有的全极化成像能力,使其可以获取更丰富的目标地物信息,在海洋环境监测和地形测绘等方面都有着巨大的优势。RADARSAT-2 数据根据处理级别的不同具有多种产品类型,可以满足不同研究的应用需求。表 3.13 为 RADARSAT-2 卫星的产品类型和波束模式特征。

表 3.13 RADARSAT-2 产品类型介绍

波束模式	极化方式	入射角/°	距离向×方位向/ m×m	幅宽/ km×km	产品类型
聚束模式 Spotlight	可选单极化 (HH、VV、HV、VH)	20~49	0.5×0.5	18×8	SLC、SGX、SGF、SSG、SPG
超精细 Ultra-Fine		30~40	1.5×1.5	20×20	SLC、SGX、SGF、SSG、SPG
多视精细 Wide Ultra-Fine		30~50	6.25×6.25	50×50	SLC、SGX、SGF、SSG、SPG
精细 Fine	可选单、双极化 (HH、VV、HV、VH)+ (HH+VV、VV+VH)	30~50	6.25×6.25 8×8	50×50	SLC、SGX、SGF、SSG、SPG
标准 Standard		30~49	25×25	100×100	SLC、SGX、SGF、SSG、SPG
宽 Wide		30~45	30×25	150×150	SLC、SGX、SGF、SSG、SPG
精细全极化 Fine Quad	全极化 (HH+VV+HV+VH)	18~49	5×8	25×25	SLC、SGX、SSG、SPG
标准全极化 Standard Quad		18~42	14×8	50×25	SLC、SGX、SSG、SPG
窄幅扫描 ScanSAR Narrow	可选单、双极化 (HH、VV、HV、VH)+ (HH+VV、VV+VH)	30~46	50×50	300×300	SCN
宽幅扫描 ScanSAR Wide		30~49	100×100	500×500	SCW
高入射角 Extended High	单极化 (HH)	49~60	18×25	75×75	SLC、SGX、SGF、SSG、SPG
低入射角 Extended Low		10~23	50×25	170×170	SLC、SGX、SGF、SSG、SPG

第 4 章
江苏省风资源特征分析评估

本书第 2 章从面上介绍了江苏省的风能资源概况,本章将利用第 3 章所列的风能资源观测站点的观测数据,结合已有评估成果,开展江苏省风资源特征分析和评估(张一民 等,1997)。

4.1 不同下垫面风能参数计算

4.1.1 风能资源计算方法说明

4.1.1.1 平均风速

在风能资源评估中,平均风速($\overline{V}_E$)按下式计算:

$$\overline{V}_E = \frac{1}{n} \sum_{i=1}^{n} V_i$$

式中,$\overline{V}_E$ 为平均风速,V_i 为风速观测序列,n 为平均风速计算时段内(年、月)风速序列个数。

4.1.1.2 风向频率

根据风向观测资料,按 16 个方位统计观测时段内(年、月)各风向出现的小时数,除以总的观测小时数即为各风向频率。

4.1.1.3 风能方向频率

根据风速、风向逐时观测资料,按不同方位(16 个方位)统计计算各方位具有的能量,其与总能量之比作为该方位的风能频率。例如,按下式计算年风能方向频率:

$$F_东 = \frac{\frac{1}{2}\rho \sum\limits_{i=1}^{m} V_i^3}{\frac{1}{2}\rho \sum\limits_{j=1}^{n} V_j^3} \text{,为一年内东风所具有的能量占总能量的比值。}$$

式中:ρ 为空气密度(单位:kg/m^3);$i=1,\cdots,m$;m 为风向为东风的小时数;$j=1,\cdots,n$;$n=$ 8760 或 8784(平年为 8760,闰年为 8784)。

4.1.1.4 风速频率

以 1 m/s 为一个风速区间,统计代表年测风序列中每个风速区间内风速出现的频率。每个风速区间的数字代表中间值,如 5 m/s 风速区间为 4.6~5.5 m/s。

4.1.1.5 有效小时数

统计出代表年测风序列中风速在 3~25 m/s 之间的累计小时数。

4.1.1.6 年平均风功率密度

年平均风功率密度(D_{WP})按下式计算:

$$D_{WP} = \frac{1}{2n} \sum_{k=1}^{12} \sum_{i=1}^{n_{k,i}} (\rho_k \times v_{k,i}^3)$$

式中:n 为计算时段内风速序列个数;ρ_k 为月平均空气密度,$k=1,2,\cdots,12$;$n_{k,i}$ 为第 k 个月的观测小时数;$v_{k,i}$ 为第 k 个月($k=1,\cdots,12$)风速序列。

平均风功率密度的计算是设定时段内逐小时风功率密度的平均值,不可用年平均风速计算年平均风功率密度。D_{wp} 中的 ρ_k 必须是测站各月平均空气密度值,取决于当地月平均气温、月平均气压、月平均水汽压:

$$\rho = \frac{1.276}{1+0.00366t}\left(\frac{p-0.378e}{1000}\right)$$

式中,ρ 为空气密度(kg/m^3),p 为平均大气压(hPa),e 为平均水汽压(hPa),t 为平均气温(℃)。

4.1.1.7　威布尔分布参数 k、c

采用以平均风速和标准差估算威布尔(Weibull)两个参数。

以风速样本的均值 v 表示均值 μ,以风速样本的标准差 S_v 表示标准差 σ:

$$\mu = \overline{v} = \frac{1}{n}\sum_{i=1}^{n}V_i$$

$$\sigma = S_v = \sqrt{\frac{1}{n}\sum_{i=1}^{n}(V_i-\mu)^2}$$

式中,V_i 为风速观测序列,n 为计算时段内风速序列个数。

Weibull 两参数 k、c 按下式估计:

$$k = \left(\frac{\sigma}{\mu}\right)^{-1.086}, \quad c = \frac{\mu}{\Gamma(1+1/k)}$$

式中,$\Gamma(1+1/k)$ 为伽马函数,可查表求得。

4.1.1.8　测点 50 a 一遇最大风速

风速的年最大值 x 采用极值 I 型的概率分布(黄浩辉 等,2007),其分布函数为:

$$F(x) = \exp\{-\exp[-\alpha(x-u)]\}$$

式中:u 为分布的位置参数,即分布的众值;α 为分布的尺度参数。

分布的参数与均值 μ 和标准差 σ 的关系按下式确定:

$$\mu = \frac{1}{n}\sum_{i=1}^{n}V_i, \sigma = \sqrt{\frac{1}{n-1}\sum_{i=1}^{n}(V_i-\mu)^2}, \alpha = \frac{c_1}{\sigma}, u = \mu - \frac{c_2}{\alpha}$$

式中,V_i 为连续 n 个年最大风速样本序列($n \geq 15$),系数 c_1 和 c_2 见表 4.1。

表 4.1　50 a 一遇最大风速计算系数 c_1 和 c_2

N	c_1	c_2	N	c_1	c_2
10	0.94970	0.49520	60	1.17465	0.55208
15	1.02057	0.51820	70	1.18536	0.55477
20	1.06283	0.52355	80	1.19385	0.55688
25	1.09145	0.53086	90	1.20649	0.55860
30	1.11238	0.53622	100	1.20649	0.56002
35	1.12847	0.54034	250	1.24292	0.56878
40	1.14132	0.54362	500	1.25880	0.57240
45	1.15185	0.54630	1000	1.26851	0.57450
50	1.16066	0.54853	∞	1.28255	0.57722

测站 50 a 一遇最大风速 V_{50_max} 按下式计算：

$$V_{50\_max} = u - \frac{1}{\alpha}\ln\left[\ln\left(\frac{50}{50-1}\right)\right]$$

4.1.2 骆马湖风能资源参数计算与分析

根据 2005 年 4 月—2006 年 4 月一年多的骆马湖周边风观测资料，依据项目实施大纲和有关国家标准和规范，经对观测数据进行合理性分析后，计算各有关骆马湖风能资源分布参数（江苏省气象科学研究所，2005b；江苏省气象科学研究所，2006）。

4.1.2.1 骆马湖风向频率分布

使用 2005 年 5 月至 2006 年 4 月在骆马湖周围布设的风观测点资料分析骆马湖区域的主导风向和各风向频率，得表 4.2 和图 4.1。

表 4.2　骆马湖各风观测点年平均风向频率

%

观测点		N	NNE	NE	ENE	E	ESE	SE	SSE	S	SSW	SW	WSW	W	WNW	NW	NNW
洋河滩		5.6	4.2	7.4	6.3	7.9	9.6	10.6	7.0	10.4	6.7	5.2	3.3	3.2	3.2	4.8	4.5
皂河 10 m		5.5	4.4	12.2	6.7	12.2	8.8	6.3	3.7	7.3	3.9	8.7	3.5	7.3	3.4	4	2.2
皂河塔	10 m	4.4	7.0	8.0	6.3	9.7	8.6	10.9	5.4	4.8	6.2	6.5	5.5	4.9	4.6	4.4	2.7
	30 m	6.8	5.9	9.0	5.3	11.4	8.4	9.7	4.7	5.5	4.9	8.1	4.5	5.5	3.8	4.1	2.5
	50 m	6.5	5.6	9.9	4.6	11.5	7.3	11.8	3.8	6.3	3.4	8.8	4.0	6.4	3.5	4.3	2.5
	60 m	5.7	5.5	10.2	5.7	10.8	7.9	10.7	4.1	7.0	2.9	9.3	4.0	6.2	3.1	4.8	2.0
嶂山		4.5	5.8	9.8	9.9	13.8	8.2	7.8	3.8	3.5	3.6	8.3	4.4	6.7	3.6	4.1	2.2
湖滨塔	10 m	4.7	6.5	9.5	7.7	13.1	8	9.3	4.7	7.2	4.1	5.7	3.3	5.5	3.1	5.2	2.5
	30 m	4.5	4.8	8.9	7.3	10.4	9.3	9.4	4.3	7.4	4.8	8	4.1	5.0	3.9	5.1	2.4
	50 m	4.8	4.6	9.6	7.5	12.4	7.2	10.3	4.2	6.5	4.9	6.7	4.5	5.0	4.0	4.9	2.8
	70 m	4.7	4.9	8.3	6.1	10.2	9.5	10.6	4.2	7.6	4.0	8.7	3.7	5.9	4.5	5.0	2.2

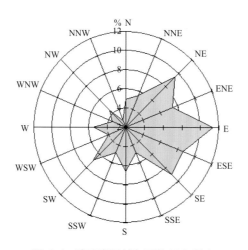

图 4.1　骆马湖区域年平均风向频率

可见,整个骆马湖区域观测期间盛行偏东风(NE—E—SE),东风(E)风频最大,东北风(NE)和东南风(SE)次之,这与气象站长年统计结果相一致(图4.2)。

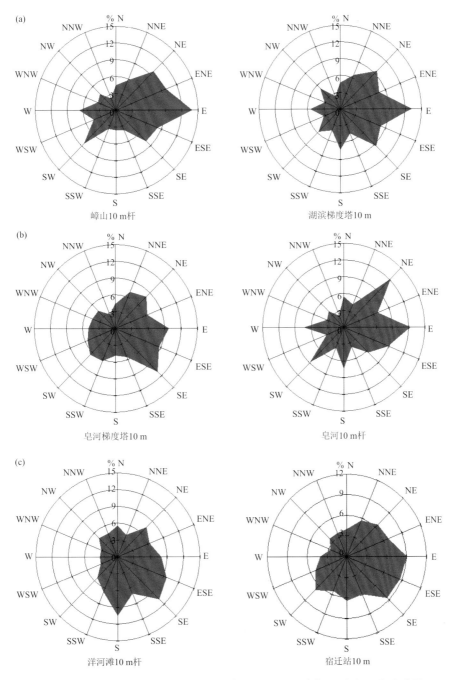

图4.2 骆马湖东岸(a)、骆马湖西岸(b)、骆马湖南岸(c)观测期年风向玫瑰图

从各测点年风向频率玫瑰图可以看出,对湖四周各个地区而言,湖南岸以东南风(SE)频率最大,南风(S)次大;湖东、西岸以东到东南风(E—SE)频率相对较大(其中西岸皂河10 m杆处的东北风(NE)与东风(E)出现的频率相同,均为最大风向)。受到测点附近地理环境影

响,各测点主导风向略有差异。

4.1.2.2 骆马湖地区平均风速及其变化特征

分析得到各观测点距地 10 m 高度年平均风速:皂河 10 m 杆处为 4.2 m/s,为各观测点中风速最大的地段,其次为洋河滩段,为 3.3 m/s,嶂山 10 m 杆处为 2.9 m/s,湖滨梯度塔 10 m 附近为 3.2 m/s,湖西岸的皂河梯度塔 10 m 处为 2.8 m/s。同期宿迁气象站年平均风速为 2.2 m/s(1971—2000 年 30 a 平均风速 2.7 m/s)。

就本观测时段而言,虽然观测期间风速较多年平均要小,但整个湖区风速仍然是明显大于同期气象站风速,也仍然大于气象站 30 a 平均风速。这说明骆马湖区风况明显有别于邻近的气象站,仅仅依靠气象站风速观测资料来估算骆马湖区的风能资源状况是欠科学的。表 4.3 给出了各测点各月及年平均风速和各月平均风速。

表 4.3 骆马湖各观测点观测期间平均风速

单位: m/s

观测点		1月	2月	3月	4月	5月	6月	7月	8月	9月	10月	11月	12月	年
皂河 10 m		3.9	4.5	4.3	4.3	4.4	3.9	4.1	4.3	4.8	4.1	3.6	3.9	4.2
洋河滩 10 m		3.3	3.7	4.0	3.7	3.3	2.8	2.8	3.3	2.9	2.7	2.9	4.2	3.3
嶂山 10 m		2.7	2.9	3.1	3.0	3.4	3.0	2.9	2.9	2.6	2.4	2.5	3.3	2.9
湖滨塔	10 m	3.0	3.4	3.6	3.5	3.6	3.1	3.1	3.1	2.7	2.8	2.5	4.0	3.2
	30 m	4.0	4.2	4.5	4.3	4.5	3.9	4.3	4.8	3.6	3.4	3.5	4.9	4.2
	50 m	4.4	4.9	5.0	5.0	5.2	4.5	4.5	4.6	4.2	3.8	4.1	5.3	4.6
	70 m	4.8	4.9	5.1	5.1	5.6	4.9	4.5	4.7	4.8	4.5	4.5	5.6	4.9
皂河塔	10 m	3.0	3.3	3.1	2.8	3.0	2.6	2.6	2.9	2.8	2.3	2.6	2.7	2.8
	30 m	3.9	4.1	4.0	3.8	4.1	3.7	3.2	3.5	3.9	3.3	3.5	4.0	3.7
	50 m	4.4	4.6	4.8	4.3	4.8	4.0	3.9	4.3	4.2	3.9	4.2	4.8	4.4
	60 m	4.5	4.6	4.6	4.4	4.9	4.5	4.1	4.4	4.5	4.1	4.4	5.0	4.5

4.1.2.3 风速频率

分析一年各测点的风速观测资料,得到风速频率分布的直方图(图 4.3—图 4.7)。图中横坐标的为风速区间,每个风速区间的数字代表中间值,其中 0 表示 0~0.5 m/s,1 m/s 表示 0.6~1.5 m/s,2 m/s 表示 1.6~2.5 m/s,以此类推。

经统计分析,湖南岸(洋河滩)以 2~3 m/s 风速为主,占 56.4%,大于 3 m/s 的有效风速占 60.1%;湖东岸的嶂山也以 2~3 m/s 风速为主,占 65.1%,大于 3 m/s 的有效风速占 57.8%;湖滨 70 m 塔距地 10 m 高度处以 2~3 m/s 风速为主,占 58.3%,大于 3 m/s 的有效风速占 62.6%;湖西岸的皂河 60 m 塔距地 10 m 高度处以 2~3 m/s 风速为主,占 54.4%,大于 3 m/s 的有效风速占 48.9%;湖西岸的皂河 10 m 杆处以 2~4 m/s 风速为主,占 59.7%;大于 3 m/s 的风速占 75.5%。

可见,骆马湖周围的风速以 2~4 m/s 为主,对 10 m 距地高度而言,湖西岸的皂河 10 m 杆处大风出现的频率最高,有效风速频率分布较高的地区也在该测点。

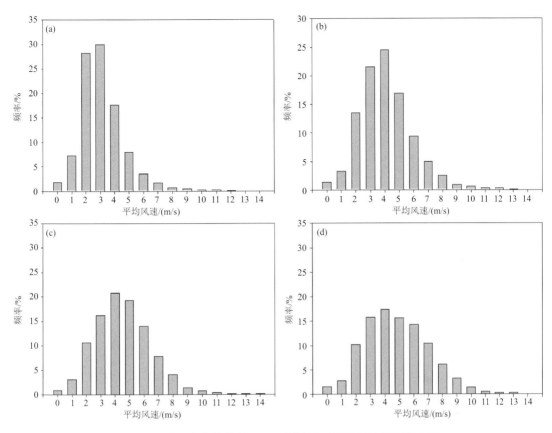

图 4.3　骆马湖东岸(湖滨 70 m 塔)各高度平均风速频率直方图

(a)10 m; (b)30 m; (c)50 m; (d)70 m

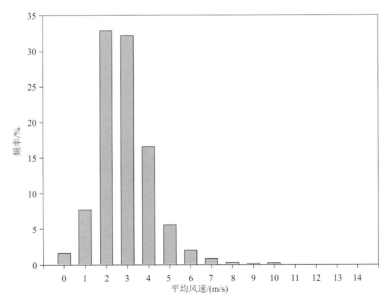

图 4.4　骆马湖东岸(嶂山 10 m 杆)平均风速频率直方图

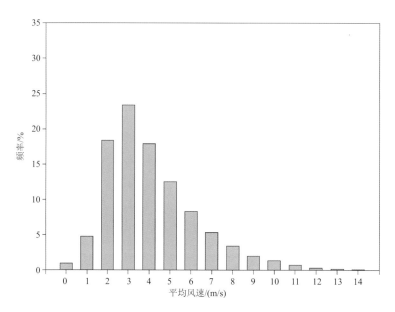

图 4. 5　骆马湖西岸(皂河 10 m 杆)平均风速频率直方图

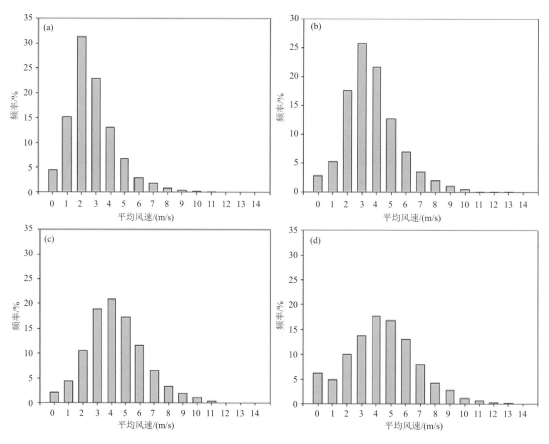

图 4. 6　骆马湖西岸(皂河梯度塔)各高度平均风速频率直方图

(a)10 m;(b)30 m;(c)50 m;(d)60 m

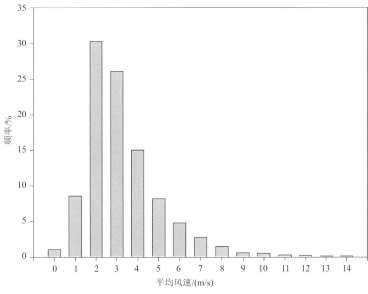

图 4.7　骆马湖南岸(洋河滩 10 m)平均风速频率直方图

4.1.2.4　骆马湖区域风功率密度

根据各月的观测资料,计算骆马湖区域的各月的风功率密度、3～25 m/s 有效风速范围内的有效风功率密度和有效小时数。

(1)风功率密度

由于骆马湖湖岸各观测点的风速化有所差异,因此各点的风功率密度及其年变化亦有所不同(表 4.4,表 4.5)。根据一年的观测资料分析表明,湖西岸皂河 10 m 杆处的年平均风功率最大,为 92.5 W/m²,湖东岸的嶂山年平均风功率密度最小,仅为 25.4 W/m²。湖西岸皂河 10 m 杆处的年平均风功率密度是东岸嶂山观测点的 3.6 倍、湖滨塔(10 m)的 2.4 倍,是湖南岸洋河滩观测点的 1.9 倍。各点的年平均风功率密度值均大于气象站值。

表 4.4　骆马湖各观测点逐月风功率密度

单位：W/m²

观测点	1月	2月	3月	4月	5月	6月	7月	8月	9月	10月	11月	12月
皂河 10 m	92.6	110.2	98.4	98.6	95.8	85.7	74.9	105.0	106.5	116.8	62.0	64.9
洋河滩 10 m	44.0	55.8	71.0	60.1	46.4	24.8	21.6	40.8	37.2	28.7	33.2	117.6
嶂山 10 m	18.1	21.6	27.1	24.0	36.7	33.1	24.4	25.2	18.5	16.5	15.5	43.2
湖滨塔 10 m	31.1	37.6	50.6	44.4	45.6	32.6	26.8	30.7	25.2	24.4	16.5	92.2
皂河塔 10 m	43.0	50.2	48.9	35.7	28.0	27.6	19.1	29.8	23.6	19.7	26.0	26.1
宿迁气象站	22.1	14.5	12.2	9.7	7.3	6.4	8.8	18.7	11.2	17.4	26.2	22.6
宿迁气象站 30 a 平均	19.4	27.6	36.6	22.4	21.6	13.1	10.2	10.8	11.6	11.4	17.0	13.7

对湖西岸而言,皂河 10 m 杆附近比皂河梯度塔处地势开阔,因此该处的风功率密度也比观测塔附近大得多。因此对湖西岸的分析,若无特别说明,将以皂河 10 m 杆处的观测数据为准。

表 4.5 骆马湖沿岸各观测点年风功率密度

单位：W/m²

西岸		东岸			南岸	宿迁站	宿迁站 30 a 平均
皂河 10 m 杆	皂河塔 10 m	嶂山	湖滨塔 10 m	洋河滩			
92.5	31.4	25.4	38.2	48.5	14.8	17.9

皂河 10 m 杆处一年的观测期里有 4 个月的风功率密度大于 100 W/m²（图 4.8），另外有 4 个月（1 月、3 月、4 月、5 月）也接近于 100 W/m²。10 月和 2 月西岸的风功率密度为峰值，最大为 10 月，达到 116.8 W/m²，11 月的风功率密度最小，仅为 62.0 W/m²，而骆马湖东岸的湖滨 10 m 塔和南岸的洋河滩测点风功率密度均在 12 月出现最高值（图 4.9，图 1.10）。

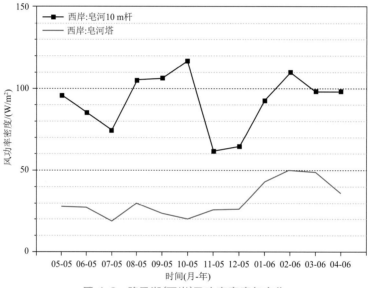

图 4.8 骆马湖(西岸)风功率密度年变化

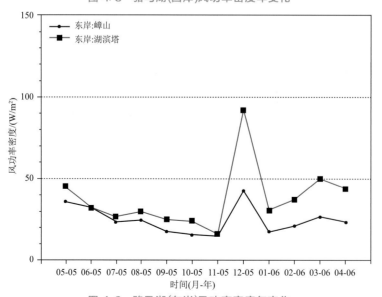

图 4.9 骆马湖(东岸)风功率密度年变化

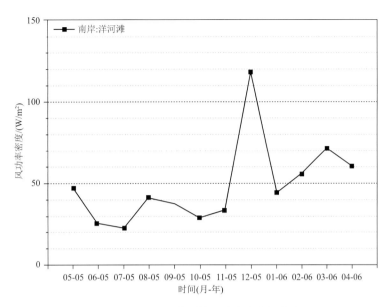

图 4.10　骆马湖(南岸)风功率密度年变化

整个湖区的各月风功率密度分布如图 4.11—图 4.22 所示。

年内各季西岸(皂河 10 m 杆处)风功率密度均大于 50 W/m²,风功率密度在 88.5～97.6 W/m²,以春季风功率密度最高,为 97.6 W/m²,夏季较小。东岸(湖滨梯度塔)冬春季风功率密度较大,夏秋季较小,且只有冬季风功率密度大于 50 W/m²。南岸(洋河滩)风功率密度也是冬春季较大,夏秋季较小,其中冬季为 72.5 W/m²,夏季为 59.2 W/m²,均大于 50 W/m²(表 4.6)。

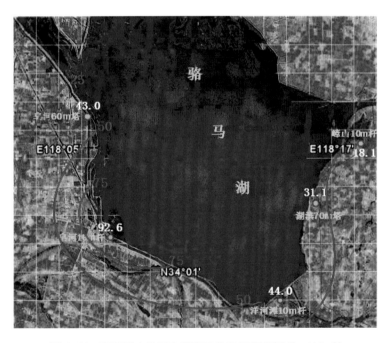

图 4.11　骆马湖 1 月风功率密度分布示意图(单位：W/m²)

图 4.12　骆马湖 2 月风功率密度分布示意图(单位：W/m²)

图 4.13　骆马湖 3 月风功率密度分布示意图(单位：W/m²)

图 4.14 骆马湖 4 月风功率密度分布示意图(单位：W/m²)

图 4.15 骆马湖 5 月风功率密度分布示意图(单位：W/m²)

图 4.16 骆马湖 6 月风功率密度分布示意图(单位：W/m²)

图 4.17 骆马湖 7 月风功率密度分布示意图(单位：W/m²)

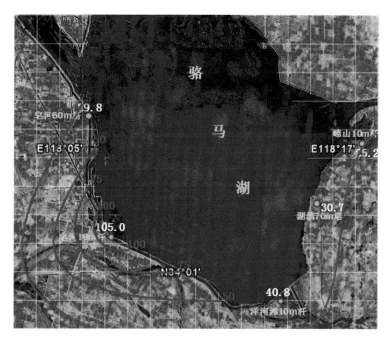

图 4.18　骆马湖 8 月风功率密度分布示意图(单位：W/m²)

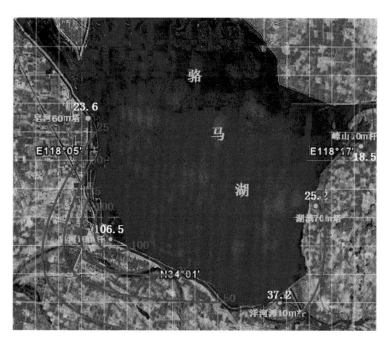

图 4.19　骆马湖 9 月风功率密度分布示意图(单位：W/m²)

江苏风能资源气象监测评估研究

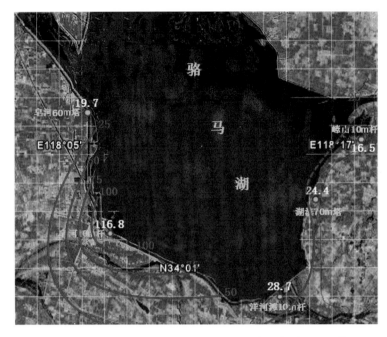

图 4.20　骆马湖 10 月风功率密度分布示意图(单位：W/m²)

图 4.21　骆马湖 11 月风功率密度分布示意图(单位：W/m²)

图 4.22 骆马湖 12 月风功率密度分布示意图(单位：W/m²)

表 4.6 骆马湖沿岸各观测点四季风功率密度

单位：W/m²

	西岸		东岸		南岸
	皂河 10 m 杆	皂河梯度塔 10 m	嶂山	湖滨梯度塔 10 m	洋河滩
春季	97.6	37.5	29.3	46.9	59.2
夏季	88.5	25.5	27.6	30.0	29.1
秋季	95.1	23.1	16.8	22.0	33.0
冬季	89.2	29.8	27.6	53.6	72.5

(2)有效风功率密度和有效时数

为保证发电并避免风机被大风破坏,风电机常设启动风速和关机风速。目前风力发电机一般启动风速为 3 m/s,关机风速为 25 m/s。由此可计算 3～25 m/s 风速区间的有效风功率密度和风能有效时数。有效风功率密度一般与风能有效小时数配合使用,有效小时数代表了风能资源的可利用时间。

根据有效风功率密度的计算结果(表 4.7),骆马湖区域有效风功率密度在 50.0～136.5 W/m²,风能有效小时数在 3376～5780 h。其中湖西岸皂河 10 m 杆处有效风功率密度仍是最高值,达到 136.5 W/m²;该处有效时数 5780 h,占全年的 66%,也远远大于湖岸其他观测点。

表 4.7 各观测点 3～25 m/s 有效风能参数

项 目		西岸		东岸		南岸
		皂河 10 m 杆	皂河塔 10 m	嶂山	湖滨塔 10 m	洋河滩
有效风功率密度/(W/m²)		136.5	72.9	50.0	70.3	93.8
风能有效	时数/h	5780	3376	3759	4337	4216
小时数	占全年比率/%	66.0	38.5	42.9	49.5	48.1

根据有关风能资源区划指标和标准,骆马湖西岸 10 m 杆处是骆马湖区域风能的"较丰富区",风功率密度达到 2 级;其他地区则属于风能的"可利用区",风功率密度等级为 1 级以下。该处相对丰富的风能资源与其附近地势开阔平坦、距离湖区最近,骆马湖区常年高频率的偏东风经湖面的增风效应后影响明显有关。

4.1.2.5 风能方向频率

骆马湖风能主要分布在东北方向(NNE—NE—ENE),占总风能的 33.8%,其他风能较大的方向为偏东方向(ENE—E—SE)占 21.84%,西北方向占 18.7%。其他方向的风能分布较少(图 4.23)。

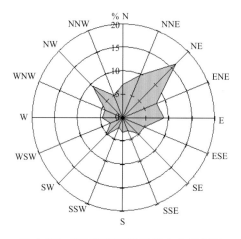

图 4.23 骆马湖年平均风能方向频率图

从地区分布看,湖西岸风能分布一般在东北向,东岸西北向的风能最大;南岸则在偏北向风能最大(图 4.24—图 4.26)。骆马湖周围各点的最大风能方向并不相同,但都指向湖区,这与各观测点的地理条件以及湖陆风的作用关系密切。

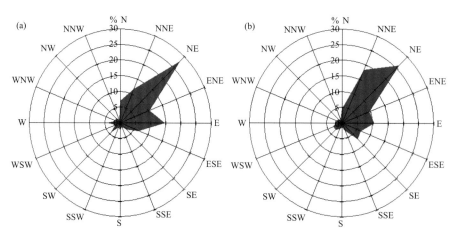

图 4.24 骆马湖西岸风能方向频率图
(a)皂河 10 m 杆;(b)皂河梯度塔

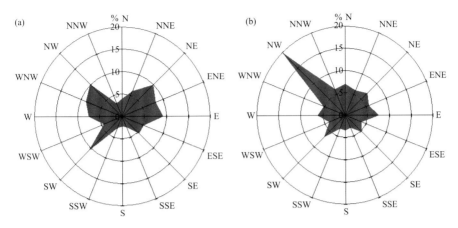

图 4.25　骆马湖东岸风能方向频率图

(a)嶂山；(b)湖滨塔

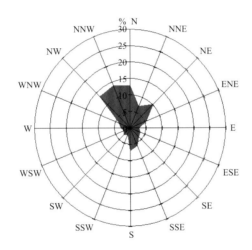

图 4.26　骆马湖南岸(洋河滩)风能方向频率图

4.1.2.6　威布尔(Weibull)分布参数 k、c 值

　　Weibull 分布双参数曲线被普遍认为适用于风速的概率密度分布的统计描述，Weibull 函数分布的形状参数 k 和尺度因子 c 是描述风速分布的重要参数(胡文忠，1996)。利用骆马湖四周各观测点的测风资料计算的年平均 k 值在 1.9～2.6，平均为 2.18，呈明显的偏态分布，其中，湖东岸最大，西岸皂河塔处最小。各地的年平均 c 值为 3.2～4.7，平均为 3.7，西岸皂河梯度塔处最小，西岸皂河 10 m 杆处最大(表 4.8)。

表 4.8　骆马湖风速 Weibull 分布参数表

分布参数	西岸		东岸		南岸	区域平均
	皂河 10 m 杆	皂河塔 10 m	嶂山	湖滨塔 10 m	洋河滩	
k	2.0	1.9	2.6	2.3	2.1	2.18
c	4.7	3.2	3.3	3.6	3.7	3.70

4.1.2.7 骆马湖各高度层风功率密度分布

采用风切变幂律公式计算骆马湖不同高度的风速分布,

$$v_2 = v_1 \left(\frac{z_2}{z_1}\right)^\alpha$$

式中,α 为风切变指数,v_2 为高度 z_2 的风速,v_1 为高度 z_1 的风速,风速的单位取 m/s。其中风切变指数的计算公式为 $\alpha = \dfrac{\lg(v_2/v_1)}{\lg(z_2/z_1)}$,$v_2$、$v_1$ 均为实测资料。

根据湖西岸皂河梯度塔、东岸湖滨梯度塔的一年实测观测资料,计算得到湖滨 70 m 塔附近的风切变指数为 0.215,皂河 60 m 塔附近为 0.295。可见,由于特殊的地理位置,骆马湖周围的风切变指数明显高于规范规定的风切变指数 1/7(0.143),而且由于下垫面状况的差异,开阔的湖滨 70 m 塔附近和茂密树林间的皂河 60 m 塔附近风切变指数也有明显差别,但满足下垫面越粗糙风切变指数越大的规律。根据对骆马湖周围各风能观测点的实地调查,除了皂河梯度塔附近,皂河西岸 10 m 杆、东岸嶂山和南岸洋河滩的观测环境与湖滨梯度塔附近比较相似,因此这三处的风切变指数近似取 0.215,该值大致反映了骆马湖附近区域的风随高度变化规律。

由此可计算得到骆马湖不同距地高度的风功率密度分布(表 4.9),可见使用 0.215 的切变指数拟合 10 m 以上高度层的风功率密度值与实测值的计算误差在 10 W/m² 以内,小于风功率密度等级划分的 50 W/m² 增幅,拟合的结果是合理的。

表 4.9　骆马湖距地不同高度风功率密度

单位:W/m²

距地高度/m	西岸		东岸		南岸
	皂河 10 m 杆	皂河梯度塔	嶂山	湖滨梯度塔	洋河滩
10	92.50	31.40	25.40	38.20	48.50
20	144.65	57.99	39.72	59.73	75.84
30	187.88	83.02	51.59	77.59	98.51
40	226.19	107.09	62.11	93.41	118.60
50	261.20	130.47	71.72	107.87	136.95
60	293.80	153.32	80.68	121.33	154.05
70	324.51	175.73	89.11	134.01	170.15
80	353.70	197.77	97.12	146.07	185.45

从各高度层的分布看,湖西岸的风功率密度,特别是皂河 10 m 杆测点所处区域的风功率密度仍然是明显要高于河东岸,皂河梯度塔处也从 30 m 高度以上,风功率密度增幅要大于东岸的湖滨 70 m 塔。

各高度对应的风功率密度分布示意图为图 4.27—图 4.34。

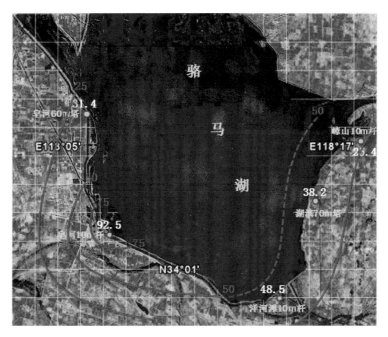

图 4.27 骆马湖 10 m 高度处风能功率密度分布(等值线间隔 25 W/m²)

图 4.28 骆马湖 20 m 高度处风能功率密度分布(等值线间隔 25 W/m²)

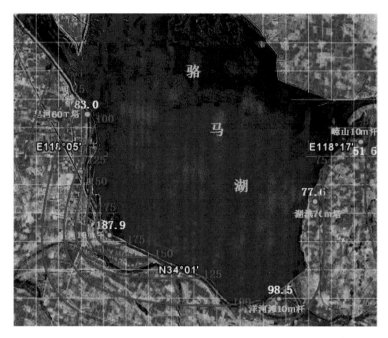

图 4.29　骆马湖 30 m 高度处风能功率密度分布(等值线间隔 25 W/m²)

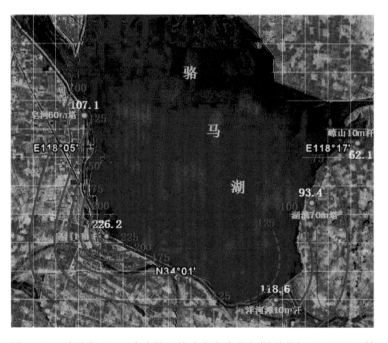

图 4.30　骆马湖 40 m 高度处风能功率密度分布(等值线间隔 25 W/m²)

图 4.31　骆马湖 50 m 高度处风能功率密度分布(等值线间隔 25 W/m²)

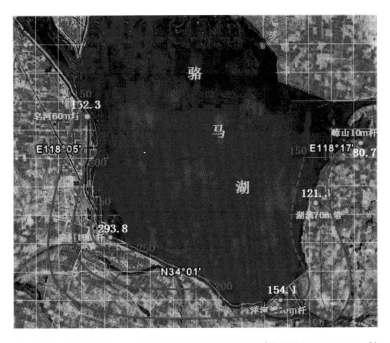

图 4.32　骆马湖 60 m 高度处风能功率密度分布(等值线间隔 50 W/m²)

图 4.33　骆马湖 70 m 高度处风能功率密度分布(等值线间隔 50 W/m²)

图 4.34　骆马湖 80 m 高度处风能功率密度分布(等值线间隔 50 W/m²)

4.1.3　盱眙风电场风能资源实测结果分析

4.1.3.1　空气密度

根据盱眙气象站同期的气温、气压、相对湿度观测数据,计算得到盱眙地区的各月空气密度值,计算结果见表4.10。

表4.10　盱眙各月、年平均空气密度

单位：kg/m³

	2月	3月	4月	5月	6月	7月	8月	9月	10月	11月	12月	1月	年
盱眙	1.28	1.26	1.21	1.18	1.16	1.15	1.15	1.18	1.22	1.23	1.29	1.29	1.22

4.1.3.2　平均风速和平均风功能密度分布

统计得到风场各月及年平均风速见表4.11,各月及年平均风功率密度见表4.12,风场各高度风速的日变化情况见表4.13,风功率密度的日变化情况见表4.14。

表4.11　盱眙风场各月及年平均风速(实测)

单位：m/s

高度	2月	3月	4月	5月	6月	7月	8月	9月	10月	11月	12月	1月	年
30 m	4.6	4.5	5.0	4.8	4.6	4.0	4.0	4.4	4.7	4.8	4.3	4.3	4.5
50 m	5.1	5.0	5.5	5.4	5.2	4.6	4.6	5.0	5.4	5.5	4.9	4.8	5.1
70 m	5.6	5.4	6.0	5.8	5.5	5.0	5.0	5.4	6.0	5.9	5.2	5.2	5.5
80 m	5.8	5.6	6.3	6.1	5.7	5.2	5.2	5.6	6.1	6.1	5.4	5.4	5.7

表4.12　盱眙风场各月及年平均风功率密度(实测)

单位：W/m²

高度	2月	3月	4月	5月	6月	7月	8月	9月	10月	11月	12月	1月	年
30 m	111.0	84.6	135.7	105.1	81.3	61.5	52.8	69.5	81.2	98.5	69.8	63.8	84.2
50 m	153.0	114.1	182.1	144.0	113.6	86.8	80.6	102.8	125.4	140.3	100.3	90.4	119.0
70 m	193.6	145.3	228.2	181.2	140.4	109.2	104.4	133.9	170.0	175.9	127.7	120.3	152.0
80 m	205.2	162.5	254.4	207.2	156.0	122.9	115.8	146.2	185.5	199.0	144.4	132.0	168.8

表4.13　盱眙风场逐时(北京时)平均风速(实测)

单位：m/s

高度	时间(时)																							
	00	01	02	03	04	05	06	07	08	09	10	11	12	13	14	15	16	17	18	19	20	21	22	23
30 m	4.6	4.6	4.6	4.6	4.6	4.6	4.5	4.3	4.3	4.3	4.5	4.5	4.5	4.6	4.6	4.5	4.4	4.3	4.3	4.5	4.6	4.6	4.6	4.6
50 m	5.4	5.4	5.4	5.3	5.4	5.4	5.2	4.9	4.7	4.7	4.8	4.8	4.8	4.9	4.9	4.8	4.8	4.9	5.2	5.3	5.3	5.4	5.4	5.4
70 m	6.0	6.0	6.0	5.9	5.9	6.0	5.8	5.5	5.1	5.0	5.0	5.0	5.1	5.1	5.1	5.1	5.3	5.7	5.9	5.9	6.0	6.0	6.0	6.0
80 m	6.4	6.3	6.3	6.2	6.2	6.3	6.1	5.7	5.3	5.1	5.1	5.1	5.1	5.2	5.2	5.2	5.5	5.9	6.1	6.2	6.3	6.3		

总体来说,风场各高度处均以 4 月风速最大,1 月、7 月和 8 月风速较小。30 m 高度上年平均风速为 4.5 m/s,50 m 高度上为 5.1 m/s,70 m 高度上为 5.5 m/s,80 m 高度上为 5.7 m/s。80 m 高度比 70 m 高度的年平均风速大 0.2 m/s,80 m 高度比 50 m 高度年平均风速大 0.6 m/s,80 m 高度比 30 m 高度年平均风速大 1.2 m/s。

从表 4.12 可以看出,平均风功密度随着高度增高而增大,80 m 年平均风功率密度达 168.8 W/m²,而 30 m 年平均风功率密度仅 84.2 W/m²。各高度的平均风功密度呈现出一致的年变化特征,最大值出现 4 月,最小值出现在 8 月。平均风功率密度与风速的立方成正比,因此风速越大平均风功率密度越大。

从表 4.13 可以看出,逐时风速随着高度层的增高而增大。在 30 m、50 m、70 m、80 m 高度上,风速的最大值普遍出现在 19—23 时和 00—06 时,最小值则大部分出现在 08—09 时。

从表 4.14 可以看出,逐时风功率密度分布规律同风速相同:同一时次随着高度层的增高而增大;在 30 m、50 m、70 m 和 80 m 上,风功率密度大值普遍出现在 19—23 时和 00—06 时,08—09 时为小值时段。

4.1.3.3 各等级风速及风能频率分布

统计得到盱眙测风塔风速频率分布见表 4.15,风能频率分布见表 4.16。

由表 4.15 可见,随着高度增加,大风速值出现频率增高,风速向大值区偏移,在低层尤为明显。在 30 m 高度,以 3~6 m/s 风速为多,占 77.5%,其中 4 m/s 的风速最多,达 24.6%。到 50 m 以上高度,随着高度的增加,风速频率向大值区偏移的趋势减缓。在 50 m 和 70 m 高度,以 3~7 m/s 风速出现频率最高,分别占 81.4% 和 76.5%,最多的 5 m/s 风速分别占 21.6% 和 18.4%。到 80 m 高度,以 4~8 m/s 风速为主,占 74.2%,其中均以 5 m/s 风速出现频率最大,占 17.6%。

在 80 m 高度处 6 m/s 及其以上风速出现时间为 3798 h,8 m/s 及其以上风速出现时间达 1267 h;在 70 m 高度处,6 m/s 及其以上风速出现时间为 3421 h,8 m/s 及其以上风速出现时间为 1015 h;在 50 m 高度处 6 m/s 及其以上风速出现时间为 2551 h,8 m/s 及其以上风速出现时间达 605 h;在 30 m 高度处 6 m/s 及其以上风速出现时间为 1506 h,8 m/s 及其以上风速出现时间达 322 h。

由表 4.16 可见,对风能频率而言,呈现出与风速一致的分布特征。随着高度的增加,风能频率逐渐向大风速区偏移。在 30 m 高度,以 4~8 m/s 风速的风能资源为主,达 77.7%。在 50 m 高度,主要以 5~9 m/s 风速的风能资源为多,占 75.4%。在 70 m 和 80 m 高度,均以 6~9 m/s 风速所占的风能频率较大,分别为 64.2% 和 64%。在 80 m 高度,以 8 m/s 风速的风能频率最大,占 18.5%;在 70 m 和 50 m 高度均以 7 m/s 风速出现风能频率最大,其相应的风能频率均为 19.1%;30 m 高度 6 m/s 风速出现风能频率最大,占 20.1%。

4.1.3.4 风向和风能密度方向分布

统计得到风场的风向频率分布见表 4.17,计算得到风场各风向风能密度分布见表 4.18。

表 4.14　盱眙风场实测风场逐时(北京时)平均风功率密度

单位：W/m²

高度	00时	01时	02时	03时	04时	05时	06时	07时	08时	09时	10时	11时	12时	13时	14时	15时	16时	17时	18时	19时	20时	21时	22时	23时
30 m	89.7	87	84.2	83.7	83.7	85.5	78.4	75.1	75.5	81.1	87.3	87.9	86.8	89.8	88.9	86.6	80.3	75.1	76	86.5	86	87.7	88.8	89.8
50 m	135.8	132.3	128.3	127.4	128.4	130.5	120.6	110.3	102.6	102.9	108.2	106.9	106.1	111	111.1	109.7	105	103.5	111.1	129.5	132.6	133.6	134.8	135
70 m	184.7	179.1	174.4	173.6	175.0	178.1	163.7	145.4	127.9	119.7	123.0	120.2	119.1	125.8	126.2	125.9	123.3	126.2	142.2	170.6	179.5	180.6	181.6	182.8
80 m	213.8	207.5	200.7	200.3	202.3	203.6	186.6	162.9	140.3	127.5	128.3	125.4	124.3	131.4	131.7	131.3	130.5	134.8	156.7	190.1	201.2	204	206.4	209.2

表 4.15　盱眙风场实测风速频率

单位：%

高度	风速/(m/s)																										
	<0.5	1	2	3	4	5	6	7	8	9	10	11	12	13	14	15	16	17	18	19	20	21	22	23	24	25	>25
30 m	0.3	2.9	7.6	17.6	24.6	22.2	13.1	6.3	2.9	1.1	0.7	0.3	0.2	0.1	0.0	0.0	0.0	0.0	0.0	0.0	0.0	0.0	0.0	0.0	0.0	0.0	0.0
50 m	0.3	2.5	5.6	11.8	19.7	21.6	17.1	11.2	5.5	2.6	1.0	0.6	0.3	0.2	0.1	0.0	0.0	0.0	0.0	0.0	0.0	0.0	0.0	0.0	0.0	0.0	0.0
70 m	0.3	2.1	4.7	10.1	15.9	18.4	18.1	14.0	8.5	4.2	1.8	0.9	0.5	0.3	0.1	0.1	0.0	0.0	0.0	0.0	0.0	0.0	0.0	0.0	0.0	0.0	0.0
80 m	0.2	1.8	4.5	9.4	14.6	17.6	17.3	14.6	10.1	5.3	2.3	1.3	0.5	0.4	0.1	0.1	0.1	0.0	0.0	0.0	0.0	0.0	0.0	0.0	0.0	0.0	0.0

表 4.16　盱眙风场实测风能频率

单位：%

高度	风速/(m/s)																										
	<0.5	1	2	3	4	5	6	7	8	9	10	11	12	13	14	15	16	17	18	19	20	21	22	23	24	25	>25
30 m	0.0	0.0	0.5	3.8	11.7	19.9	20.1	15.4	10.6	5.7	4.8	3.2	2.4	1.1	0.4	0.3	0.0	0.0	0.0	0.0	0.0	0.0	0.0	0.0	0.0	0.0	0.0
50 m	0.0	0.0	0.3	1.7	6.7	14.0	18.7	19.2	13.9	9.6	4.8	4.1	3.0	2.0	0.9	0.8	0.2	0.0	0.0	0.0	0.0	0.0	0.0	0.0	0.0	0.0	0.0
70 m	0.0	0.0	0.2	1.2	4.3	9.4	15.7	19.1	17.3	12.1	7.1	4.7	3.6	2.9	0.9	0.8	0.6	0.2	0.0	0.0	0.0	0.0	0.0	0.0	0.0	0.0	0.0
80 m	0.0	0.0	0.2	1.0	3.5	8.1	13.6	18.1	18.5	13.8	8.2	6.0	3.4	2.9	1.0	0.6	1.0	0.2	0.0	0.0	0.0	0.0	0.0	0.0	0.0	0.0	0.0

从表 4.17 可以看出,风场 30 m 高度以南风(S)为主导风向,出现频率为 11.7%,80 m 高度以东南偏东风(ESE)为主导风向,出现频率分别为 12.7%;30 m 高度处次多风向为 SSW,出现频率为 10.3%,80 m 高度处次多风向为 E,出现频率为 11.6%。风场 30 m 高度处以 ENE、E、ESE、SE、SSE、S 和 SSW 为偏多风向,7 个风向占 60%;80 m 高度处以 NNE、NE、ENE、E、ESE 和 SE 为偏多风向,6 个风向占 57.8%。

从表 4.18 可以看出,风场 30 m 高度以西南偏南风(SSW)风能密度最大,占 12.6%,次多为南风(S),占 12%。80 m 高度以东风(E)风能密度最大,出现频率达 13.5%,次多为东南偏东风(ESE),占 13.1%。风场 30 m 高度处以 E、SE、SSE、SSW 和 S 风向上的风能密度较大,5 个风向占 49.8%。80 m 高度处则以 ENE、E、ESE、SE 为多,4 个风向占 44.4%。

表 4.17　盱眙风场实测风各高度风向频率

%

高度	风向																
	N	NNE	NE	ENE	E	ESE	SE	SSE	S	SSW	SW	WSW	W	WNW	NW	NNW	C
30 m	3.8	4.8	5.2	6.1	6.6	7.0	9.0	9.3	11.7	10.3	5.2	3.5	3.6	3.6	5.4	4.7	0
80 m	5.4	6.6	7.0	10.3	11.6	12.7	9.6	4.9	3.0	4.1	5.2	3.5	3.9	3.7	4.5	4.1	0

表 4.18　盱眙风场实测风各高度风能密度方向分布

%

高度	风向																
	N	NNE	NE	ENE	E	ESE	SE	SSE	S	SSW	SW	WSW	W	WNW	NW	NNW	C
30 m	3.3	4.7	5.6	5.7	9.6	6.9	7.9	7.7	12	12.6	6.4	2.5	2.6	2.9	5.6	4.0	0.0
80 m	5.2	6.6	7.5	9.6	13.5	13.1	8.2	4.1	2.7	5.8	7.7	2.9	2.7	2.9	4.2	3.2	0.0

4.1.3.5　风能资源参数

表 4.19 为风场测风期间的各种风能资源参数。根据风场的实测资料计算,30 m 高度的年平均风功率密度为 84.2 W/m²,有效风速(3~25 m/s)小时数达到 7178 h;50 m 高度的年平均风功率密度为 119.0 W/m²,有效风速小时数达到 7558 h;70 m 高度的年平均风功率密度为 152.0 W/m²,有效风速小时数超过 7729 h;80 m 高度的年平均风功率密度为 168.8 W/m²,有效风速小时数达到 7829 h。

表 4.19　盱眙风场实测风能资源参数

高度	年平均风功率密度/ (W/m²)	年有效风功率密度/ (W/m²)	年有效风速小时数/ h	年有效风能/ (kW·h/m²)	平均风速/ (m/s)	k 值	c 值
30 m	84.2	100.8	7178.0	723.7	4.51	2.76	5.07
50 m	119.0	136.4	7558.0	1031.2	5.08	2.78	5.70
70 m	152.0	170.8	7729.0	1320.3	5.51	2.77	6.18
80 m	168.8	187.4	7829.0	1467.4	5.72	2.79	6.43

4.2 不同下垫面风资源长期平均状况评估

4.2.1 盱眙风能资源状况分析

4.2.1.1 平均风速和平均风功能密度分布

统计得到风场代表年的各月及年平均风速见表 4.20,各月及年平均风功率密度见表 4.21,风场各高度风速的日变化情况见表 4.22,风功率密度的日变化情况见表 4.23(江苏省气候中心,2011a)。

表 4.20 盱眙风场代表年各月及年平均风速

单位:m/s

高度	1月	2月	3月	4月	5月	6月	7月	8月	9月	10月	11月	12月	年
30 m	4.8	5.2	5.1	5.6	5.4	5.2	4.6	4.6	4.9	5.2	5.5	4.9	5.1
50 m	5.4	5.7	5.6	6.1	6.0	5.8	5.2	5.2	5.6	6.0	6.2	5.4	5.7
70 m	5.9	6.3	6.0	6.6	6.4	6.1	5.6	5.6	6.1	6.6	6.6	5.8	6.1
80 m	6.0	6.5	6.2	6.9	6.7	6.3	5.7	5.8	6.2	6.8	6.9	6.0	6.3

由表 4.20 可见,风场各高度处以 4 月、5 月、10 月、11 月风速较大,7 月和 8 月风速较小。30 m 高度上年平均风速为 5.1 m/s,50 m 高度上为 5.7 m/s,70 m 高度上为 6.1 m/s,80 m 高度上为 6.3 m/s。80 m 高度比 70 m 高度的年平均风速大 0.2 m/s,80 m 高度比 50 m 高度年平均风速大 0.6 m/s,80 m 高度比 30 m 高度年平均风速大 1.2 m/s(路屹雄等,2009)。

表 4.21 盱眙风场代表年各月及年平均风功率密度

单位: W/m²

高度	1月	2月	3月	4月	5月	6月	7月	8月	9月	10月	11月	12月	年
30 m	87.4	146.9	111.4	171.1	136.2	109.8	84.5	74.1	94.8	108.5	130.1	94	111.9
50 m	120.9	199.5	148.2	226.4	184.1	149.9	116.8	109.4	136.9	163	182	132.2	155.1
70 m	163.2	253.5	185.2	278.9	227.1	181.7	144.5	141.1	178.4	221.6	228.5	168.3	196.8
80 m	176.2	265.6	204.4	308.1	256.1	198.9	159.4	153.5	192.4	238.4	255.3	188.1	215.6

由表 4.21 可见,风功率密度的季节变化与风速的季节变化很相近。以 4 月最大,7 月和 8 月风功率密度最小。总体而言,春、秋、冬季风速和风功率密度较大,夏季最小,季节差异明显。其中,在 80 m 高度,4 月与 8 月的平均风功率密度之差有 154.6 W/m²。

表 4.22 盱眙风场代表年逐时(北京时)平均风速

单位：m/s

高度	时间（时）																							
	00	01	02	03	04	05	06	07	08	09	10	11	12	13	14	15	16	17	18	19	20	21	22	23
30 m	5.2	5.2	5.2	5.2	5.2	5.2	5.0	4.9	4.8	4.9	5.1	5.1	5.1	5.1	5.1	5.1	4.9	4.9	4.9	5.1	5.2	5.2	5.2	5.2
50 m	6.0	6.0	5.9	5.9	5.9	5.9	5.8	5.5	5.3	5.3	5.4	5.4	5.4	5.4	5.5	5.4	5.4	5.4	5.5	5.8	5.9	5.9	6.0	6.0
70 m	6.6	6.6	6.6	6.5	6.6	6.6	6.4	6.1	5.7	5.6	5.6	5.6	5.6	5.7	5.7	5.7	5.7	5.8	5.9	6.3	6.5	6.6	6.6	6.6
80 m	7.0	6.9	6.9	6.8	6.9	6.9	6.7	6.3	5.9	5.7	5.7	5.7	5.7	5.7	5.8	5.8	5.8	5.9	6.1	6.5	6.8	6.8	6.9	6.9

由表 4.22 可见，在 30 m 高度上，风速高值出现在 20—23 时和 00—05 时，07—09 时和 16—18 时风速相对较小。50 m 高度 20—23 时和 00—05 时风速较大，08—09 时风速相对小一些。70 m 高度风速大值出现在 20—23 时和 00—05 时，小值出现在 09—12 时。80 m 高度上 20—23 时和 00—05 时风速较大，09—13 时风速相对较小。

由表 4.23 可见，30 m 高度以 23 时风功率密度最大，50～80 m 高度则以 00 时风功率密度最大，可见风场的最佳风能利用时段在 19—23 时以及 00—06 时。此外，30 m 高度上 10—15 时风功率密度也相对较大；70～80 m 高度 12 时风功率密度达到最小，50 m 高度在 08 时最小，30 m 高度在 07 时最小。

4.2.1.2 各等级风速及风能频率分布

统计得到测点各等级风速频率分布见表 4.24，各等级风能频率分布见表 4.25。

由表 4.24 可见，30 m 高度 3～7 m/s 风速频率较大，风场其余层次均以 4～8 m/s 风速出现频率为多。在 30 m、50 m 高度，以 5 m/s 风速为多，分别占 25.2% 和 20.8%。70 m、80 m 均以 6 m/s 风速为多，分别占 18.8% 和 17.7%。

在 80 m 高度，6 m/s 及其以上风速出现时间为 4724 h，8 m/s 及其以上风速出现时间达 1866 h。在 70 m 高度处，6 m/s 及其以上风速出现时间为 4438 h，8 m/s 及其以上风速出现时间为 1574 h。在 50 m 高度处 6 m/s 及其以上风速出现时间为 3508 h，8 m/s 及其以上风速出现时间达 940 h。在 30 m 高度处 6 m/s 及其以上风速出现时间为 2258 h，8 m/s 及其以上风速出现时间达 503 h。

表 4.25 给出了不同风速的风能频率分布。从表中可以看出，在 30 m 高度上以 4～9 m/s 风速的风能频率较大，50 m 高度上以 5～10 m/s 风速的风能频率较大，70 m、80 m 高度上以 6～10 m/s 风速的风能频率较大。80 m 高度 8 m/s 风速的风能频率最大，占 19.1%；70 m 高度 8 m/s 风速的风能频率最大，占 18.6%；50 m 高度 7 m/s 风速的风能频率最大，占 19.7%；30 m 高度 6 m/s 风速的风能频率最大，占 20.7%。

4.2.1.3 风向和风能密度分布

风场的风向频率分布没有订正到代表年，采用实测值。其结果见表 4.26 和表 4.27。

表 4.23 盱眙风场代表年逐时(北京时)风功率密度

单位：W/m²

高度	00时	01时	02时	03时	04时	05时	06时	07时	08时	09时	10时	11时	12时	13时	14时	15时	16时	17时	18时	19时	20时	21时	22时	23时
30 m	119.3	116.0	112.5	111.6	111.9	113.3	104.7	100.4	100.8	107.7	115.0	115.9	114.4	117.4	116.4	113.8	106.5	100.7	101.8	114.6	114.9	117.1	118.3	119.4
50 m	176.3	172.2	167.2	166.3	167.4	168.8	157	144.2	134.6	135	141.1	139.9	138.7	143.6	143.9	142.5	137.4	136.2	145.4	167.4	172.4	174	175	175.5
70 m	235.7	229.7	224.5	223.6	225.2	228.4	211.4	189.4	167.6	157.5	161.2	157.2	156.0	162.6	163.7	163.7	161.6	166.2	186.0	220.2	232.3	233.1	233.9	234.4
80 m	268.7	262.0	254.5	253.7	255.8	257.0	237.2	209.0	181.7	165.9	166.5	162.6	161.4	168.6	169.6	169.4	169.4	175.7	202.0	242.0	256.4	259.4	262.0	264.3

表 4.24 盱眙风场代表年风速频率

风速/(m/s)，%

高度	<0.5	1	2	3	4	5	6	7	8	9	10	11	12	13	14	15	16	17	18	19	20	21	22	23	24	25	>25
30 m	0.0	1.1	4.5	11.6	21.4	25.2	17.9	9.7	4.5	2.1	0.9	0.4	0.3	0.1	0.1	0.0	0.0	0.0	0.0	0.0	0.0	0.0	0.0	0.0	0.0	0.0	0.0
50 m	0.0	1.2	3.3	8.3	14.8	20.8	20.7	14.8	8.7	3.8	1.8	0.8	0.4	0.3	0.1	0.0	0.1	0.0	0.0	0.0	0.0	0.0	0.0	0.0	0.0	0.0	0.0
70 m	0.0	0.9	3.1	6.8	11.8	17.2	18.8	16.7	11.8	6.9	3.0	1.4	0.7	0.4	0.3	0.1	0.0	0.1	0.0	0.0	0.0	0.0	0.0	0.0	0.0	0.0	0.0
80 m	0.0	0.7	2.9	6.3	11.2	15.8	17.7	16.6	13.3	8.0	3.9	1.8	1.0	0.5	0.3	0.1	0.1	0.0	0.0	0.0	0.0	0.0	0.0	0.0	0.0	0.0	0.0

表 4.25 盱眙风场代表年风能频率

风速/(m/s)，%

高度	<0.5	1	2	3	4	5	6	7	8	9	10	11	12	13	14	15	16	17	18	19	20	21	22	23	24	25	>25
30 m	0.0	0.0	0.2	1.9	7.8	17.4	20.7	17.7	12.3	8.3	5.2	3.3	2.8	1.2	1.0	0.2	0.0	0.0	0.0	0.0	0.0	0.0	0.0	0.0	0.0	0.0	0.0
50 m	0.0	0.0	0.1	1.0	3.9	10.4	17.5	19.7	17.1	10.6	7.0	4.3	3.0	3.0	1.0	0.6	0.5	0.2	0.0	0.1	0.0	0.0	0.0	0.0	0.0	0.0	0.0
70 m	0.0	0.0	0.1	0.6	2.4	6.8	12.7	17.8	18.6	15.4	9.2	5.6	3.7	2.9	2.3	0.7	0.9	0.0	0.2	0.1	0.0	0.0	0.0	0.0	0.0	0.0	0.0
80 m	0.0	0.0	0.1	0.5	2.1	5.7	10.9	16.1	19.1	16.3	10.9	6.5	4.6	3.0	2.1	0.6	0.4	0.8	0.2	0.1	0.0	0.0	0.0	0.0	0.0	0.0	0.0

表 4.26　盱眙风场实测风各高度风向频率

%

高度	风向																
	N	NNE	NE	ENE	E	ESE	SE	SSE	S	SSW	SW	WSW	W	WNW	NW	NNW	C
30 m	3.8	4.8	5.2	6.1	6.6	7.0	9.0	9.3	11.7	10.3	5.2	3.5	3.6	3.6	5.4	4.7	0
80 m	5.4	6.6	7.0	10.3	11.6	12.7	9.6	4.9	3.0	4.1	5.2	3.5	3.9	3.7	4.5	4.1	0

表 4.27　盱眙风场实测风各高度风能密度方向分布

%

高度	风向																
	N	NNE	NE	ENE	E	ESE	SE	SSE	S	SSW	SW	WSW	W	WNW	NW	NNW	C
30 m	3.3	4.7	5.6	5.7	9.6	6.9	7.9	7.7	12	12.6	6.4	2.5	2.6	2.9	5.6	4.0	0.0
80 m	5.2	6.6	7.5	9.6	13.5	13.1	8.2	4.1	2.7	5.8	7.7	2.9	2.7	2.9	4.2	3.2	0.0

4.2.1.4　风能资源参数

计算得到风场代表年各高度的年平均风功率密度、年有效风速小时数、年有效风功率密度、年有效风能及风速频率分布 Weibull 模式拟合参数 k、c 值在表 4.28 中给出。

表 4.28　盱眙风场代表年风能资源参数

高度	年平均风功率密度/ (W/m²)	年有效风功率密度/ (W/m²)	年有效风速小时数/ h	年有效风能/ (kW·h/m²)	平均风速 /(m/s)	k 值	c 值
30 m	111.9	123.6	7802	964.3	5.08	3.11	5.68
50 m	155.1	167.4	8017	1341.9	5.67	3.10	6.34
70 m	196.8	210.2	8113	1705.4	6.13	3.07	6.86
80 m	215.6	229.0	8158	1868.3	6.33	3.08	7.08

由表 4.28 可见,30 m 高度的年平均风功率密度为 111.9 W/m²,有效风速小时数达到 7802 h,50 m 高度的年平均风功率密度为 155.1 W/m²,有效风速小时数达到 8017 h;70 m 高度的年平均风功率密度为 196.8 W/m²,有效风速小时数达到 8113 h;80 m 高度的年平均风功率密度为 215.6 W/m²,有效风速小时数达到 8158 h。

4.2.2　泗洪天岗湖风能资源状况分析

4.2.2.1　平均风速与平均风功率密度分布

统计得到风场代表年的各月及年平均风速见表 4.29,各月及年平均风功率密度见表 4.30,风场风速的日变化情况见表 4.31,风功率密度的日变化情况如表 4.32(江苏省气候中心,2010a)。

由表 4.29 可见,风场各高度层以 3 月风速最大,4 月次之,9 月最小。10~120 m 高度年平均风速依次是 2.2 m/s,3.6 m/s,4 m/s,4.6 m/s,5.1 m/s,5.4 m/s。各层与 120 m 风速之差依次是 3.2 m/s,1.8 m/s,1.4 m/s,0.8 m/s,0.3 m/s,随着高度的增加,风速增加变缓。

风功率密度的季节变化(表 4.30)与风速相近,以 3 月最大,4 月次之,9 月风功率密度最小。总体而言,春、冬两季大、夏、秋两季小,季节差异明显。其中,在 120 m 高度,3 月与 9 月的平均风功率密度之差有 170.5 W/m²。

表 4.29 风场代表年各月及年平均风速

单位:m/s

高度	1月	2月	3月	4月	5月	6月	7月	8月	9月	10月	11月	12月	年
10 m	2.1	2.4	3.1	2.8	2.1	1.8	2.7	1.9	1.6	1.7	2	2	2.2
30 m	3.4	3.5	4.6	4.2	3.6	3.5	3.8	3.5	2.8	3.3	3.3	3.1	3.6
50 m	4.1	4.0	5.1	4.6	4.1	3.9	4.1	3.9	3.3	3.8	3.6	4	4
70 m	4.7	4.4	5.7	5.3	4.7	4.5	4.6	4.6	3.8	4.5	4.5	4.3	4.6
100 m	5.2	4.8	6.2	5.8	5.2	5.0	5.1	5.0	4.1	4.9	4.9	4.7	5.1
120 m	5.5	5.1	6.5	6.1	5.5	5.2	5.3	5.3	4.3	5.2	5.1	5	5.4

表 4.30 风场代表年各月及年平均风功率密度

单位:W/m²

高度	1月	2月	3月	4月	5月	6月	7月	8月	9月	10月	11月	12月	年
10 m	14.9	16.8	34.1	33.9	13.1	9.7	23.8	9.1	8.2	12.4	18.6	19.4	17.8
30 m	40.2	47.4	92.7	76.8	43.5	36.7	54.9	37.9	28.2	44.4	43.6	43.8	49.2
50 m	65.9	68.2	125.4	101.6	63.9	52.5	69.4	53.7	43.4	63.0	62.4	64.1	69.6
70 m	102.4	87.3	173.1	146.9	95.7	77.0	93.0	79.0	62.9	93.4	92.0	101.1	100.4
100 m	136.0	115.9	230.1	195.3	127.1	102.3	123.3	104.9	82.7	123.9	122.2	134.3	133.4
120 m	157.6	134.3	266.2	226.3	147.5	118.5	143.0	121.6	95.7	143.8	141.6	155.4	154.5

表 4.31 风场代表年逐时(北京时)平均风速

单位:m/s

高度	时间(时)																							
	00	01	02	03	04	05	06	07	08	09	10	11	12	13	14	15	16	17	18	19	20	21	22	23
10 m	1.9	1.9	1.9	1.8	1.8	1.9	1.9	2.1	2.3	2.5	2.7	2.8	2.8	2.8	2.8	2.7	2.4	2.1	1.9	1.8	1.8	1.9	1.9	1.9
30 m	3.5	3.4	3.4	3.3	3.3	3.3	3.3	3.3	3.4	3.5	3.7	3.8	3.8	3.9	3.9	3.9	3.8	3.6	3.5	3.5	3.4	3.5	3.5	3.5
50 m	4.2	4.1	4.0	4.0	4.0	4.0	4.0	3.9	3.9	4.0	4.1	4.1	4.1	4.1	4.1	4.0	4.1	4.2	4.3	4.3	4.3	4.3	4.3	4.2
70 m	5.0	4.9	4.8	4.8	4.8	4.8	4.7	4.5	4.3	4.1	4.1	4.2	4.3	4.4	4.4	4.5	4.5	4.5	4.7	4.9	5.0	5.1	5.1	5.0
100 m	5.5	5.4	5.3	5.3	5.2	5.2	5.1	4.9	4.6	4.5	4.5	4.6	4.7	4.7	4.9	4.8	5.0	5.2	5.4	5.5	5.6	5.6	5.6	5.5
120 m	5.8	5.7	5.5	5.5	5.5	5.5	5.4	5.2	5.0	4.8	4.8	4.8	4.9	5.0	5.1	5.2	5.2	5.2	5.4	5.7	5.7	5.9	5.9	5.8

风速与风功率密度日变化情况如表 4.31、表 4.32 所示,风速的大值区 10 m 高度上出现在 08—16 时,30 m 高度上在 10—17 时,50 m 高度上出现在 19—23 时和 00 时,70 m 高度上出现在 19—23 时和 00—01 时,100 m 高度上出现在 18—23 时和 00—06 时,120 m 高度上出现在 18—23 时和 00—06 时,风速的小值区,各高度层分别出现在 03—05 时和 19—20

时、03—07 时、06—11 时、08—12 时、09—12 时、09—12 时。可见,随着高度的增加,风速的日变化减小,最值时段也逐渐发生偏移。从年及各月风功率密度的大小来看,风电场的风功率密度为1级。

风功率密度呈现与风速相似的日变化特征,随着高度的增加,日变化特征减小,最值时段发生偏移。大值区在 10 m、30 m 高度处于 09—16 时,50 m 高度在 10—16 时、21—23 时和 00 时,70 m 高度则在 19—23 时与 00 时,100 m 高度在 19—23 时和 00 时,120 m 高度则在 19—23 时与 00 时,低值则分别处在 00—06 时和 19—23 时、00—07 时和 17—23 时、05—08 时、07—10 时、08—12 时和 17—18 时、07—10 时和 17 时。

4.2.2.2 各等级风速与风能频率分布

统计得到各等级风速频率分布见表 4.33,各等级风能频率分布见表 4.34。

由表 4.33 可见,随着高度增加,大风速值出现频率增高,风速向大值区偏移,在低层尤为明显。10 m 高度,以 1～3 m/s 风速为多,可占 83.6%,其中 2 m/s 的风速最多,达 28.1%,1 m/s 风速次之;30 m 高度,以 2～5 m/s 风速为多,可占 78.3%,其中 3 m/s 的风速最多,达 26.6%,4 m/s 的风速次之,达 21.0%;50 m 高度,以 2～6 m/s 风速为多,可占 82.3%,其中 4 m/s 的风速最多,达 22.1%,3 m/s 的风速次之,达 19.6%;70 m 高度,以 3～6 m/s 风速为多,可占 65.7%,其中 5 m/s 的风速最多,达 18.2%,4 m/s 的风速次之,为 18.1%;100 m 高度,以 3～7 m/s 风速为多,可占 72.9%,其中 5 m/s 的风速最多,达 16.6%,6 m/s 与 4 m/s 的风速次之,分别为 16.2% 与 15.9%;120 m 高度,以 3～7 m/s 风速为多,可占 69.4%,其中 5 m/s 的风速最多,达 16.7%,6 m/s 与 4 m/s 的风速次之,分别为 14.7% 与 14.3%。

在 120 m 高度处,6 m/s 及其以上风速出现时间为 3352 h,8 m/s 及其以上风速出现时间达 1171 h;100 m 高度处 6 m/s 及其以上风速出现时间为 2910 h,8 m/s 及其以上风速出现时间达 890 h;70 m 高度处 6 m/s 及其以上风速出现时间为 2210 h,8 m/s 及其以上风速出现时间达 515 h;50 m 高度处 6 m/s 及其以上风速出现时间为 1229 h,8 m/s 及其以上风速出现时间达 268 h;30 m 高度处 6 m/s 及其以上风速出现时间为 731 h,8 m/s 及其以上风速出现时间达 180 h;10 m 高度处 6 m/s 及其以上风速出现时间为 202 h,8 m/s 及其以上风速出现时间达 27 h。

4.2.2.3 风速风向和风能密度风向分布

风能密度风向分布见表 4.35。

风场 10 m、70 m 高度处均以东南偏东风(ESE)风能密度最大,分别占 14.6%、19.5%,均以东南风(SE)次之,分别占 13.0%、11.1%。风场 10 m 高度处以 NNE、NE、ENE、E、S、SSW 风向风能密度较大,占 53.5%,70 m 高度处以 NE、ENE、E、SSW 方向风能密度较大,占 37.1%。

4.2.2.4 风能资源参数

根据风能资源参数计算方法,给出了经过代表年订正后的风电场年平均风功率密度、年有效风速小时数、年有效风功率密度、年有效风能及风速频率分布 Weibull 模式拟合参数 k、c 值(表 4.36)。

表 4.32　风场代表年逐时(北京时)平均风功率密度

单位：W/m²

高度	00时	01时	02时	03时	04时	05时	06时	07时	08时	09时	10时	11时	12时	13时	14时	15时	16时	17时	18时	19时	20时	21时	22时	23时
10 m	12.5	11.3	12.4	12	13.8	11.5	12.6	14.5	17.7	21.8	25.7	29.4	29.7	31.1	29.5	27.8	20.4	16.1	14	11.4	12.1	13.4	14.1	12.5
30 m	44.5	39.7	38.8	40.2	42.4	38.5	40	41	46.1	52.2	60	65.7	66.4	69.4	66.7	66.8	55.6	47.1	42.8	40.4	40.5	45.8	47.4	43.9
50 m	72.4	64.4	61.1	62.5	64.5	60.6	61.8	58.9	61	64.4	72.4	78.4	79.1	83.3	80	82	72.1	65.3	65.1	68	68.5	76.3	77.1	71.3
70 m	115.9	103.6	99.1	100.9	103.1	99	98.8	89.9	84.9	81.2	87.5	94	95.3	100.6	96.7	100.3	92.9	89.2	96.9	107.7	110.9	123.2	122.7	115.4
100 m	153.7	137.6	131.8	134	137.1	131.4	131.2	119.5	112.9	107.8	116.4	125	126.7	133.6	128.1	133.1	123.3	118.4	128.8	142.9	147.3	163.7	163	153.2
120 m	178.2	159.2	152.7	155.4	158.8	152.2	151.9	138.4	130.9	125	134.7	144.4	146.8	154.7	148.9	154.4	142.8	137.2	149.2	165.8	170.8	189.6	189	177.3

表 4.33　风场代表年各等级风速频率分布

风速/(m/s)　　%

高度	<0.5	1	2	3	4	5	6	7	8	9	10	11	12	13	14	15	16	17	18	19	20	21	22	23	24	25	>25
10 m	10.9	26.2	28.1	18.4	8.6	4.1	1.9	1.1	0.4	0.1	0.1	0.1	0.0	0.0	0.0	0.0	0.0	0.0	0.0	0.0	0.0	0.0	0.0	0.0	0.0	0.0	0.0
30 m	1.5	7.7	18.3	26.6	21.0	12.4	6.9	2.8	1.3	0.9	0.5	0.2	0.0	0.0	0.0	0.0	0.0	0.0	0.0	0.0	0.0	0.0	0.0	0.0	0.0	0.0	0.0
50 m	2.3	6.2	12.6	19.6	22.1	17.3	10.7	4.8	2.5	1.0	0.8	0.2	0.0	0.0	0.0	0.0	0.0	0.0	0.0	0.0	0.0	0.0	0.0	0.0	0.0	0.0	0.0
70 m	1.2	4.9	9.7	14.5	18.1	18.2	14.9	9.7	4.6	2.3	1.1	0.5	0.2	0.0	0.0	0.0	0.0	0.0	0.0	0.0	0.0	0.0	0.0	0.0	0.0	0.0	0.0
100 m	1.2	4.1	7.9	12.0	15.9	16.6	16.2	12.2	7.0	3.3	1.9	0.9	0.5	0.2	0.0	0.0	0.0	0.0	0.0	0.0	0.0	0.0	0.0	0.0	0.0	0.0	0.0
120 m	1.0	3.8	7.5	10.5	14.7	16.7	14.3	13.2	8.8	4.5	2.6	1.2	0.7	0.3	0.1	0.0	0.0	0.0	0.0	0.0	0.0	0.0	0.0	0.0	0.0	0.0	0.0

表 4.34　风场代表年各等级风能频率分布

风速/(m/s)　　%

高度	<0.5	1	2	3	4	5	6	7	8	9	10	11	12	13	14	15	16	17	18	19	20	21	22	23	24	25	>25
10 m	0.0	1.2	8.0	16.7	18.3	17.0	13.8	12.4	6.3	3.1	2.6	0.5	0.0	0.0	0.0	0.0	0.0	0.0	0.0	0.0	0.0	0.0	0.0	0.0	0.0	0.0	0.0
30 m	0.0	0.1	2.1	9.0	16.1	18.5	18.0	11.4	8.4	8.0	5.4	1.7	0.5	0.3	0.4	0.0	0.0	0.0	0.0	0.0	0.0	0.0	0.0	0.0	0.0	0.0	0.0
50 m	0.0	0.1	1.0	4.9	12.5	18.9	20.1	14.1	10.9	6.4	7.0	2.4	0.5	0.5	0.3	0.4	0.3	0.0	0.0	0.0	0.0	0.0	0.0	0.0	0.0	0.0	0.0
70 m	0.0	0.0	0.5	2.4	7.0	13.7	19.4	19.7	13.7	9.9	6.7	4.2	1.5	0.3	0.2	0.2	0.3	0.3	0.0	0.0	0.0	0.0	0.0	0.0	0.0	0.0	0.0
100 m	0.0	0.0	0.3	1.5	4.7	9.3	15.9	19.4	16.5	11.1	8.4	5.8	4.1	1.7	0.3	0.0	0.5	0.3	0.3	0.0	0.0	0.0	0.0	0.0	0.0	0.0	0.0
120 m	0.0	0.0	0.3	1.1	3.7	8.3	12.0	17.7	17.6	12.5	10.2	6.1	5.0	2.8	1.4	0.0	0.0	0.7	0.0	0.3	0.0	0.0	0.0	0.0	0.0	0.0	0.0

表 4.35 风场实测风能密度方向分布

%

高度	风向															
	N	NNE	NE	ENE	E	ESE	SE	SSE	S	SSW	SW	WSW	W	WNW	NW	NNW
10 m	2.7	7.4	10.9	10.0	10.0	14.6	13.0	5.1	7.5	7.3	1.7	1.0	1.3	0.8	2.1	2.9
70 m	2.6	4.4	9.1	10.0	11.0	19.5	11.1	4.9	5.0	7.0	2.5	2.9	2.5	1.1	2.8	2.5

表 4.36 泗洪风场风能资源参数

高度	年均风功率密度/ (W/m²)	年均有效风功率密度/ (W/m²)	年有效风速小时数/ h	年有效风能/ (kW·h/m²)	k 值	c 值
10 m	17.8	61.4	2099	128.8	1.484	2.434
30 m	49.2	78.4	5153	403.9	2.190	4.065
50 m	69.6	97.0	6058	587.4	2.253	4.515
70 m	100.4	127.8	6728	860.0	2.361	5.190
100 m	133.4	164.1	6990	1147.4	2.358	5.754
120 m	154.5	185.1	7202	1333.1	2.358	6.092

由表 4.36 可知,10 m 高度的年平均风功率密度 17.8 W/m²,年有效风功率密度 61.4 W/m²,年有效风速(3～25 m/s)小时数 2099 h,有效风能 128.8 kW·h/m²;30 m 高度的年平均风功率密度 49.2 W/m²,年有效风功率密度 78.4 W/m²,年有效风速(3～25 m/s)小时数 5153 h,有效风能 403.9 kW·h/m²;50 m 高度的年平均风功率密度 69.6 W/m²,年有效风功率密度 97.0 W/m²,年有效风速(3～25 m/s)小时数 6058 h,有效风能 587.4 kW·h/m²; 70 m 高度的年平均风功率密度 100.4 W/m²,年有效风功率密度 127.8 W/m²,年有效风速(3～25 m/s)小时数 6728 h,有效风能 860.0 kW·h/m²;100 m 高度的年平均风功率密度 133.4 W/m²,年有效风功率密度 164.1 W/m²,年有效风速(3～25 m/s)小时数 6990 h,有效风能 1147.4 kW·h/m²;120 m 高度的年平均风功率密度 154.5 W/m²,年有效风功率密度 185.1 W/m², 年有效风速(3～25 m/s)小时数 7202 h,有效风能 1333.1 kW·h/m²。

4.3 不同下垫面地区重现期风速估算

根据《风电场风能资源评估方法》(GB/T 18710—2002),风能资源评估的一个重要参数为 50 a 一遇最大风速值,用于风电场的风电机组选型和风电场工程的抗风参数设计。本部分内容利用江苏省 70 个国家气象站和多个梯度测风塔观测数据,对全省不同重现期的最大风速进行计算分析,为风电工程建设提供参考依据。

4.3.1 全省不同重现期最大风速

图 4.35—图 4.38 分别给出了江苏省 15 a、30 a、50 a 和 100 a 一遇最大风速分布。从图中可以看出,无论是 15 a、30 a、50 a 一遇最大风速还是 100 a 一遇最大风速,皆呈现沿海岸

向内陆递减的分布特征。沿海地区最高,太湖、洪泽湖沿岸次之,远离水体的陆地地区最小(陈兵 等,2010)。

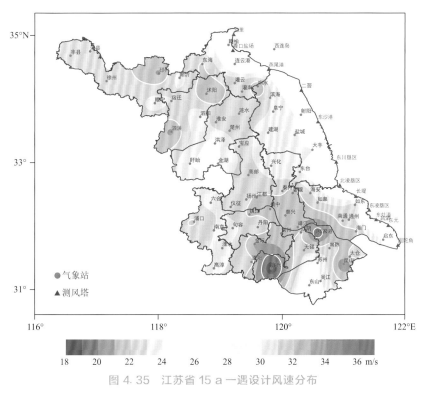

图 4.35 江苏省 15 a 一遇设计风速分布

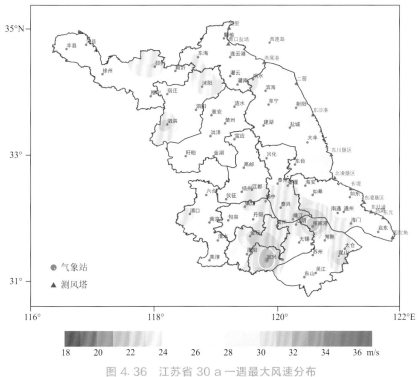

图 4.36 江苏省 30 a 一遇最大风速分布

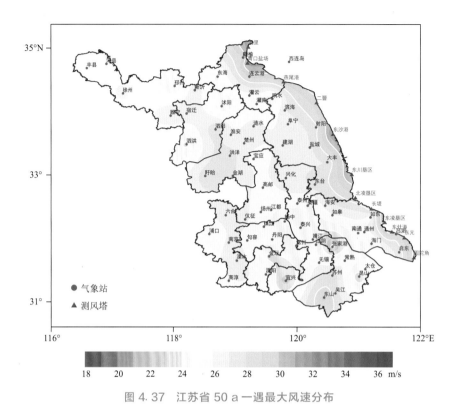

图 4.37　江苏省 50 a 一遇最大风速分布

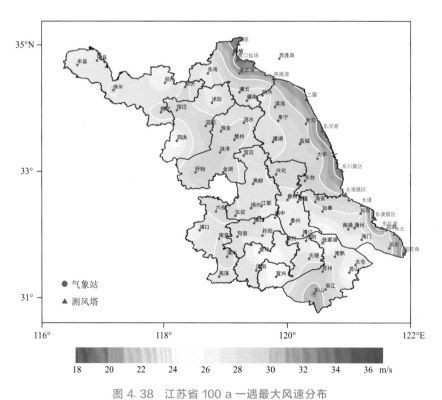

图 4.38　江苏省 100 a 一遇最大风速分布

从15 a一遇10 min最大风速分布来看,最大风速在沿海岸地区可达30 m/s,最高值位于灌河口附近。而低值中心有多个,分别位于沭阳、泗洪、张家港、宜兴等地。

30 a一遇10 min最大风速值明显高于15 a一遇,其分布与15 a一遇最大风速的分布相似。沿海地区为高值区,大部分沿海岸地区达29 m/s以上,极端值可达31.6 m/s,太湖、洪泽湖沿岸仅次于沿海,可达27 m/s以上。沿海岸地区风速自海岸向内陆迅速衰减,这与观测结果较为一致。低值中心主要位于东海—沭阳、响水—灌南、张家港和宜兴地区。

对50 a一遇10 min最大风速而言,呈现出同样的分布特征,高值区位于沿海岸地区,其次为太湖、洪泽湖沿岸,而低值区同样位于东海—沭阳、响水—灌南、张家港和宜兴地区。沿海岸地区最大风速极端值可达32 m/s以上,而最低的地区不足23 m/s。

同样,100 a一遇最大风速以沿海岸地区最大,而低值区位于远离海岸的内陆地区,沿海岸地区风速自海岸向内陆迅速衰减(黄世成 等,2009a,b)。风速最大值可达34.9 m/s以上。风速最小值不足24 m/s。

4.3.2　沿海地区50 a一遇最大风速

本节利用江苏省风能资源详查和评价工作所建的14座测风塔测风数据,分别选取西连岛气象站、射阳气象站和吕四气象为参考气象站,对沿海地区的50 a一遇最大风速进行研究。

4.3.2.1　资料处理

根据历史沿革、台站变迁、观测仪器变化、测风环境变化等情况,进行参证站最大风速系列的检验,并进行历史序列一致性订正,3个参证站订正前后的历年最大风速直方图如图4.39所示。西连岛气象站建站以来一直未迁站,台站环境保持较好,年最大风速通过一致性检验。从年最大风速的时间变化来看,西连岛气象站年最大风速在20世纪90年代之前比较大,90年代之后相对较小。射阳气象站和吕四气象站受测风小环境的影响,最大风速有明显的下降,订正后消除了这种趋势(汪婷 等,2008)。

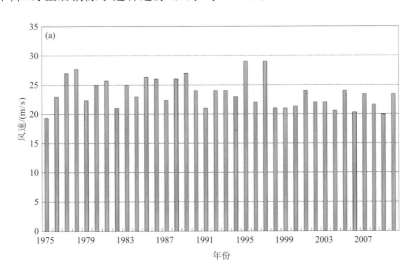

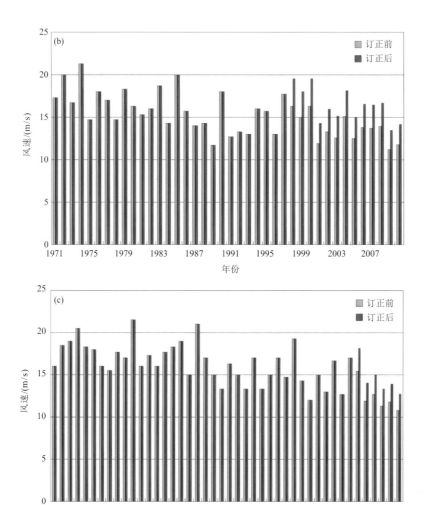

图 4.39　西连岛(a)、射阳(b)、吕四(c)参证站历年最大风速直方图

4.3.2.2　相关检验和最大风速序列延长订正

采用各详查区的测风塔 70 m 高度的日最大风速与西连岛、射阳和吕四气象站同期日最大风速进行相关检验,检验信度为 0.01。

由于抗风计算主要关注大风,因而在满足统计样本数量的前提下,筛选大风速样本,进行延长订正系数的计算,相关性检验参数见表 4.37。

表 4.37　各详查区测风塔 70 m 高度与相应参证气象站相关性检验参数

站名	测风塔	相关系数(R)	样本个数(n)	统计量(F)	检验信度	延长订正系数
西连岛气象站	连云港详查区九里测风塔(10001)	0.741	363	440.356	0.01	1.151
	连云港详查区青口盐场测风塔(10002)	0.841	365	880.170	0.01	1.150
	连云港详查区徐圩测风塔(10003)	0.846	343	857.062	0.01	1.150

续表

站名	测风塔	相关系数(R)	样本个数(n)	统计量(F)	检验信度	延长订正系数
射阳气象站	盐城详查区二罾测风塔(10004)	0.781	354	550.045	0.01	1.533
	盐城详查区东沙港测风塔(10005)	0.799	363	636.077	0.01	1.583
	盐城详查区东川垦区1测风塔(10006)	0.702	365	352.910	0.01	1.567
	盐城详查区东川垦区2测风塔(10007)	0.706	365	360.254	0.01	1.583
	盐城详查区东川垦区3测风塔(10008)	0.718	365	387.007	0.01	1.575
吕四气象站	南通详查区北凌垦区测风塔(10009)	0.754	363	475.733	0.01	1.601
	南通详查区长堤测风塔(10010)	0.787	360	588.479	0.01	1.602
	南通详查区东凌垦区测风塔(10011)	0.830	365	801.486	0.01	1.601
	南通详查区东灶港测风塔(10012)	0.888	357	1319.596	0.01	1.568
	南通详查区东元测风塔(10013)	0.884	341	1215.037	0.01	1.466
	南通详查区圆陀角测风塔(10014)	0.797	364	629.652	0.01	1.584

4.3.2.3 50 a 一遇风速估算

根据西连岛、射阳、吕四气象站1974—2009年共36 a的逐年最大10 min平均风速序列，采用国家规范推荐的极值Ⅰ型分布函数，计算各参证站10 m高度，重现期为50 a的10 min平均风速结果，列于表4.38。西连岛气象站10 m高50 a的10 min平均风速为31.1 m/s，射阳气象站10 m高50 a的10 min平均风速为23.0 m/s，吕四气象站10 m高50 a的10 min平均风速为23.1 m/s。

根据各测风塔的延长订正系数，推算出各详查区观测站70 m高度50 a一遇10 min平均风速结果，利用标准空气密度1.225 kg/m³计算出各详查区测风塔70 m高度50 a一遇标准空气密度下10 min平均风速值，列于表4.38。大部分测风塔的标准空气密度下70 m高度50 a一遇10 min平均风速在35～36.5 m/s。

表4.38 50 a一遇10 min平均风速计算结果

站点	10 m高50 a一遇10 min平均风速/(m/s)	详查区名称 观测塔名称 (编号)	70 m高50 a一遇10 min平均风速/(m/s)	标准空气密度70 m高50 a一遇10 min平均风速/(m/s)
西连岛气象站	31.1	连云港详查区九里测风塔(10001)	35.8	35.4
		连云港详查区青口盐场测风塔(10002)	35.6	35.2
		连云港详查区徐圩测风塔(10003)	35.6	35.2
射阳气象站	23.0	盐城详查区二罾测风塔(10004)	35.2	34.8
		盐城详查区东沙港测风塔(10005)	36.4	35.9
		盐城详查区东川垦区1测风塔(10006)	36.0	35.5
		盐城详查区东川垦区2测风塔(10007)	36.5	36.0
		盐城详查区东川垦区3测风塔(10008)	36.3	35.8

站点	10 m 高 50 a 一遇 10 min 平均风速/(m/s)	详查区名称 观测塔名称 (编号)	70 m 高 50 a 一遇 10 min 平均风速/ (m/s)	标准空气密度 70 m 高 50 a 一遇 10 min 平均风速/(m/s)
吕四气象站	23.1	南通详查区北凌垦区测风塔(10009)	36.9	36.4
		南通详查区长堤测风塔(10010)	37.0	36.5
		南通详查区东凌垦区测风塔(10011)	36.9	36.4
		南通详查区东灶港测风塔(10012)	36.1	35.6
		南通详查区东元测风塔(10013)	33.9	33.4
		南通详查区圆陀角测风塔(10014)	36.5	35.8

4.3.3 沿湖区域 50 a 一遇最大风速

4.3.3.1 骆马湖地区 50 a 一遇最大风速

以平均风速最大的骆马湖西岸的皂河 10 m 杆处的最大风速代表骆马湖的最大风速。宿迁站同步期间逐日最大值平均为 4.62 m/s,而同期皂河 10 m 杆处的逐日最大风速平均值为 7.48 m/s,是气象站的 1.62 倍。两地逐日最大风速的相关系数为 0.422,虽然相关系数小,但通过了信度 0.05 的显著性检验。两地的逐日最大风速的相关关系式为:

$$Y = 3.842 + 0.786X$$

式中,Y 为骆马湖(皂河 10 m 杆)的最大风速,X 为气象站的最大风速。上述关系式拟合标准差为 2.825。

根据宿迁气象站 1976—2005 年的 30 a 最大风速记录,可以推算骆马湖历史最大风速,并由此推算 50 a 一遇最大风速。根据 50 a 一遇的计算方法,得

$$\mu = 20.2, \quad \sigma = 1.9995,$$
$$则 \alpha = 0.5563, \quad u = 19.24。$$

因此,可计算得骆马湖(皂河 10 m 杆)50 a 一遇的最大风速为

$$V_{50\_max} = 26.24 \text{ m/s}。$$

4.3.3.2 洪泽湖地区 50 a 一遇最大风速

利用洪泽湖地区各测风塔与泗洪气象站同步观测资料,可以建立泗洪气象站(X)与各测风塔各层(Y)日最大风速的相互关系,列于表 4.39。从表中可以看出,洪泽湖沿岸各测塔日最大风速与泗洪气象站具有较好的相关性,均通过信度 0.01 的显著性检验。

表 4.39 泗洪气象站(X)与各测风塔(Y)之间的关系

项目	关系式	相关系数	剩余方差(σ)	F 检验值
龙集 10 m 塔(Y)与泗洪站(X)	$Y = 0.966X + 3.121$	0.545	2.246	107.9
半城 10 m 塔(Y)与泗洪站(X)	$Y = 0.849X + 1.602$	0.679	1.390	167.1
太平 10 m 塔(Y)与泗洪站(X)	$Y = 1.100X + 2.221$	0.662	1.884	159.0

续表

项目		关系式	相关系数	剩余方差(σ)	F 检验值
龙集梯度塔(Y) 与泗洪站(X)	10 m	$Y=0.996X+1.850$	0.649	1.766	152.8
	30 m	$Y=1.233X+2.766$	0.659	2.125	157.8
	50 m	$Y=1.254X+3.050$	0.720	1.830	187.9
	70 m	$Y=1.366X+3.148$	0.725	1.964	190.6
临淮塔(Y)与 泗洪站(X)	10 m	$Y=0.779X+1.371$	0.703	1.191	179.4
	30 m	$Y=0.925X+2.806$	0.631	1.717	144.7
	50 m	$Y=1.052X+3.370$	0.640	1.910	148.5
	60 m	$Y=1.032X+3.528$	0.636	1.891	147.0

选用平均风速最大的龙集 10 m 塔的最大风速代表洪泽湖沿岸的 10 m 最大风速,选取龙集梯度塔 70 m 高度的最大风速作为洪泽湖沿岸的风机轮毂高度的最大风速。

龙集 10 m 塔(Y)与泗洪气象站(X)日最大风速之间的关系为:

$$Y = 0.966X + 3.121 \tag{4.1}$$

根据统计学原理,用一个有限的样本统计得出的变量之间的回归方程并非数学上的严格函数关系式,而是概率统计关系,它仅代表了平均状况。由于各种随机因素影响,线性回归式计算值一般不会刚好等于实测值。实测值总在以回归线值为中心的某个区间内摆动,在一定可靠信度(在工程结构中常称为保证率)下,估计出这一摆动区间,对于工程可靠性设计是必要的。

根据统计学理论有:

$$P(Y-3\sigma < Y \text{实际} < Y+3\sigma) \approx 99\% \tag{4.2}$$

式中,σ 值为剩余均方差,P 为概率。也就是说,根据上式,用泗洪气象站最大风速推算龙集 10 m 塔最大风速时,将有 99% 的最大风速计算值将落在:

$$Y = 0.966X + 3.121 + 3\sigma \tag{4.3}$$

和

$$Y = 0.966X + 3.121 - 3\sigma \tag{4.4}$$

两条线之间,从而给出了计算结果的精度估计(即保证率)。

同理,根据式(4.4),用泗洪气象站最大风速计算洪泽湖沿岸 70 m 高度最大风速时,将有 99% 的极大风速计算值落在:

$$Y = 1.366X + 3.148 + 3\sigma \tag{4.5}$$

和

$$Y = 1.366X + 3.148 - 3\sigma \tag{4.6}$$

两条线之间。

对于工程设计来说,关心的是极端风速的情况,即在一定可靠信度的前提下,实际值不会超过计算值。因此,采用 $+3\sigma$ 保证率计算洪泽湖沿岸 50 a 一遇最大风速。

亦即分别采用式(4.7)和式(4.8)计算洪泽湖沿岸 10 m 和 70 m 高度的最大风速:

$$Y = 0.966X + 9.859 \tag{4.7}$$

$$Y = 1.366X + 9.040 \tag{4.8}$$

利用泗洪气象站 1975—2009 年最大风速序列,根据式(4.7)、式(4.8)分别计算得到洪泽湖沿岸 10 m、70 m 高度的年最大风速序列。采用极值 I 型分布计算得到洪泽湖沿岸 10 m 和 70 m 高度的 50 a 一遇最大风速值,列于表 4.40。

表 4.40 洪泽湖沿岸 50 a 一遇最大风速

高度/m	10	70
最大风速/(m/s)	26.3	32.2

4.3.4 丘陵地区 50 a 一遇最大风速

根据盱眙气象站 1983—2012 年 10 min 年最大风速,利用极值 I 型分布推算出盱眙气象站 10 m 高度 50 a 一遇的最大风速为 21.8 m/s。再利用测风塔与盱眙气象站同期日平均风速的相关关系式,推算出风电场不同高度层 50 a 一遇最大风速,见表 4.41。

表 4.41 盱眙风电场不同高度的 50 a 一遇最大风速

高度/m	30	50	70	80
最大风速/(m/s)	28.6	31.3	33.0	34.3

4.4 沿海风速衰减特征

江苏东临黄海,由于海面摩擦明显小于陆地,对风速有增速作用。同时,海陆热容量的不同,产生海陆风环流,叠加到大气环流中,从而使得沿海风速明显高于内陆。由于下垫面特点的突变,在地表摩擦作用下,在沿海岸地区,自海面向陆地产生了剧烈的风速衰减。然而,江苏省沿海岸地区的风速衰减规律尚不清楚。因此,有必要对江苏自海岸线向内陆的风速衰减情况进行研究,对风电场选址、设计等有着重要的参考意义。

4.4.1 方法介绍

4.4.1.1 数据处理

考虑到各站点距离海岸线位置,以相对位置进行合理的聚类分析。通过 ArcGIS 的 buffer 和 erase 等工具实现距离海岸线 1 km 不同空间区域的划分,采用 clip 等工具,提取了各区域内对应站点,实现了测站的沿海岸线分区工作。

4.4.1.2 海陆风向确定

研究按照 SethuRama 提出的方法和海岸线的走向,按风向将沿海地区的风向分为海风、沿岸风和陆风。当风在海岸线两侧各一个方位(22.5°)为沿岸风;当风在该区域之外,且由海面吹向陆面时为海风,由陆面吹向海面时为陆风。江苏的海岸线基本呈北西北—南东南走向,海风、陆风和沿岸风的具体风向划分范围如表 4.42 所示(陈燕 等,2014)。

表 4.42　江苏沿海地区海风、陆风和沿岸风划分

风向	海风	陆风	沿岸风
风向角度/°	0～135	180～315	135～180,315～360
主风向	N,NNE,NE,ENE,E,ESE	S,SSW,SW,WSW,W,WNW	SE,SSE,NW,NNW

4.4.1.3　海陆风日确定

根据海陆风的基本条件,以测风塔为指标站,利用 10 m 高度逐日 24 h 地面风的观测资料,确定同时符合以下条件的为江苏海陆风日:风向有明显的陆风—海风转变;在陆风为主的时段,陆风出现时次必须≥4 h,海风出现时次必须≤2 h;在海风为主的时段,海风出现时次必须≥4 h,陆风出现时次必须≤2 h;该日逐时地面观测风速必须在 10 m/s 以下;没有强烈天气系统的影响。

4.4.1.4　天气过程确定

(1)寒潮

按中国气象局规定,对局地而言,当冷空气影响时,24 h 内气温下降 8 ℃以上,或 48 h 内降温幅度≥10 ℃,或 72 h 内降温幅度≥12 ℃,且使该地日最低气温下降到 4 ℃或以下的冷空气称为寒潮。

(2)强对流天气

强对流天气指的是发生突然、天气剧烈、破坏力极强,常伴有雷雨大风、冰雹、龙卷、局部强降雨等强烈对流性灾害天气,是具有重大杀伤性的灾害性天气之一,对江苏省工农业生产及人民生命财产会造成很大的伤害。

强对流天气发生于中小尺度天气系统,空间尺度小,一般水平范围在十几千米至二三百千米,有的水平范围只有几十米至十几千米。其生命史短暂并带有明显的突发性,为 1 h 至十几小时,较短的仅有几分钟至 1 h。

(3)台风

台风(typhoon)是发生在西北太平洋和南海海域的强热带气旋(风速超过 32.6 m/s)。在大西洋或北太平洋东部的强热带气旋称为飓风,也就是说在中国、菲律宾、日本一带叫台风,在美国一带则称飓风。为便于应用和对外服务,有时把热带风暴、强热带风暴、台风、强台风和超强台风统称为"台风"。台风是一种破坏力很强的灾害性天气系统。

4.4.2　风速衰减分析

由图 4.40 平均、最大风速分布的距离散点图可知,风速在海岸线内外衰减最快,最大风速在海岸线内外 10 km 变化显著,且以海岸线内 5 km 变化最为迅速,海岸线以西 10 km 外风速变化趋缓,平均风速则在海岸线内外 5 km 处更为显著,海岸线以西 5 km 外风速变化幅度相对平稳。依据站点的分布信息,利用测风塔、区域站、常规站 2009 年 7 月 1 日—2011 年

6月30日同步观测数据,对距离海岸线 1 km、3 km、5 km 等间距区域的数据进行进一步分析。

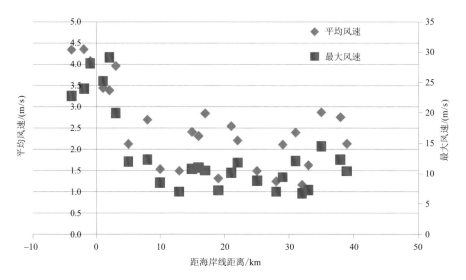

图 4.40　离海岸线不同距离的站点平均、最大风速分布情况

4.4.2.1　平均风速

从表 4.43 中可以看出,在沿海地区,风速逐渐随着远离海岸不断衰减,以海岸线内外衰减得最快。1 km 等间距区间,海岸线内外 1 km 处衰减可至 14.6%;3 km 等间距区间,则以海岸线内 3～6 km 处衰减最快,可达 41.2%;5 km 等间距区间则以海岸线内 5～10 km 处衰减最快,为 34.4%,海岸线以西 10 km 后风速衰减逐渐减缓。可见在海陆过渡的海岸带地区,风速变化非常剧烈(王晓惠 等,2020)。

表 4.43　距离海岸线等间距区域平均风速情况

单位：m/s

距离	海岸线外 2 km	海岸线外 1 km	海岸线内 1 km	海岸线内 2 km	海岸线内 3 km
平均风速	4.4	4.1	3.5	3.4	3.3
距离	海岸线外 6 km	海岸线外 3 km	海岸线内 3 km	海岸线内 6 km	海岸线内 9 km
平均风速	4.4	4.2	3.6	2.1	2.4
距离	海岸线外 5 km	海岸线内 5 km	海岸线内 10 km	海岸线内 15 km	海岸线内 20 km
平均风速	4.3	3.2	2.1	2.0	2.1

4.4.2.2　最大风速

表 4.44 给出了不同离岸距离 10 min 最大风速的分布情况。从表中可以看出,由于观测时间短,最大风速具有局地性分布特征,但同样呈现从海岸向内陆明显衰减的特点。到离岸 6 km,最大风速已经变成了海岸的 50%。因此,在风电场工程设计中,必须慎重考虑海岸地区风速的衰减情况,设计值应趋于保守。

表 4.44 距离海岸线等间距区域最大风速情况

单位：m/s

距离	海岸线外 2 km	海岸线外 1 km	海岸线内 1 km	海岸线内 2 km	海岸线内 3 km
最大风速	24.0	28.2	25.3	29.2	20.0
距离	海岸线外 6 km	海岸线外 3 km	海岸线内 3 km	海岸线内 6 km	海岸线内 9 km
最大风速	28.2	29.2	20.0	12.3	8.5
距离	海岸线外 5 km	海岸线内 5 km	海岸线内 10 km	海岸线内 15 km	海岸线内 20 km
最大风速	28.2	29.2	12.3	10.8	10.5

4.4.2.3 风速分级

图 4.41、图 4.42 给出了不同风速区间平均风速的距离散点图，可以看到：平均风速自西向东有明显的衰减，在海岸线附近变化显著，以全风速段风速衰减最为明显；3 m/s 以上区间风速的变化趋势相似。另外，从不同区间的最大风速、极大风速来看，发现随着区间风速的变大，最大风速与极大风速反而有变小的趋势。因此，在风电场工程设计中，应慎重选取风速区间，尽可能地涵盖风速的最大变化范围，设计值应趋于保守。

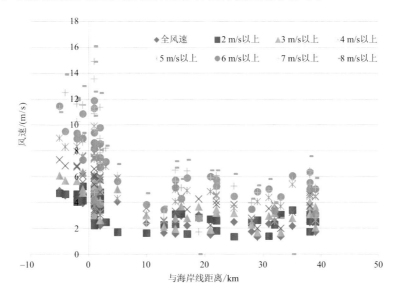

图 4.41 不同平均风速区间的平均风速与海岸线距离散点

研究分别按平均风速、最大风速进行风速分级，对海岸线以西 40 km、以西 10 km、以西 5 km 进行风速与海岸线的距离的拟合，结果显示：各区间均可通过信度 0.01 的显著性检验；不同分级均以平均风速的拟合效果好于最大风速；平均风速的拟合以最大风速分区效果较好，且在海岸线以西 10 km 区间相关好、标准差小；最大风速的拟合在海岸线以西 40 km 区间以平均风速分级较好，但在海岸线以西 10 km 区间、海岸线以西 5 km 区间处以最大风速分级效果较好；另在平均风速分级段，风速随着距海岸线的距离衰减，且风速越大衰减越快；而在以最大风速分级区间，平均风速随着距海岸线的距离增加，风速越大衰减越快，但最大风速则随着风速的增加衰减变缓，且在海岸线以内 5 km 处拟合标准差最小（表 4.45—表 4.56）。

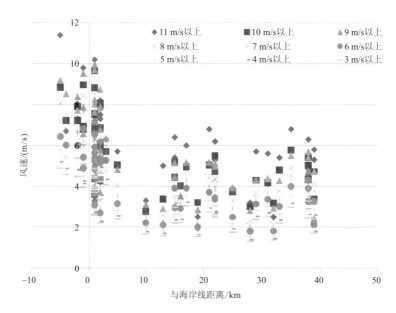

图 4.42　不同最大风速区间的平均风速与海岸线距离散点

表 4.45　不同平均风速区间的平均风速拟合情况

区间	拟合方程	标准误差	相关系数
全风速	$Y=-0.05022x+3.764615$	0.821743	0.6727
2 m/s 以上	$Y=-0.05181x+3.905417$	0.856611	0.6688
3 m/s 以上	$Y=-0.06114x+4.661168$	1.044488	0.6567
4 m/s 以上	$Y=-0.07107x+5.532884$	1.272709	0.6390
5 m/s 以上	$Y=-0.09246x+6.754772$	1.60721	0.6501
6 m/s 以上	$Y=-0.11001x+7.987684$	1.920749	0.6485
7 m/s 以上	$Y=-0.14822x+9.208089$	2.514202	0.6593
8 m/s 以上	$Y=-0.04841x+3.719513$	0.81988	0.6573

注:x 为距海岸线的距离(单位:km),Y 为模拟的风速。

表 4.46　不同平均风速区间的最大风速拟合情况

区间	拟合方程	标准误差	相关系数
全风速	$Y=-0.15959x+16.51503$	2.925649	0.6301
2 m/s 以上	$Y=-0.15959x+16.51503$	2.925649	0.6301
3 m/s 以上	$Y=-0.1709x+16.41083$	2.833223	0.6678
4 m/s 以上	$Y=-0.14735x+15.27957$	2.678276	0.6333
5 m/s 以上	$Y=-0.1408x+14.66292$	2.671015	0.6170
6 m/s 以上	$Y=-0.09992x+20.56716$	2.668758	0.4866
7 m/s 以上	$Y=-0.16066x+13.55654$	3.19222	0.5993
8 m/s 以上	$Y=-0.15718x+10.05864$	2.665787	0.6577

注:x 为距海岸线的距离(单位:km),Y 为模拟的风速。

表 4.47　不同最大风速区间的平均风速拟合情况

区间	拟合方程	标准误差	相关系数
全风速	$Y=-0.05022x+3.764615$	0.821743	0.6727
3 m/s 以上	$Y=-0.05042x+3.794117$	0.829013	0.6709
4 m/s 以上	$Y=-0.05286x+4.02373$	0.887834	0.6630
5 m/s 以上	$Y=-0.05824x+4.454037$	0.997812	0.6556
6 m/s 以上	$Y=-0.06416x+4.949466$	1.128907	0.6456
7 m/s 以上	$Y=-0.07129x+5.519199$	1.282038	0.6374
8 m/s 以上	$Y=-0.0792x+6.100199$	1.40437	0.6427
9 m/s 以上	$Y=-0.09204x+6.997603$	1.689537	0.6296
10 m/s 以上	$Y=-0.07875x+6.687384$	1.450367	0.6283
11 m/s 以上	$Y=-0.05847x+6.775112$	1.753357	0.4444

注：x 为距海岸线的距离（单位：km），Y 为模拟的风速。

表 4.48　不同最大风速区间的最大风速拟合情况

区间	拟合方程	标准误差	相关系数
全风速	$Y=-0.15959x+16.51503$	2.925649	0.6301
3 m/s 以上	$Y=-0.16131x+16.51737$	2.918258	0.6351
4 m/s 以上	$Y=-0.16131x+16.51737$	2.918258	0.6351
5 m/s 以上	$Y=-0.16098x+16.39716$	2.913072	0.6350
6 m/s 以上	$Y=-0.16098x+16.39716$	2.913072	0.6350
7 m/s 以上	$Y=-0.1613x+16.31723$	2.872422	0.6411
8 m/s 以上	$Y=-0.1391x+14.76535$	2.67056	0.6125
9 m/s 以上	$Y=-0.14434x+14.53502$	2.684149	0.6247
10 m/s 以上	$Y=-0.11622x+13.37696$	2.372364	0.5889
11 m/s 以上	$Y=-0.08594x+12.00621$	2.149474	0.5111

注：x 为距海岸线的距离（单位：km），Y 为模拟的风速。

表 4.49　不同平均风速区间的平均风速拟合情况(海岸线以西 10 km)

区间	拟合方程	标准误差	相关系数
全风速	$Y=-0.21527x+4.013442$	0.697408	0.686639
2 m/s 以上	$Y=-0.22399x+4.163513$	0.731011	0.683954
3 m/s 以上	$Y=-0.27153x+4.972137$	0.918108	0.670988
4 m/s 以上	$Y=-0.33008x+5.906727$	1.139134	0.66342
5 m/s 以上	$Y=-0.40658x+7.215097$	1.562321	0.622921
6 m/s 以上	$Y=-0.47421x+8.5091$	1.971261	0.5928
7 m/s 以上	$Y=-0.65958x+9.897457$	2.594608	0.613966
8 m/s 以上	$Y=-0.6115x+10.62304$	2.955061	0.534954

注：x 为距海岸线的距离（单位：km），Y 为模拟的风速。

表 4.50　不同平均风速区间的最大风速拟合情况(海岸线以西 10 km)

区间	拟合方程	标准误差	相关系数
全风速	$Y=-0.46592x+17.27037$	2.987368	0.430689
2 m/s 以上	$Y=-0.146592x+17.27037$	2.987368	0.430689
3 m/s 以上	$Y=-0.49235x+17.12813$	3.027341	0.445512
4 m/s 以上	$Y=-0.3339x+15.80774$	3.027754	0.319722
5 m/s 以上	$Y=-0.63981x+15.32592$	2.805155	0.572297
6 m/s 以上	$Y=-0.65321x+15.15931$	3.054969	0.547479
7 m/s 以上	$Y=-0.76179x+14.47112$	3.17492	0.5918
8 m/s 以上	$Y=-0.69292x+14.02428$	3.393543	0.529862

注:x 为距海岸线的距离(单位:km),Y 为模拟的风速。

表 4.51　不同最大风速区间的平均风速拟合情况(海岸线以西 10 km)

区间	拟合方程	标准误差	相关系数
3 m/s 以上	$Y=-0.2167x+4.044853$	0.703995	0.685619
4 m/s 以上	$Y=-0.23158x+4.289792$	0.762151	0.680907
5 m/s 以上	$Y=-0.26x+4.750498$	0.872264	0.673873
6 m/s 以上	$Y=-0.29056x+5.278295$	1.017771	0.657883
7 m/s 以上	$Y=-0.32541x+5.887956$	1.193486	0.640612
8 m/s 以上	$Y=-0.35517x+6.499857$	1.330893	0.63248
9 m/s 以上	$Y=-0.40683x+7.460599$	1.397277	0.74522
10 m/s 以上	$Y=-0.35521x+7.082795$	1.471429	0.594145
11 m/s 以上	$Y=-0.37486x+7.125962$	1.82278	0.532582

注:x 为距海岸线的距离(单位:km),Y 为模拟的风速。

表 4.52　不同最大风速区间的最大风速拟合情况(海岸线以西 10 km)

区间	拟合方程	标准误差	相关系数
3 m/s 以上	$Y=-0.46592x+17.27037$	2.987368	0.430689
4 m/s 以上	$Y=-0.46592x+17.27037$	2.987368	0.430689
5 m/s 以上	$Y=-0.48585x+17.14856$	3.007731	0.44309
6 m/s 以上	$Y=-0.48897x+17.04693$	2.964332	0.450575
7 m/s 以上	$Y=-0.34348x+15.7552$	3.024672	0.328216
8 m/s 以上	$Y=-0.53908x+15.37311$	2.925866	0.491088
9 m/s 以上	$Y=-0.64586x+15.20075$	2.82237	0.57357
10 m/s 以上	$Y=-0.47384x+13.82508$	2.685081	0.475125
11 m/s 以上	$Y=-0.42828x+12.33764$	2.135737	0.522985

注:x 为距海岸线的距离(单位:km),Y 为模拟的风速。

表 4.53 不同平均风速区间的平均风速拟合情况(海岸线以西 5 km)

区间	拟合方程	标准误差	相关系数
全风速	$Y=-0.19602x+4.014725$	0.71142	0.541775
2 m/s 以上	$Y=-0.20554x+4.164743$	0.746254	0.541628
3 m/s 以上	$Y=-0.25668x+4.973127$	0.939332	0.538613
4 m/s 以上	$Y=-0.32586x+5.907009$	1.16717	0.546823
5 m/s 以上	$Y=-0.40146x+7.215438$	1.600802	0.506031
6 m/s 以上	$Y=-0.48037x+8.50869$	2.019826	0.486185
7 m/s 以上	$Y=-0.57658x+9.90299$	2.642639	0.454618
8 m/s 以上	$Y=-0.62824x+10.62193$	3.027465	0.436714

注:x 为距海岸线的距离(单位:km),Y 为模拟的风速。

表 4.54 不同平均风速区间的最大风速拟合情况(海岸线以西 5 km)

区间	拟合方程	标准误差	相关系数
全风速	$Y=-0.87483x+17.24311$	2.70301	0.60364
2 m/s 以上	$Y=-0.87483x+17.24311$	2.70301	0.60364
3 m/s 以上	$Y=-0.93671x+17.0985$	2.680534	0.63292
4 m/s 以上	$Y=-0.75523x+15.77965$	2.726542	0.543804
5 m/s 以上	$Y=-0.6897x+15.32259$	2.869077	0.490174
6 m/s 以上	$Y=-0.72932x+15.15424$	3.118967	0.479915
7 m/s 以上	$Y=-0.82691x+14.46678$	3.245268	0.512022
8 m/s 以上	$Y=-0.73696x+14.02135$	3.473903	0.444547

注:x 为距海岸线的距离(单位:km),Y 为模拟的风速。

表 4.55 不同最大风速区间的平均风速拟合情况(海岸线以西 5 km)

区间	拟合方程	标准误差	相关系数
3 m/s 以上	$Y=-0.1974x+4.04614$	0.718186	0.54084
4 m/s 以上	$Y=-0.21343x+4.291002$	0.778363	0.539923
5 m/s 以上	$Y=-0.24465x+4.751522$	0.892175	0.539949
6 m/s 以上	$Y=-0.27589x+5.279274$	1.04163	0.526708
7 m/s 以上	$Y=-0.31819x+5.888437$	1.222696	0.520007
8 m/s 以上	$Y=-0.35271x+6.50002$	1.363732	0.51767
9 m/s 以上	$Y=-0.38196x+7.462257$	1.725024	0.459955
10 m/s 以上	$Y=-0.28975x+7.087159$	1.490118	0.414062
11 m/s 以上	$Y=-0.36811x+7.126412$	1.867643	0.418719

注:x 为距海岸线的距离(单位:km),Y 为模拟的风速。

111

表 4.56　不同最大风速区间的最大风速拟合情况(海岸线以西 5 km)

区间	拟合方程	标准误差	相关系数
3 m/s 以上	$Y=-0.87483x+17.24311$	2.70301	0.60364
4 m/s 以上	$Y=-0.87483x+17.24311$	2.70301	0.60364
5 m/s 以上	$Y=-0.92276x+17.11944$	2.672466	0.628365
6 m/s 以上	$Y=-0.93746x+17.01703$	2.596791	0.645221
7 m/s 以上	$Y=-0.77774x+15.72625$	2.697746	0.559147
8 m/s 以上	$Y=-0.68015x+15.3637$	2.956861	0.473864
9 m/s 以上	$Y=-0.71196x+15.19635$	2.88729	0.500272
10 m/s 以上	$Y=-0.50988x+13.82267$	2.748473	0.398116
11 m/s 以上	$Y=-0.55432x+12.32924$	2.143205	0.517675

注:x 为距海岸线的距离(单位:km),Y 为模拟的风速。

4.4.2.4　季节特征

研究以 3—5 月为春季、6—8 月为夏季、9—11 月为秋季,12 月—次年 2 月为冬季的月份划分方式进行季节风速的分析(图 4.43)。从表 4.57—表 4.59 不同间距的季节分布可以看到,江苏海岸线内外风速春季最大,秋季最小,由海岸外向内陆衰减,且在海岸线内外衰减最为显著。

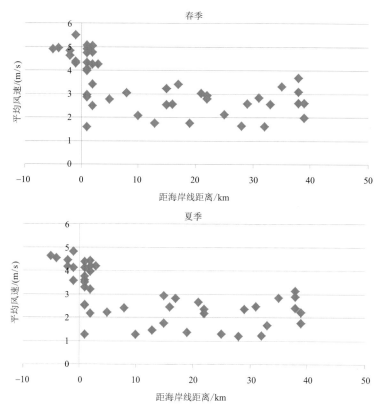

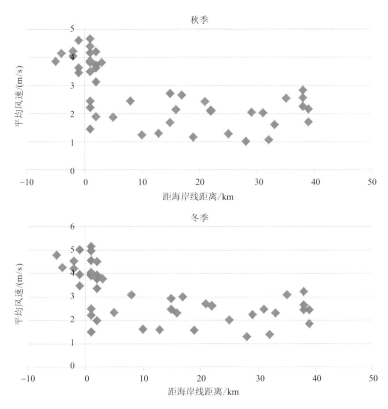

图 4.43 离海岸线不同距离的站点四季平均风速分布情况

表 4.57 1 km 等间距区域季节风速情况

单位：m/s

季节	海岸线外 2 km	海岸线外 1 km	海岸线内 1 km	海岸线内 2 km	海岸线内 3 km
春季	4.73	4.33	4.27	3.99	4.25
夏季	4.31	3.84	3.66	3.59	4.20
秋季	4.13	3.54	3.84	3.31	3.82
冬季	4.38	3.72	4.12	3.51	3.78

1 km 等间距区域季节风速情况中以海岸线外 1～2 km 处衰减最快，风速衰减 8.5%～15.1%，且相对而言风速在秋、冬季衰减较快，春季较慢。

表 4.58 3 km 等间距区域季节风速情况

单位：m/s

季节	海岸线外 6 km	海岸线外 3 km	海岸线内 3 km	海岸线内 6 km	海岸线内 9 km
春季	4.93	4.73	4.02	2.77	2.56
夏季	4.58	4.23	3.67	2.22	1.83
秋季	4.00	4.01	3.51	1.87	1.84
冬季	4.52	4.26	3.65	2.33	2.35

3 km 等间距区域季节风速情况中以海岸线内 3～6 km 处衰减最快,可衰减 36.2％～46.7％,相对而言,风速在秋季衰减较快,春季较慢。

表 4.59　5 km 等间距区域季节风速情况

单位：m/s

季节	海岸线外 5 km	海岸线内 5 km	海岸线内 10 km	海岸线内 15 km	海岸线内 20 km
春季	4.83	3.71	2.56	2.16	2.58
夏季	4.40	3.31	1.83	1.61	2.21
秋季	4.01	3.10	1.84	1.48	1.98
冬季	4.39	3.32	2.35	2.03	2.30

5 km 等间距区域季节风速情况中以海岸线内 5～10 km 处衰减最快,可衰减 29.2％～44.7％,且相对而言风速在夏季衰减较快,冬、春季较慢。

4.4.2.5　天气过程分析

(1)寒潮

受北方两股较强冷空气南下影响,2009 年 10 月 31 日下午起江苏省自北向南出现寒潮天气过程,造成剧烈的降温,并伴随有霜冻、大风等灾害性天气。此次寒潮的特点主要有:影响范围广、出现时间早,降温幅度大。江苏省各地区出现不同程度的降温,大部分台站 48 h 降温均在 10 ℃以上,除个别台站外绝大部分台站 72 h 降温均达到 12 ℃以上,从 11 月 3 日极端最低气温来看,除昆山站外,其他站点均达 4 ℃以下,达到寒潮标准。南京 11 月 3 日极端最低气温仅为 0.2 ℃,为近百年来同日最低。

两股冷空气的影响分别在 10 月 31 日和 11 月 2 日显著,研究以 1 号塔为例分析此次寒潮对海岸线内外站点风速的变化情况(图 4.44,图 4.45)。其中,以海岸线为基准点,在海岸线外为负值,海岸线内为正值。

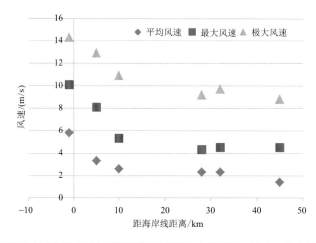

图 4.44　2009 年 10 月 31 日与海岸线不同距离站点平均、最大、极大风速分布情况

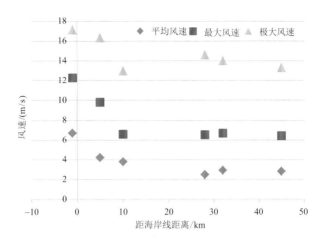

图 4.45 2009 年 11 月 2 日与海岸线不同距离站点平均、最大、极大风速分布情况

如表 4.60、表 4.61 所示,随着与海岸线的距离渐远,风速逐渐减小,平均风速在海岸线内外 6 km 外围内衰减最快,分别达 43.1% 和 37.3%。最大风速、极大风速在海岸线内 5～10 km 区域减少最多,分别可至 34.6% 和 15.5%、32.7% 和 20.2%,这在距离风速的散点图上亦可以看出。

表 4.60 2009 年 10 月 31 日距海岸线不同距离风速变化情况

项目	1号塔	赣榆	金山镇	黑林镇	双墩镇	驼峰乡
距离海岸线距离/km	−1	5	10	28	32	45
平均风速/(m/s)	5.8	3.3	2.6	2.3	2.3	1.4
最大风速/(m/s)	10.1	8.1	5.3	4.3	4.5	4.5
最大风速风向	N	N	N	N	NNE	NNW
最大风速出现时间	10:30	08:39	17:17	19:14	14:11	12:00
极大风速/(m/s)	14.3	12.9	10.9	9.2	9.7	8.8
极大风速风向	N	N	N	NNW	NE	NW
极大风速出现时间	10:30	08:32	17:11	07:40	13:35	11:53

表 4.61 2009 年 11 月 2 日距海岸线不同距离风速变化情况

项目	1号塔	赣榆	金山镇	黑林镇	双墩镇	驼峰乡
距离海岸线距离/km	−1	5	10	28	32	45
平均风速/(m/s)	6.7	4.2	3.8	2.5	2.9	2.8
最大风速/(m/s)	12.3	9.8	6.6	6.5	6.7	6.4
最大风速风向	NW	N	NNW	N	NNE	NNW
最大风速出现时间	20:00	03:00	01:37	02:16	14:11	03:49
极大风速/(m/s)	17.1	16.3	13	14.6	14	13.3
极大风速风向	N	NNW	NNW	NNW	NNE	NNW
极大风速出现时间	20:10	05:47	03:27	02:23	02:50	03:47

（2）强对流

强对流天气具有尺度小、发生突然、天气剧烈、破坏力极强的特征，研究以 2010 年 5 月 30 日天气过程进行分析（表 4.62）。

表 4.62　2010 年 5 月 30 日强对流天气风速变化情况

项目	西连岛	旗台山	高公岛	开发区	连云港	东辛农场	板浦镇	灌云
距离海岸线距离/km	−5	1	1	1	22	25	31	45
距西连岛距离/km	—	7.3	9.8	11.6	31.7	35.0	39.2	62
平均风速/(m/s)	6.5	5.4	5.5	4.2	4.3	4	2.7	3.8
最大风速/(m/s)	23.4	12.8	12.4	13	13.3	12.3	10.8	10.7
最大风速风向	NE	N	ENE	ENE	ENE	E	E	ENE
最大风速出现时间	15:01	15:20	17:23	16:33	16:05	17:39	17:37	16:34
极大风速/(m/s)	31.1	24.3	21.5	23.4	19.5	21.3	19.4	18.6
极大风速风向	NNE	N	NE	ENE	ENE	NE	E	NE
极大风速出现时间	14:55	15:13	15:10	16:29	16:11	15:38	17:17	16:17

2010 年 5 月 30 日，受东北冷涡影响，苏北地区出现雷雨大风天气，陆地风力 7～9 级，海面风力 10～11 级，西连岛极大风速达到 31.1 m/s，并伴有雷电产生（图 4.46）。因风灾造成宿迁骆马湖上 34 艘船舶 70 余人遇险，9 艘船沉没，经济损失 40 余万元。连云港市部分在田作物有倒伏现象，灌云县东部圩丰、四队、图河、沂北、同兴、伊芦 6 个乡镇受灾较重，钢架大棚棚体损毁 370 个，棚膜损毁 1600 余个，棚内蔬菜严重受损；全县小麦倒伏 4 万余亩[①]。

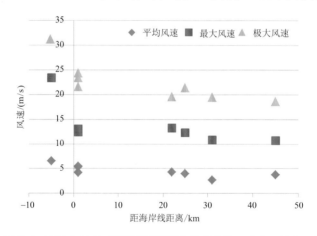

图 4.46　2010 年 5 月 30 日与海岸线不同距离站点平均、最大、极大风速分布情况
（负距离表示向海方向，正距离表示向陆方向，下同）

受东北冷涡影响，连云港地区在傍晚前后出现了强对流天气，8 站的极大风速可达 9～11 级，自西连岛向西风速逐渐减小，且在海岸线内外衰减最快，以最大风速衰减最快，6 km 减小了 15.3%～20%。

———————

① 　1 亩＝1/15 hm²，余同。

（3）台风

2012 年第 10 号台风"达维"于 8 月 2 日 21 时前后在江苏省响水县陈家港镇沿海登陆，快速穿过江苏东北部进入鲁南。近海测风塔的监测数据表明，台风"达维"对江苏沿海风能的影响主要集中在 8 月 2 日 21 时—8 月 3 日 20 时。"达维"具有尺度小、移速快、降雨弱、风力强的特点。东北部沿海地区出现 9～11 级大风，其中盐城北部及连云港沿海地区最大风力达 13～14 级。最大风速出现在西连岛达 44.4 m/s（14 级，2 日 23 时 33 分），创连云港市有气象记录以来最大风速的历史极值。

如图 4.47，灌云县徐圩测风塔（3 号塔）呈现了台风"达维"的影响过程。风速自 8 月 2 日下午逐渐增大，到 20 时快速增加，21 时达到峰值（接近 20 m/s），22 时该塔位于台风中心风速急速下降，随着台风中心的移动，风速又快速增加，迅速达到第二个峰值（18 m/s），随后又快速下降。在台风"达维"的登陆点附近，风速变化非常剧烈。附近测站的风速变化亦呈现出相似的特点，即风速先增加再减小而后迅速增加最后回落，从表 4.63 亦可以看出，自东向西平均风速、最大风速、极大风速逐渐衰减，且在海岸线附近衰减最快。此次过程平均风速在海岸线外 5～9 km 处衰减最快，达 33.7%，最大风速、极大风速均在海岸线内 1 km 至海岸线 2 km 处衰减最快可达 33.0% 和 34.2%。

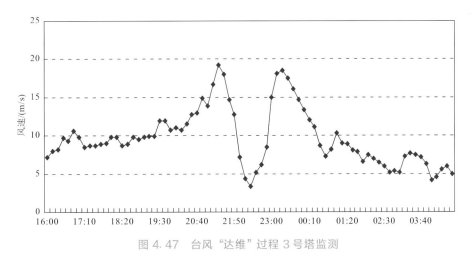

图 4.47　台风"达维"过程 3 号塔监测

表 4.63　2012 年 8 月 3 日风速变化情况

	M8029	58041	M3213	3号	M3215	M6185	58044	M6195	58045	58047	58048	M6194
距海岸线距离/km	−9	−5	1	2	11	15	22	25	33	45	49	49
平均风速/(m/s)	14.3	8.6	5.7	7.2	10	4.9	6.3	2.7	3.1	3.4	3	24
最大风速/(m/s)	29.3	36.5	29.1	19.5	19.8	12.5	15.5	9.7	9.9	10.1	6	4.8
风向	NNE	NE	N	SSW	WSW	NW	SW	NNW	WSW	SW	WSW	SSW
出现时间	23:48	23:35	23:38	21:30	02:07	22:10	01:13	21:06	22:44	00:16	00:10	00:08
极大风速/(m/s)	37.2	44.4	44.4	29.2	31.5	23.2	22.7	19.9	16.4	15.5	12.2	10.8
风向	NE	NE	N	N	WSW	NW	SW	NW	WNW	W	NNW	SSW
出现时间	00:17	23:33	23:34	21:40	01:54	22:05	01:06	21:36	21:56	23:07	20:17	23:07

4.5 长江沿岸风参数特征

由于近地层自然风受地理和地表情况的影响很大,相距不远的两地,风况可能存在较大差异。已有研究表明,沿长江江岸附近地区由于开阔水面的影响,风速明显高于远离江岸的地区,其风特性也存在显著的差异。这些地区也蕴含着丰富的风能资源,下面利用江苏多个桥梁工程风参数研究的梯度测风资料,研究长江沿岸的风参数特征。

所用到的观测资料包括苏通长江大桥、常泰长江公路大桥、泰州大桥、南京长江三桥、崇启大桥、张靖皋大桥等工程风参数研究所建的测风塔观测数据。各测风塔基本情况详见表 4.64。

表 4.64 各跨江大桥测风塔基本信息

测风塔名称	地点	观测时间(年-月-日)	测风高度/m
泰州大桥	扬中	2006-01-01—2007-12-31	10、30、50、60
崇启大桥	崇明岛启隆沙	2003-03-01—2005-02-28	10
张靖皋大桥	如皋市长江镇	2020-11-25—2022-05-31	10、30、50、70、80
常泰大桥	常州陆安洲	2014-01-01—2017-12-31	10
南京三桥	南京大胜关	2002-08-01—2003-07-31	21

为了研究沿江地区的风参数特征,本研究利用各跨江大桥测风塔与邻近气象站同步观测数据,来分析研究沿江地区与邻近气象站的风向、风速差异特征,从而揭示沿江地区的风资源差异性。

4.5.1 崇启大桥

崇启长江公路大桥位于长江口北支启东段,临近长江入海口,北岸为启东市,南岸为启东市的启隆乡,长江两岸为平原圩区,地形开阔,地势低平,大桥所处的长江河道走向为东南(偏东)—西北(偏西)。桥梁所建的测风塔高度为 10 m,位于启东市启隆沙(崇明岛)(江苏省气象科学研究所,2005a)。

4.5.1.1 风向频率分布及平均风速对比分析

由同步观测期间的风向频率玫瑰图(图 4.48、图 4.49)可以看出,同步观测期间桥位风速观测站与启东市气象观测站的全年风向频率分布基本一致,主导风向基本为偏东南。桥位测站出现频率较高的风向为 E 方向,启东市气象站出现频率较高的风向为 SE 方向,桥位略偏东。受季风影响,两站主要风向在偏东南和偏西北方向。与长年的风向玫瑰图比较,可以看出,启东市气象站观测期间的主导风方向与长年较为一致。

分析观测期间各季风向分布,得到各季风向分布玫瑰图(图 4.50—图 4.57),由图可见,

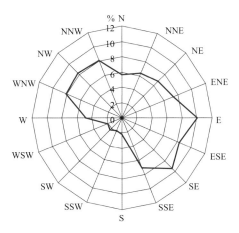

图 4.48 桥位启隆沙观测站观测期间的风向玫瑰图(静风 1.5%)

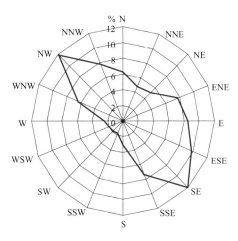

图 4.49 启东气象站同步观测期间的风向玫瑰图(静风 1.7%)

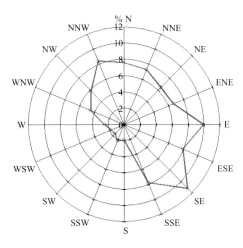

图 4.50 桥位启隆沙测站同步观测期间的春季风向玫瑰图(静风 1.0%)

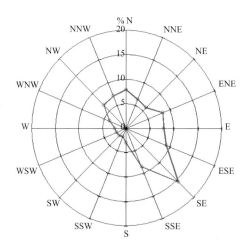

图 4.51　启东气象站同步观测期间的春季风向玫瑰图(静风 1.2%)

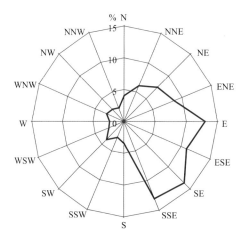

图 4.52　桥位启隆沙测站同步观测期间的夏季风向玫瑰图(静风 0.6%)

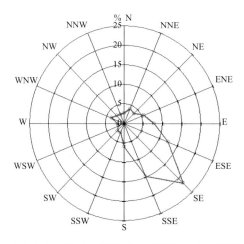

图 4.53　启东气象站同步观测期间的夏季风向玫瑰图(静风 1.9%)

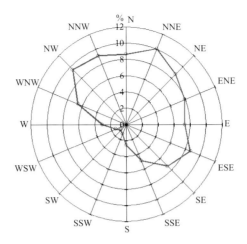

图 4.54 桥位启隆沙测站同步观测期间的秋季风向玫瑰图(静风 1.0%)

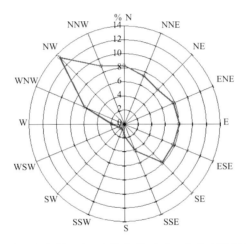

图 4.55 启东气象站同步观测期间的秋季风向玫瑰图(静风 1.2%)

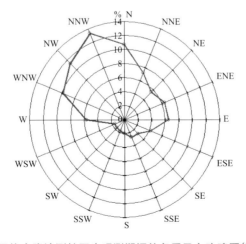

图 4.56 桥位启隆沙测站同步观测期间的冬季风向玫瑰图(静风 1.3%)

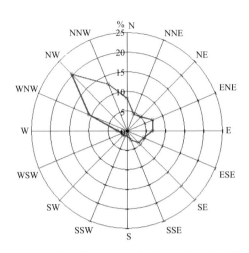

图 4.57　启东气象站同步观测期间的冬季风向玫瑰图(静风 2.4%)

在同步观测期间,桥位启隆沙测站(简称"桥位测站")各季的风向频率分布与启东气象站比较一致,即两处由于受季风气候影响,冬半年盛行偏西北风,夏半年以东南风为主,而春秋季节,为冬、夏季风交替季节,在偏西北及偏东南方向均有较高的频率出现,比较而言,春季偏东南风频率较高,而秋季偏西北风频率较高。与长年资料相比,启东市气象站同步观测期间各季风向频率出现较高的风向方位与长年资料一致性较好,差异主要在数值上。

可见,同步观测期所得的桥位全年及各季风向频率分布具有较好的代表性。另外,桥位测站与启东气象站在各风向频率分布上存在一些差异,这与桥位测站所处的地理环境有关。

分析两处各风向的平均风速,可以明显看出,桥位启隆沙测站在各个风向上的平均风速均比启东市气象观测站大,有的风向甚至大 1 倍以上(图 4.58),在偏东及偏西北方向尤其明显。这与桥位启隆沙测站东侧及西北侧面临开阔水面的地理环境有关。

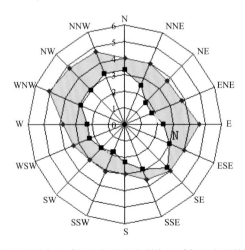

图 4.58　桥位测站(–◆–)与启东市气象站(–■–)各风向平均风速的差异

用观测期逐日 24 次 10 min 平均风速计算两同步观测站的年平均风速,桥位测站为 5.44 m/s,启东气象站为 3.62 m/s,桥位测站的平均风速为启东市气象观测站的 1.50 倍。

结果符合风速与地形下垫面条件的一般规律,即开阔野外摩擦系数小于城镇地带,临近水面的开阔地域风速明显大于其他地面。

4.5.1.2 最大风速及极大风速对比分析

观测期间所观测到的 10 min 平均最大风速分别为:桥位启隆沙观测站 18.9 m/s,风向为 NNE,(风时 2004 年 7 月 3 日 19 时 18 分);启东气象观测站 15.1 m/s,风向为 WNW,(风时 2003 年 7 月 20 日 01 时 59 分)。桥位测站及启东气象测站瞬时极大风速分别为 28.1 m/s,(2003 年 7 月 20 日 01 时 42 分)、25.4 m/s(2003 年 7 月 20 日 01 时 50 分),对应风向分别为 NNW 和 WNW。

统计该时段的风速资料,得到各风速观测站各风向的 10 min 平均最大风速的均值,桥位测站为 7.64 m/s,启东观测站为 5.72 m/s,桥位测站为小校场观测站的 1.34 倍,略小于24 次风值的平均比。

桥位启隆沙各风向的最大风速均比气象站要大(除 WNW 方向略低外),尤其在迎江面 NNE 和 N 方向,最大风速的差值达到 8.4 m/s,这与观测站周围的环境相一致,分析结果也与平均风速的对比分析结果一致。

观测期间桥位测站及启东气象站出现的大风主要风向在偏北方向,主要出现在冬季及夏季,多为寒潮大风及强对流天气引起(图 4.59)。

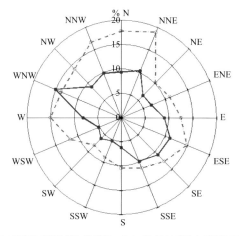

图 4.59 桥位启隆沙测站(红虚线)与启东气象站(蓝实线)各风向的最大风速

4.5.2 泰州大桥

泰州大桥位于泰州与扬中之间,长江两岸为平原圩区,地形开阔,地势低平,大桥所处的长江河道走向为东南(偏东)—西北(偏西)。桥位风梯度观测塔位于桥位下游约 500 m 的江滩上,塔占地 8 m×8 m,塔顶距地 60 m,梯度观测塔距离地面 10 m、30 m、50 m、60 m 高度处安装风速风向传感。同步观测数据时间为 2006 年 1 月 1 日—2007 年 12 月 31 日。

4.5.2.1 风向频率分布及平均风速

同步观测期间桥位风速观测站与扬中观测站的主导风向分布基本一致,均为偏东风,其中桥位较大风向频率为 E—SE 方向,扬中气象站较大风向频率为 NE—E。桥位测站低层频率最高风向为 E 方向(13.2%),高度越高,E、SE 风向频率增大,最大频率风向偏向 SE。在距地 60 m 高度表现更为明显,SE 风向频率已经达到 15.3%。观测期扬中出现频率最高的风向为 E(9.9%),其次为 NE(9.2%),与气象站长年统计结果(多年平均 E、NE 频率 10%)基本一致(图 4.60)。

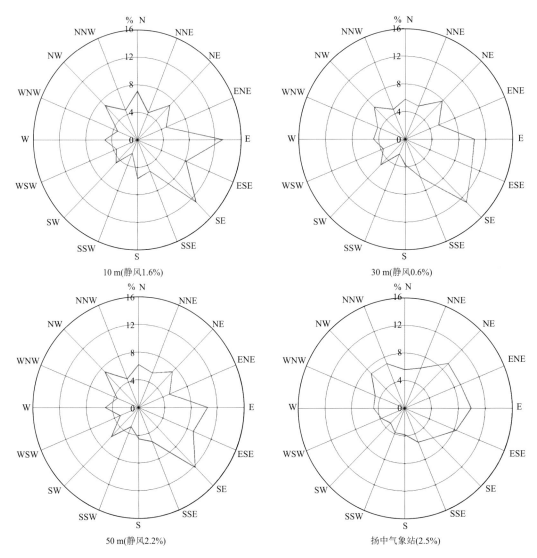

图 4.60 桥位测站不同高度和扬中气象站 2006—2007 年风向玫瑰图

分析各季风向分布情况可以看出,桥位测站和扬中气象站最大风向仅在春季一致均为SE(桥位测站 13.8%,扬中气象站 10.0%)。桥位与扬中盛行风向的季节变化十分明显,桥位春、夏季的主导风向一致为东南风(SE),秋季为东风(E),冬季为北风(N),随着季节变化,主导风向存在逆时针旋转现象。而扬中春季主导风向为东南风(SE),夏季为东风(E),秋、冬季的主导风向一致为东北风(NE),也存在逆转的现象,这与桥位所处的扬中市为江中岛的特殊地理位置以及长江的走向有关。另外,秋、冬季偏北方向(桥位测站 N—NE、扬中气象站 NE)出现频率较高,也与该季节受北方冷空气南下影响有关(图 4.61—图 4.65)。

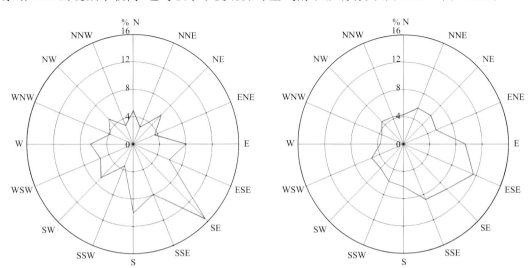

图 4.61 春季同步观测站风向玫瑰图

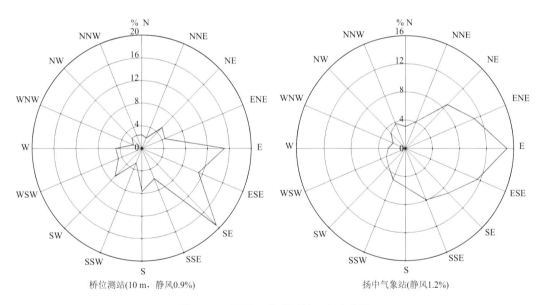

图 4.62 夏季同步观测站风向玫瑰图

分析同步观测期间各向平均风速(图 4.65),可以看出桥位测站低层(距地 10 m 高度)各风向平均风速与南京三桥、苏通大桥类似专题的研究结果一致,几乎各风向的平均风速均大于邻近气象站,偏东方向,特别是东北风向(NE)的风速达到气象站风速的 2.1 倍,而在西南方向(SSW—SW—WSW)接近(或小于)气象站风速。由图 4.65 亦可见桥位区年平均较大风速在各方位基本上也是大于气象站的,而在西南方向小于气象站,这种分布特征是由于桥位处于近乎西北—东南走向长江的西南侧江滩,除西南向,其他方向均为开阔江面,增风效应明显,因而这些方向的风速大大高于陆地来向(SW)的风速。

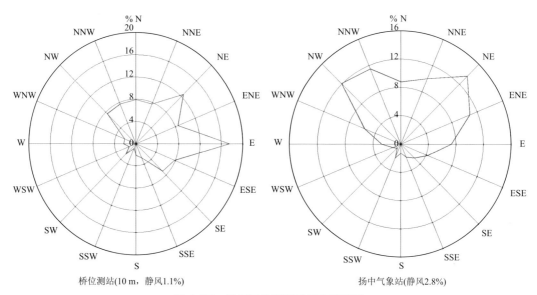

桥位测站(10 m,静风1.1%)　　　　扬中气象站(静风2.8%)

图 4.63　秋季同步观测站风向玫瑰图

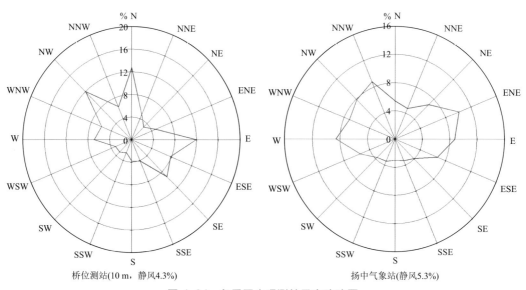

桥位测站(10 m,静风4.3%)　　　　扬中气象站(静风5.3%)

图 4.64　冬季同步观测站风向玫瑰图

用 2006—2007 年同步观测期的逐日 24 次正点 10 min 平均风速资料计算年平均风速,桥位气象梯度塔 60 m 高度为 4.56 m/s,50 m 高度为 4.41 m/s,30 m 高度为 4.27 m/s,10 m 高度为 3.75 m/s,扬中气象站为 2.27 m/s(以 0.16 的递增指数换算到 60 m 为 3.02 m/s)。由此可见与 2006 年一年的观测资料对比,桥位各高度和气象站风速两年来是趋于稳定的,桥位梯度塔的平均风速明显大于临近气象站,其平均风速比值在距地 10 m 高度为气象站的 1.65 倍,在 60 m 高度比为 1.51 倍。

而就 10 min 最大风速而言(气象站同样以 0.16 的递增指数换算到 60 m 高度处为 5.39 m/s),10 m 高度的两地最大风速比值有 1.61,60 m 高度也达到 1.45。这也说明,桥位地理环境对风速的影响较大,越往高处这种影响越小。

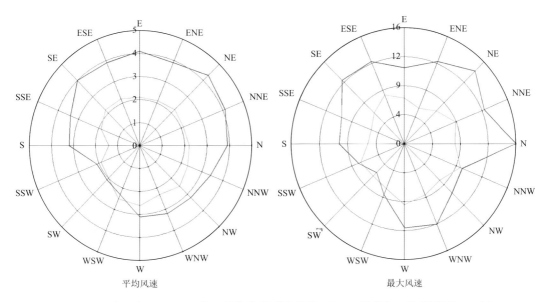

图 4.65 各风向 10 min 平均风速比值(红线为桥位 10 m,绿线为气象站)(单位:m/s)

4.5.2.2 最大风速和极大风速

根据 2006 年 1 月—2007 年 12 月所观测到的所有各同步站风速数据,得到桥位测站和扬中气象站的年最大风速见表 4.65,可以看出:10 min 平均年最大风速梯度塔 10 m 高度为 16.0 m/s,风向 N,(风时:2007 年 5 月 6 日 21 时 56 分);30 m 高度为 18.6 m/s,风向 N(风时:2007 年 5 月 6 日 21 时 57 分);50 m 高度为 21.6 m/s,风向 ENE(风时:2007 年 5 月 6 日 21 时 58 分);60 m 高度为 21.8 m/s,风向 ENE(风时:2007 年 5 月 6 日 21 时 58 分);扬中气象观测站:8.6 m/s,风向 NNW(风时:2007 年 5 月 6 日 21 时 58 分)。桥位(10 m)的极大风速达到 21.1 m/s,扬中气象站极大风速也有 16.5 m/s,为同一天气过程影响。其他观测点的瞬时极大风速及风向同见表 4.65。

表 4.65 观测期间各风速站年最大风速、瞬时极大风速

测　站	日最大风平均风速/(m/s)	年最大风速(10 min 平均)				年瞬时最大风速			
		风速/(m/s)	风向	日期(年-月-日)	风时	风速/(m/s)	风向	日期(年-月-日)	风时
梯度塔 60 m	7.84	21.8	ENE	2007-05-06	21:58	27.1	ENE	2007-05-06	21:50
梯度塔 50 m	7.60	21.6	ENE	2007-05-06	21:58	26.3	ENE	2007-05-06	21:50
梯度塔 30 m	7.34	18.6	N	2007-05-06	21:57	23.5	N	2007-05-06	21:49
梯度塔 10 m	6.54	16.0	N	2007-05-06	21:56	21.1	N	2007-05-06	21:46
扬中测站	4.05	8.6	NNW	2007-05-06	21:58	16.5	N	2007-05-06	21:57

表 4.66—表 4.68 给出 2006 年 1 月—2007 年 12 月观测期间桥位梯度塔距地 10 m 和 60 m 观测点和邻近气象站观测到的各风向的最大风速情况。从各风速观测站的年最大风速的统计结果看,桥位梯度塔 10 m 观测点的 10 min 年最大风速出现在 N 方向,在整个偏东北向(NW—NE—ESE,图 4.66 阴影区),也就是桥位梯度塔的迎江方向,风速明显大于其他

方向,也明显大于气象站。此最大风速的统计结果与前述平均风统计结果一致,验证了观测塔受江面增风效应影响明显。

表 4.66 梯度塔 60 m 高度各风向 10 min 平均风速最大值

风向	N	NNE	NE	ENE	E	ESE	SE	SSE	S	SSW	SW	WSW	W	WNW	NW	NNW
风速/(m/s)	16.0	16.8	13.0	21.8	12.0	14.8	13.1	10.4	11.0	8.2	10.6	11.7	16.3	16.5	11.0	11.0
日期(年-月)	06-04	06-03	06-04	07-05	06-04	06-07	06-04	07-03	07-03	06-03	06-03	07-07	06-05	06-05	07-07	07-05
日期(日)	29	28	12	06	21	14	25	26	27	24	05	09	26	27	25	09

表 4.67 梯度塔 10 m 各风向 10 min 平均风速最大值

风向	N	NNE	NE	ENE	E	ESE	SE	SSE	S	SSW	SW	WSW	W	WNW	NW	NNW
风速/(m/s)	16.0	12.3	14.2	12.3	10.5	12.3	12.4	9.6	9.2	7.0	5.6	7.6	11.6	12.0	9.6	8.9
日期(年-月)	07-05	07-10	07-10	07-09	07-03	06-07	07-05	07-09	07-07	07-03	07-03	06-05	06-05	07-01	07-05
日期(日)	06	29	08	19	14	14	31	08	20	23	29	28	27	27	06	18

表 4.68 扬中气象站各风向 10 min 平均风速最大值

风向	N	NNE	NE	ENE	E	ESE	SE	SSE	S	SSW	SW	WSW	W	WNW	NW	NNW
风速/(m/s)	7.2	7.9	6.4	5.3	6.3	7.3	6.1	5.1	5.2	6.7	6.3	6.7	8.4	7.6	7.1	8.6
日期(年-月)	06-04	06-03	06-04	07-03	07-02	06-07	07-03	06-03	06-04	07-07	07-05	07-07	06-05	06-06	07-05	07-05
日期(日)	29	28	12	03	28	14	27	20	09	09	17	01	27	29	18	06

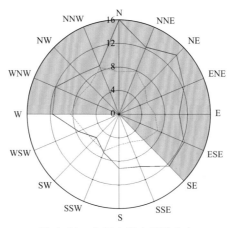

图 4.66 各风向最大风速分布

(红线为桥位梯度塔 10 m,绿虚线为扬中气象站;阴影区表示桥位风速较大方位)(单位:m/s)

4.5.3　张靖皋大桥

张靖皋长江公路大桥工程位于江苏省张家港市与如皋市、靖江市之间的长江江面上,横跨三条水道。桥址附近地势平坦,海拔高度低(江苏省气候中心,2022)。桥址处的梯度测风塔高度为 80 m,同步观测资料时间为 2020 年 11 月 25 日—2022 年 5 月 31 日,测风塔的地理位置见图 4.67。

图 4.67　梯度测风塔位置示意图

4.5.3.1　风速基本参数

同步观测期间,测风塔各层风速见表 4.69。从表中可以看出,各层平均风速小于 5 m/s,风随高度增加而增大。

表 4.69　同步观测期间风廓线基本观测数据统计结果

要素	10 m	30 m	50 m	70 m	80 m
平均风速/(m/s)	3.1	3.8	4.3	4.8	4.6
最大风速/(m/s)	13.0	15.6	15.6	17.6	17.1
极大风速/(m/s)	20.1	19.8	21.8	24.0	24.1
平均湍流强度	0.20	0.17	0.15	0.13	0.13
阵风系数	1.55	1.42	1.37	1.33	1.32

4.5.3.2　风速频率和风向频率分布

在同步观测期间,测风塔的 10 min 平均风速随着高度的增加,其风速频率明显向高风速段偏移。其中,测风塔 10 m 高度以 2~4 m/s 为多,10 m/s 以上的风速出现很少。测风塔 30 m 高度以 2~5 m/s 为多,10 m/s 以上的风速出现很少,相较 10 m 高度,风速频率明显向高风速段偏移。测风塔 50 m 高度以 2～6 m/s 为多,10 m/s 以上的 10 min 平均风速明显增多。测风塔 70 m 高度的 10 min 平均风速以 3～7 m/s 为多,10 m/s 以上的 10 min 平均风速继续增多。测风塔 80 m 高度的风速频率与 70 m 高度较为类似,以 3～7 m/s 的风速为多(图 4.68—图 4.72)。

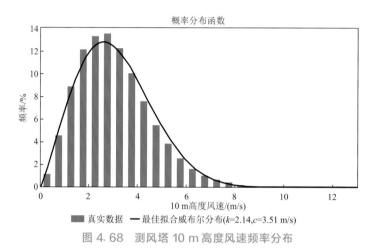

图 4.68　测风塔 10 m 高度风速频率分布

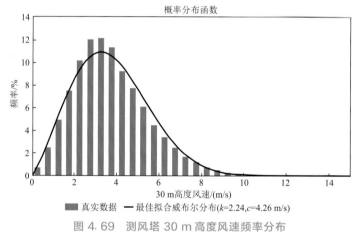

图 4.69　测风塔 30 m 高度风速频率分布

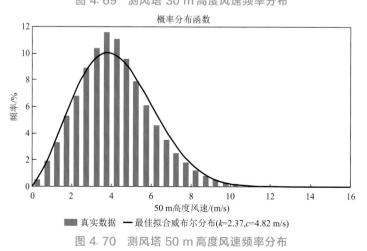

图 4.70　测风塔 50 m 高度风速频率分布

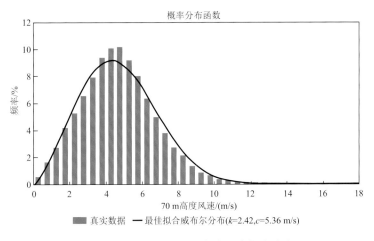

图 4.71 测风塔 70 m 高度风速频率分布

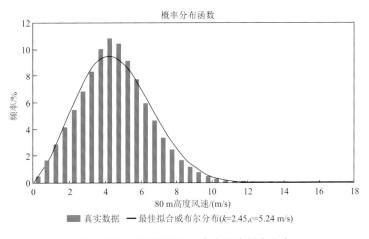

图 4.72 测风塔 80 m 高度风速频率分布

图 4.73 给出了梯度测风塔各层次 2020 年 11 月 25 日以来的风向频率分布。从实测风玫瑰图看,观测期间以偏东北风为主,较少出现西南风,与本区域情况基本一致。从季节变化来看,受季风气候影响,冬季北风为主,春夏季东南风为主。

4.5.4 常泰大桥

常泰长江大桥工程位于江苏省常州市与泰州市之间的长江江面上,是《江苏省长江经济带综合立体交通运输走廊规划(2018—2035)》中首个开工建设的长江大桥。项目所经区域为长江下游新三角洲平原区,区内地势比较平坦,地面标高一般为 2.0~4.0 m,线路跨越长江,两侧区域水网发育,主要为农田,局部分布厂房及民房(江苏省气候中心,2019)。

桥址测风站位于常州市新北区长江岸边,距离桥址约 3.7 km,测站及邻近气象站的地理位置见图 4.74。同步观测数据为 2014 年 1 月 1 日—2017 年 12 月 31 日。

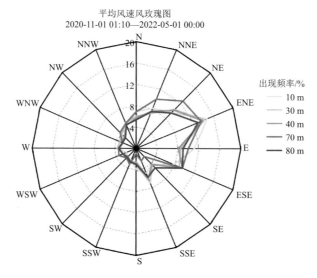

图 4.73　同步观测以来桥址处不同高度风玫瑰图

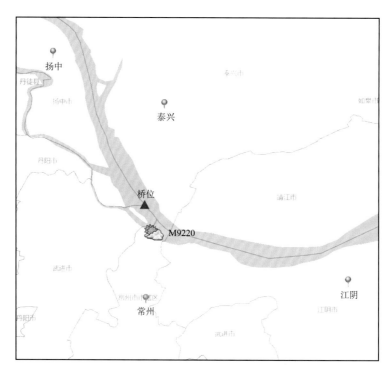

图 4.74　桥址处附近风速观测站以及常规气象站位置分布

4.5.4.1　风速等级分布

运用各测站逐日最大风速统计各风速区段出现的频率(表 4.70,图 4.75)。气象站 0～2级风占了非常大的比例,出现的频率也要大大高于桥址处。各站出现频率最高的风级分别为:桥址处 4 级(42.9％),气象站 3 级(57.1％)。桥址处 3 级及其以上风明显多于临近江阴站,气象站没有观测到 6 级以上大风。

表 4.70 各测站风速等级频率分布

%

		风力						
		0～2 级	3 级	4 级	≥5 级	≥6 级	≥7 级	≥8 级
风速/（m/s）		0～3.3	3.4～5.4	5.5～7.9	≥8.0	≥10.8	≥13.9	≥17.2
站点	桥址处	3.8	38.5	42.9	14.9	2.1	0.24	0.0
	气象站	37.9	57.1	4.9	0.08	0.0	0.0	0.0

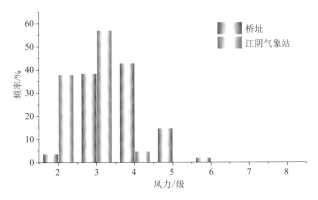

图 4.75 桥址处与江阴气象站 10 min 平均风速等级频率分布

4.5.4.2 大风情况

桥址处 2015 年一年里 10 min 平均最大风速≥10 m/s 天数达到 21 d，2016 年达到了 12 d，2017 年达到 13 d；桥址处每月都观测到了≥10 m/s 的大风，但其中 6 月和 9 月最少，仅有 1 d，4 月最多，出现了 9 d。在观测期间，桥址处出现的大风中，以春季居多，平均有 6 d，冬、夏季次之，秋季最少。其中春季又以 4 月居多，夏季以 8 月居多，冬季以 2 月居多，大风季节多雷雨或有冷空气南下，分析表明观测期间的大风与过境天气系统和强对流天气关系密切。桥址处及邻近气象站各月出现的≥10 m/s 天数逐月分布见表 4.71。

表 4.71 各测站观测期各月出现的≥10 m/s 天数

单位：d

测站	时间	1 月	2 月	3 月	4 月	5 月	6 月	7 月	8 月	9 月	10 月	11 月	12 月	年总	总数
M9220	2015 年	0	2	1	5	2	0	2	5	0	1	2	1	21	
	2016 年	1	3	1	2	1	0	0	1	0	1	0	2	12	46
	2017 年	2	1	3	2	1	1	0	2	0	0	1	0	13	

用 2014—2017 年同步观测期的逐日最大 10 min 平均风速资料计算年平均风速，桥址处 10 m 高度风速为 6.05 m/s，江阴站为 3.75 m/s。从年际变化来看，桥址处和江阴站风速年际变化并不大，年平均日最大风速呈略微增大的趋势，总体而言，2014—2017 年桥址处和江阴站风速较为稳定，桥址处平均风速明显高于临近江阴站，其平均风速比值在距地 10 m 高度为江阴站的 1.61 倍。2014—2017 年间，桥址处日最大风速最大值为 16.5 m/s，气象站为 9.6 m/s（表 4.72）。

表4.72　桥址处和江阴站年平均日最大风速

单位：m/s

测站	年平均日最大风速				
	2014年	2015年	2016年	2017年	2014—2017年
桥址处	5.80	6.03	6.14	6.15	6.05
气象站	3.61	3.72	3.77	3.83	3.75

4.5.5　南京三桥

南京三桥位于南京大胜关长江河段,两岸4~6 km范围内为平原圩区,地势开阔,桥位长江河道呈西南—东北走向,大部分时间大桥与盛行风向垂直。桥址同步观测数据为2002年8月1日—2003年7月31日。图4.76和图4.77分别给出了同步观测期间桥位与南京气象站的风向玫瑰图。从图中可以看出,桥位和南京气象站的主导风向较为类似,由于受到下垫面地形的影响,两者略有差异。桥位的主导风向为偏东风,其中以ESE、NE风向为多,分别达到了13.2%和11.6%。南京气象站的主导风向为偏东北风,NE、ENE两个风向分别占了13.0%和10.0%。

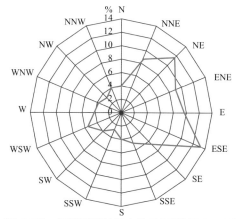

图4.76　桥位观测站风向玫瑰图(静风9.0%)

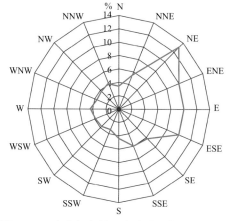

图4.77　南京气象站风向玫瑰图(静风9.9%)

从桥位及南京气象站两处的平均风速及风向频率初步分析结果可以看出,风除了受大范围季风环流影响外,下垫面环境及局地热力属性的差异也有重要影响。分析桥位和南京气象站的各风向平均风速,可见桥位观测站的各风向上的风速观测结果明显大于南京气象站的观测值。在偏西和偏北方向(N、NNE、SSW、SW、WNW),桥位风速比南京气象站风速大1倍或1倍以上。这与桥位所处地理位置以及该位置长江走向、江面开阔程度有关。用逐日24次10 min平均风速计算的二期两处平均风速,桥位观测站为3.48 m/s,南京气象站为1.88 m/s,桥位观测站的平均风速为南京气象站的1.85倍。南京气象站的静风频率也明显高于桥位观测站,是桥位观测站的2倍多。这些结果,符合风速与地形下垫面条件的相关关系的规律,即江面摩擦系数小于粗糙地面,故江面的风速明显大于地面的风速。

根据观测期间所观测到的10 min平均最大风速,得到各站的年最大风速,10 min平均最大风速桥位观测站为15.4 m/s。南京气象站同步观测期间的最大风速为9.1 m/s。桥位及南京气象观测站所观测到的瞬时极大风速及风向分别为23.3 m/s和18.9 m/s。同步观测期间,桥位观测站的最大风速平均值为6.77 m/s,而南京气象站为4.27 m/s,桥位为南京气象站的1.59倍。可以看出,桥址附近的日最大风速明显大于邻近气象站的风速。

4.6　风阵性变化特征

4.6.1　湍流强度和阵风系数计算方法

湍流是一种重要的大气边界层运动形式。由于大气的湍流扰动,使得风表现为许多时空上随机变化的小尺度脉动叠加在大尺度规则气流上的一种三维矢量。其中,大尺度规则气流一般表现为超过10 min的长周期的平均风,小尺度脉动则在时空尺度上均表现为强烈的、非线性的随机脉动特性。

湍流强度和阵风系数都是反映风脉动强度的常用表征量。阵风系数定义为阵风持续期(T_g)内的阵风风速与平均时距内的平均风速之比。T_g一般取2～3 s,平均时距一般取1 min、2 min或者10 min等。我国气象观测规定中将10 min时距内的风速平均值定义为平均风速(V),将3 s的平均风速定义为瞬时风速(V_g)。T_g取为3 s,平均时距取为10 min,阵风系数(G)为最大瞬时风速和平均风速的比值,即:

$$G = \frac{V_g}{V}$$

湍流强度(I)定义为时距10 min的脉动风速标准方差(σ)与10 min平均风速的比值,即:

$$I = \sigma/V$$

利用测风塔的风速和风向有效观测资料进行计算。在计算过程中,首先剔除静风的情况;同时考虑到当平均风速过小时容易产生奇异偏大值,因此结合测量仪器的启动风速,剔除平均风速小于 0.5 m/s 的情况；然后计算不同测风塔、不同高度层、每 10 min 一次的平均风速、阵风系数、湍流强度等，分析江苏近地层风阵性特征。

4.6.2 空间分布特征

江苏的测风塔多集中在沿海地区和洪泽湖沿湖地区，表 4.73 给出了这些测风塔不同高度全风速段的年平均湍流强度。可以看出，沿海地区的湍流强度要小于洪泽湖地区，湍流强度随着高度增加而逐渐变小，湍流强度的变化幅度随高度增加而减少，这些均和地表影响有关。

表 4.73 江苏不同高度全风速段的年平均湍流强度

	地理位置	10 m	30 m	50 m	60 m	70 m	80 m	100 m
连云港详查区九里测风塔	沿海地区	0.23	0.18	0.21	—	0.17	—	—
连云港详查区青口盐场测风塔	沿海地区	0.23	0.18	0.17	—	0.17	—	—
连云港详查区徐圩测风塔	沿海地区	0.26	0.18	0.16	—	0.15	—	—
盐城详查区二罾测风塔	沿海地区	0.21	0.16	0.14	—	0.13	—	—
盐城详查区东沙港测风塔	沿海地区	0.17	0.13	0.12	—	0.11	—	0.11
盐城详查区东川垦区 1 测风塔	沿海地区	0.25	0.16	0.14	—	0.14	—	—
盐城详查区东川垦区 2 测风塔	沿海地区	0.25	0.16	0.13	—	0.12	—	—
盐城详查区东川垦区 3 测风塔	沿海地区	0.20	0.17	0.13	—	0.13	—	—
南通详查区北凌垦区测风塔	沿海地区	0.19	0.15	0.13	—	0.13	—	—
南通详查区长堤测风塔	沿海地区	0.21	0.16	0.16	—	0.17	—	—
南通详查区东凌垦区测风塔	沿海地区	0.23	0.17	0.16	—	0.15	—	0.14
南通详查区东灶港测风塔	沿海地区	0.23	0.16	0.13	—	0.13	—	—
南通详查区东元测风塔	沿海地区	0.25	0.20	0.18	—	0.17	—	—
南通详查区园陀角测风塔	沿海地区	0.25	0.19	0.15	—	0.14	—	—
泗洪龙集 10 m 塔	洪泽湖周围	0.16	—	—	—	—	—	—
泗洪半城 10 m 塔	洪泽湖周围	0.24	—	—	—	—	—	—
泗洪太平 10 m 塔	洪泽湖周围	0.16	—	—	—	—	—	—
泗洪龙集 70 m 塔	洪泽湖周围	0.21	0.16	0.15	—	0.13	—	—
泗洪临淮 60 m 塔	洪泽湖周围	0.28	0.22	0.18	0.17	—	—	—
泗洪天岗湖测风塔	洪泽湖周围	0.31	0.20	0.17	—	0.15	—	—
盱眙风电场 1 期测风塔	洪泽湖周围	0.14	0.11	0.09	0.09	0.08	0.08	—
盱眙风电场 2 期测风塔	洪泽湖周围	—	0.17	0.14	—	0.12	0.11	—
泗阳高渡镇测风塔	洪泽湖周围	0.31	0.21	0.16	—	0.15	—	—
泗阳卢集镇测风电场	洪泽湖周围	0.31	0.19	0.17	—	0.14	—	0.13

在 10 m 高度上，沿海地区的湍流强度平均为 0.23，在 0.17～0.26；而洪泽湖地区湍流强度平均为 0.24，最小为 0.14，最大为 0.31。随着高度的增加，地形、树木、建筑物的影响逐渐减少，湍流强度下降。到 30 m 高度上，沿海地区的湍流强度明显低于 10 m 高度处，湍流

强度平均值为 0.17,在 0.13～0.20;洪泽湖地区湍流强度平均值也下降为 0.18,最小为 0.11,最大为 0.22。当高度进一步增加后,湍流强度减少趋势放缓。在 50 m 高度上,沿海地区的湍流强度平均值减少为 0.15,在 0.12～0.21;洪泽湖地区湍流强度平均值和沿海地区相当,为 0.15,最小为 0.09,最大为 0.18。到 70 m 高度上,沿海地区的湍流强度平均值减少为 0.14,在 0.11～0.17;洪泽湖地区湍流强度平均值和沿海地区相当,为 0.13,最小为 0.08,最大为 0.15。在 100 m 高度上,沿海地区和洪泽湖地区的湍流强度平均值均为 0.13。

表 4.74 为江苏不同高度 15 m/s 风速段的年平均湍流强度。在 15 m/s 风速段,沿海地区和洪泽湖地区湍流强度比较接近,地区差异较小,这和全风速段湍流强度差异较大有明显不同。

表 4.74　江苏不同高度 15 m/s 风速段的年平均湍流强度

	地理位置	10 m	30 m	50 m	60 m	70 m	80 m	100 m
连云港详查区九里测风塔	沿海地区	0.12	0.11	0.13	—	0.11		
连云港详查区青口盐场测风塔	沿海地区	0.12	0.11	0.13		0.11		
连云港详查区徐圩测风塔	沿海地区	0.13	0.11	0.13		0.10		
盐城详查区二矄测风塔	沿海地区	0.14	0.10	0.09		0.08		
盐城详查区东沙港测风塔	沿海地区	0.13	0.11	0.09		0.08		0.08
盐城详查区东川垦区 1 测风塔	沿海地区	0.15	0.12	0.10		0.09		
盐城详查区东川垦区 2 测风塔	沿海地区	0.15	0.11	0.09		0.08		
盐城详查区东川垦区 3 测风塔	沿海地区	0.19	0.11	0.09		0.10		
南通详查区北凌垦区测风塔	沿海地区	0.13	0.12	0.11		0.08		
南通详查区长堤测风塔	沿海地区	0.10	0.08			0.08		
南通详查区东凌垦区测风塔	沿海地区	0.14	0.12	0.11		0.10		0.08
南通详查区东灶港测风塔	沿海地区	0.17	0.09			0.08		
南通详查区东元测风塔	沿海地区	—	0.14	0.12		0.12		
南通详查区园陀角测风塔	沿海地区		—	0.12		0.09		
泗洪龙集 10 m 塔	洪泽湖周围							
泗洪半城 10 m 塔	洪泽湖周围							
泗洪太平 10 m 塔	洪泽湖周围							
泗洪龙集 70 m 塔	洪泽湖周围		0.11	0.09		0.09		
泗洪临淮 60 m 塔	洪泽湖周围		0.15	0.13	0.12			
泗洪天岗湖测风塔	洪泽湖周围		0.16	0.15		0.13		
盱眙风电场 1 期测风塔	洪泽湖周围		0.13	0.12	0.12	0.11	0.10	
盱眙风电场 2 期测风塔	洪泽湖周围		0.14	0.13		0.11	0.10	
泗阳高渡镇测风塔	洪泽湖周围			0.14		0.12		
泗阳卢集镇测风电场	洪泽湖周围	—	0.16	0.15	—	0.13	—	0.12

沿海地区风速比内陆洪泽湖地区大,在 10 m 高度都易出现 15 m/s 的风速,而洪泽湖地区的测风塔在 10 m 高度基本没有观测到 15 m/s 的风速,在 30 m 高度以上才有 15 m/s 的

风速。在 10 m 高度上,沿海地区的湍流强度平均为 0.14,在 0.10～0.19。在 30 m 高度上,沿海地区湍流强度平均值降低为 0.11,在 0.08～0.14;洪泽湖地区湍流强度比沿海地区大,平均值 0.14,最小为 0.11,最大为 0.16。在 50 m 高度上,沿海地区的湍流强度平均值减少为 0.1,在 0.08～0.13;洪泽湖地区湍流强度依然比沿海地区大,为 0.13,最小为 0.09,最大为 0.15。到 70 m 高度上,沿海地区的湍流强度平均值减少为 0.09,在 0.08～0.12;洪泽湖地区湍流强度平均值为 0.12,最小为 0.09,最大为 0.13。在 100 m 高度上,沿海地区湍流强度为 0.08,洪泽湖地区为 0.12,仍然比沿海地区大。

根据《风力发电机组 第 1 部分 设计要求》(Wind turbines-part I：design requirements)(IEC 61400-1：2019)和《风力发电机组规范》(中国船级社,2008)的规定,江苏沿海地区和洪泽湖地区的湍流强度均属于较低湍流特性等级。

4.6.3 时间变化规律

江苏属于东亚季风区,受季风进退的影响,风速和风向有明显的季节变化。深秋至初春受大陆气流控制,多偏北风,且风速较大,3 月和 4 月 10 m 高度平均风速均为 4.4 m/s,为全年最大值;夏季至初秋受海洋气流控制,盛行东南风,风速较小,10 月平均为 3.6 m/s,是一年之中最小值;但沿海易受台风影响,8 月风速又相对较大。10 m、30 m、50 m、70 m、100 m 高度的阵风系数年平均值分别为 1.50、1.31、1.26、1.24、1.22,湍流强度分别为 0.20、0.14、0.12、0.11、0.09(图 4.78)。在不同高度层,阵风系数和湍流强度均呈单峰型变化,夏季较大,冬季较小。这是由于夏季植被茂盛,地表粗糙度较大,加之大气高低层之间温差大,热力湍流较强,此时风的脉动性更明显(陈燕 等,2019a)。

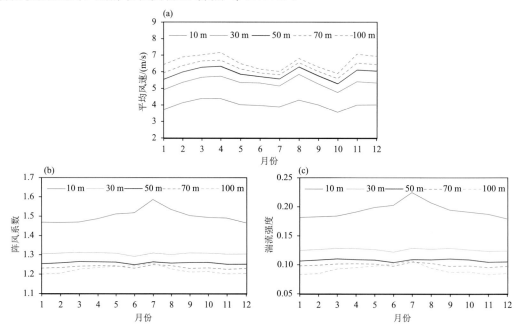

图 4.78 风速、阵风系数和湍流强度的月变化

(a)风速;(b)阵风系数;(c)湍流强度

近地面层的大气具有明显的湍流运动特征,湍流运动会引起动量、热量、水汽等的交换,从而影响风速的日变化。从全年的日变化来看,江苏沿海风速日变化明显,但是不同高度层变化规律不一样,10 m、30 m 和 50 m 的低层表现为白天风速较大,夜间风速较小,而较高的 70 m、100 m 则相反,白天风速较小,夜间大(图 4.79)。年平均的阵风系数和湍流强度均呈单峰型变化,无论高低层,峰值均出现在白天,夜间较小。夜间风速较小,当日出以后,湍流交换增强,10 m 和 70 m 处的湍流强度分别为 0.19 和 0.1,动量从较高的 70 m、100 m 高层向下传输,低层风速逐渐增加,高层损失动量后风速减小。在 12 时左右,太阳辐射达到最强,湍流强度达到一天中最大值,在 10 m 和 70 m 高度处分别为 0.2 和 0.13,此时阵风系数也是日最高值,分别为 1.5 和 1.3,高低层之间的动量传输持续进行,同时 70 m、100 m 高层也从更高层获得了动量补充,风速逐渐恢复。午后 14 时左右,低层风速达到峰值,不同高度层之间风速最为接近。日落以后,大气层结稳定度增加,10 m 和 70 m 处的湍流强度恢复到 0.18 和 0.1,高低层之间交换减弱,低层风速逐渐减小,而高层风速慢慢恢复。到午夜左右,湍流交换系数和阵风系数均达到日最低值,风速变化趋于平稳,高低层之间的风速差达到最大。

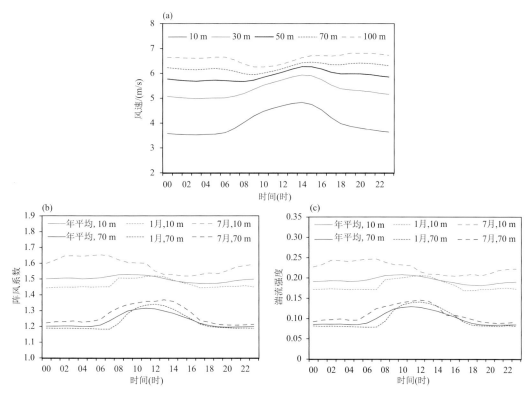

图 4.79　风速、阵风系数、湍流强度日变化

(a)年平均风速；(b)阵风系数；(c)湍流强度

4.6.4　高度变化特征

随高度增加,地面粗糙元的影响逐步降低,阵风系数和湍流强度迅速变小,不同季节之

间的差异也随高度减小(陈燕 等,2019a)。以沿海地区为例,在受地面影响最大的 10 m 高度,阵风系数年平均值为 1.5,峰值出现在 7 月为 1.59,峰谷出现在 12 月为 1.47,相差 0.12,相差为年平均值的 8%;而到了较高的 70 m,阵风系数年平均值降低为 1.24,7 月和 1 月相差 0.02,仅为年平均值的 2%。湍流强度也是如此,7 月和 12 月 10 m 高度的湍流强度分别为 0.23 和 0.18,相差 0.05,为年平均值 25%;在 70 m 高度处,湍流强度的峰值和谷值分别为 0.11 和 0.10,两者之间的差值减少到 0.01,为年平均值的 9%(图 4.80)。

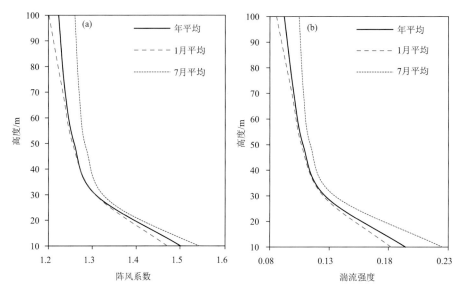

图 4.80　阵风系数和湍流强度随高度变化

(a)阵风系数;(b)湍流强度

4.6.5　海陆分布影响

江苏海岸线基本为北西北—南东南的走向。根据海岸线走向,按风向分为三类:①当风向为 180°~315°时,风从大陆吹向海洋,此时的阵风特性携带了陆地影响,为离岸风;②当风向为 0°~135°,为向岸风,体现了海洋的影响;③当风向为 135°~180°或 315°~360°时,为沿岸风。

图 4.81 是 10 m 高度上湍流强度和阵风系数在不同方向的分布(陈燕 等,2019a)。陆地表面的粗糙度远大于海洋,摩擦系数大,机械湍流较强,同时陆地的热容量小于海洋,地表和低层大气之间温差大,热力湍流也较强,在两者的共同作用下,离岸风的湍流强度要明显大于向岸风,且在不同高度、不同季节均是如此。海陆之间的差异在夏季更明显。7 月 10 m 高度全风向的湍流强度平均值为 0.23,离岸风的平均值为 0.25,向岸风为 0.19,相差 25%;在同样高度,1 月的湍流强度平均值为 0.18,此时陆地植被凋零,离岸风湍流强度平均值为 0.18,向岸风湍流强度变化不大为 0.17,两者之间的差异远小于夏季。在较高层时,离岸风的湍流强度减小比向岸风的减小更加明显,使得两者的绝对差值变小,但由于全风向的湍流强度也明显减小,相对差值反而增加。同样在 7 月,70 m 高度处全风向、离岸风和向岸风的

湍流强度平均值分别为 0.11、0.14 和 0.10,相差 36%。这些海陆差异、季节差异、高度差异在阵风系数上也有类似的反映,体现了海陆交界处大气边界层内的湍流特性。

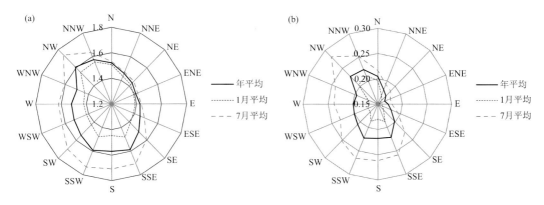

图 4.81　10 m 高度不同方向阵风系数和湍流强度分布

(a)阵风系数;(b)湍流强度

4.6.6　频率分布特征

将阵风系数和湍流强度分别以 0.1 和 0.01 间隔,统计各段的频率分布如图 4.82 所示。可以发现阵风系数和湍流强度的频率分布均呈单峰型分布,且高度越低,分布宽度越宽、峰值越低、峰值越偏向高值区(陈燕 等,2019a)。

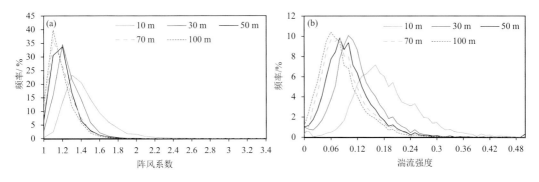

图 4.82　阵风系数和湍流强度的频率分布

(a)阵风系数;(b)湍流强度

10 m 高度处的阵风系数主要集中在 1.2~1.6 这个较宽的区域,占总频率的 81%,峰值在 1.3 处,占总量的 24%;30 m 处的阵风系数迅速减小,75% 集中在 1.1~1.3,峰值为 1.2,占总量的 35%;随着高度增加,峰值继续向低值区移动,70 m 和 100 m 高度处的峰值位于 1.1,集中程度也更明显,80% 以上的阵风系数出现在 1.1~1.3 区间,而在 10 m 高度处的同样区域则不到 40%。

将湍流强度以 0.01 为间隔,统计出现频率占 3% 以上的区域,同样可以发现,越往高层,湍流越集中。湍流强度在 10 m 高度多在 0.10~0.25,约占总量的 78%;到 30 m 高度,78% 的湍流强度集中 0.06~0.17 区间;50 m 高度时的高频区移动至 0.04~0.15 之间,频率增加

至 80%;到了 70 m 和 100 m 的较高层,湍流强度集中在 $0.02\sim0.13$,频率增加至 82% 以上。这说明地面多种粗糙元对低层风的脉动性影响更明显。

4.6.7 与风速的关系

大气湍流交换程度不仅和地面粗糙程度、大气层结有关,还受到风速的影响。总体而言,随着风速的增大,所有高度的阵风系数和湍流强度均一致性减小。在江苏沿海地区,当风速为 1 级时,10 m 的阵风系数和湍流强度分别为 1.76 和 0.31;风速增大到 3 级时,迅速减小到 1.47 和 0.18;到 5 级风时,进一步减小至 1.41 和 0.17;此后变化明显变缓。通过对比可以发现,当风速小于 6 级(小于等于 13.8 m/s)时,10 m 高度的阵风系数和湍流强度一般大于高层;而当风速大于等于 7 级时,两者比较接近,10 m 高度的阵风系数和湍流强度还略小于高层。统计发现,在 10 m、30 m、50 m、70 m 和 100 m 这 5 个不同高度,风速大于 7 级的数据分别占 0.05%、0.36%、0.78%、1.17% 和 1.75%,所占比例较小(表 4.75)。这些大风多由台风、寒潮、局地强对流等强天气系统引起,这也提示在强对流情况下,风的脉动会表现出不一样的特征(陈燕 等,2019a)。

表 4.75 不同风速等级下的阵风系数和湍流强度

要素	高度	1 级风	2 级风	3 级风	4 级风	5 级风	6 级风	7 级风	8 级及以上风
阵风系数	10 m	1.76	1.52	1.47	1.44	1.41	1.25	0.94	0.46
	30 m	1.69	1.34	1.30	1.29	1.28	1.27	1.14	0.69
	50 m	1.70	1.33	1.25	1.23	1.23	1.22	1.20	0.83
	70 m	1.71	1.32	1.24	1.21	1.20	1.19	1.18	0.97
	100 m	1.71	1.31	1.23	1.20	1.17	1.16	1.16	1.01
湍流强度	10 m	0.31	0.19	0.18	0.17	0.17	0.14	0.08	0.03
	30 m	0.29	0.14	0.11	0.11	0.11	0.11	0.10	0.04
	50 m	0.30	0.13	0.10	0.09	0.10	0.10	0.09	0.05
	70 m	0.30	0.13	0.10	0.09	0.08	0.08	0.08	0.06
	100 m	0.30	0.13	0.09	0.08	0.08	0.07	0.07	0.06

4.7 风随高度变化特征

已有研究表明,近地层风随高度的变化和地表粗糙度以及低层大气的层结状态密切相关。在风速较大的情况下,风速随高度的变化满足指数律或对数律分布(朱超群,1993)。根据以往工程研究的观测结果,两种风随高度变化律的拟合结果差异不大,指数律优于对数律。

对摩擦层中任意两高度 Z_1、Z_n 上的对应风速 V_1、V_n 遵循以下规律:

$$V_n = V_1 \left(\frac{Z_n}{Z_1} \right)^{\theta}$$

式中,θ 为风切变指数,地面粗糙度越大,θ 越大。同时,θ 也受到大气稳定度等气象条件的影响。

风切变指数 θ 用下式可以计算得到:

$$\theta = \frac{\lg(V_n/V_1)}{\lg(Z_n/Z_1)}$$

式中,V_1、V_n 分别为高度 Z_1、Z_n 上的实测风速。

4.7.1 近海海域风随高度变化特征

选用中广核如东 150 MW 海上风电场测风塔观测数据,对近海海域的风随高度变化特征进行研究。

相同地表状况下,大气层结稳定度是影响 θ 值大小的一个重要因素,在稳定层结下,大气扰动被抑制,上下层气流不易交换,上、下层之间风速差异较大,θ 值较大;反之,大气层结不稳定,θ 值较小。因此,选取观测期内不同风速阈值的样本分别计算 θ 值,结果列于表 4.76 和表 4.77。

表 4.76 如东海上风电场测风塔 90305 不同风速阈值下的指数

风速	指数	平均误差					剩余均方差				
		100 m	80 m	65 m	55 m	40 m	100 m	80 m	65 m	55 m	40 m
全风速	0.145	0.103	0.102	0.083	0.048	0.024	0.297	0.294	0.239	0.138	0.070
≥1 m/s	0.143	0.101	0.100	0.081	0.047	0.024	0.291	0.289	0.235	0.135	0.068
≥2 m/s	0.140	0.098	0.098	0.080	0.045	0.023	0.283	0.283	0.230	0.131	0.066
≥3 m/s	0.136	0.095	0.095	0.078	0.044	0.022	0.274	0.275	0.224	0.126	0.063
≥4 m/s	0.133	0.092	0.093	0.076	0.042	0.021	0.265	0.268	0.218	0.121	0.060
≥5 m/s	0.129	0.089	0.090	0.074	0.040	0.020	0.256	0.260	0.212	0.117	0.058
≥6 m/s	0.131	0.090	0.091	0.074	0.041	0.020	0.259	0.263	0.214	0.118	0.059
≥7 m/s	0.127	0.087	0.089	0.072	0.039	0.019	0.250	0.255	0.208	0.113	0.056

表 4.77 如东海上风电场测风塔 90306 不同风速阈值下的指数

风速	指数	平均误差					剩余均方差				
		100 m	80 m	65 m	55 m	40 m	100 m	80 m	65 m	55 m	40 m
全风速	0.148	0.111	0.090	0.071	0.036	0.020	0.320	0.259	0.204	0.103	0.059
≥1 m/s	0.145	0.108	0.087	0.069	0.034	0.019	0.312	0.252	0.199	0.099	0.056
≥2 m/s	0.141	0.105	0.085	0.067	0.033	0.019	0.303	0.245	0.193	0.094	0.053
≥3 m/s	0.138	0.102	0.082	0.065	0.031	0.018	0.294	0.237	0.187	0.089	0.051
≥4 m/s	0.134	0.099	0.080	0.063	0.029	0.017	0.285	0.231	0.181	0.085	0.048
≥5 m/s	0.131	0.096	0.078	0.061	0.028	0.016	0.277	0.224	0.176	0.081	0.046
≥6 m/s	0.129	0.094	0.076	0.060	0.027	0.015	0.271	0.219	0.172	0.077	0.044
≥7 m/s	0.123	0.089	0.072	0.056	0.024	0.014	0.257	0.207	0.163	0.070	0.040

从表中可以看出,随着风速增大,指数 θ 值减小。对如东海上风电场测风塔 90305 而言,其拟合剩余均方差先是随着风速的增大而减小,到 5 m/s 以后,随着风速增大而增大,风速≥5 m/s 的拟合效果最好。其另一侧的测风塔 90306 也出现了类似的情况。

如东海上风电场测风塔的已有观测资料为 2010 年 1 月初至 2010 年 12 月底,这一时间段如东地区的主导风向为偏东南风。为了减少测风塔塔身对风速的影响,选取塔东南一侧的测风塔 90305 作为研究对象(图 4.83),并选取其风速≥5 m/s 的指数 θ 值 0.129 对海上风电场测风塔所在地不同高度的风速进行拟合。

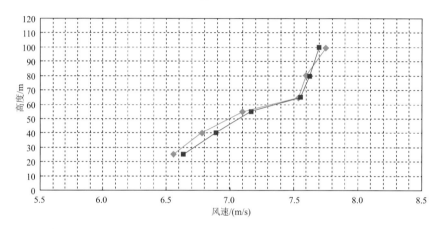

图 4.83　90305 塔(绿)和 90306 塔(红)风廓线图

4.7.2　沿海地区风速高度变化特征

利用江苏沿海地区 14 座梯度测风塔实测数据,对沿海地区的风随高度变化特征进行研究。

4.7.2.1　空间分布特征

表 4.78 给出了这些测风塔的风切变指数。总体而言,地表植被、建筑物等地表遮挡物越多,对低层风速影响越大,风切变指数越大(李艳 等,2007a)。在沿海地区,地势平坦,有围垦滩涂、农田植被、零星民房等,低层风速减少,风切变指数平均为 0.187,在 0.12~0.268 变化。

表 4.78　沿海地区年平均风切变指数

	地理位置	风切变指数	测风塔高度/m
连云港详查区九里测风塔	沿海地区	0.121	70
连云港详查区青口盐场测风塔	沿海地区	0.150	70
连云港详查区徐圩测风塔	沿海地区	0.219	70
盐城详查区二罾测风塔	沿海地区	0.180	70
盐城详查区东沙港测风塔	沿海地区	0.150	100
盐城详查区东川垦区 1 测风塔	沿海地区	0.252	70
盐城详查区东川垦区 2 测风塔	沿海地区	0.268	70
盐城详查区东川垦区 3 测风塔	沿海地区	0.195	70
南通详查区北凌垦区测风塔	沿海地区	0.179	70

续表

	地理位置	风切变指数	测风塔高度/m
南通详查区长堤测风塔	沿海地区	0.120	70
南通详查区东凌垦区测风塔	沿海地区	0.154	100
南通详查区东灶港测风塔	沿海地区	0.191	70
南通详查区东元测风塔	沿海地区	0.209	70
南通详查区园陀角测风塔	沿海地区	0.226	70

风速的垂直变化受周围环境影响较大,不同高度处的风速受地面粗糙度和大气湍流的影响程度不一,因此不同地区、不同高度的风切变指数有所不同(图 4.84)。

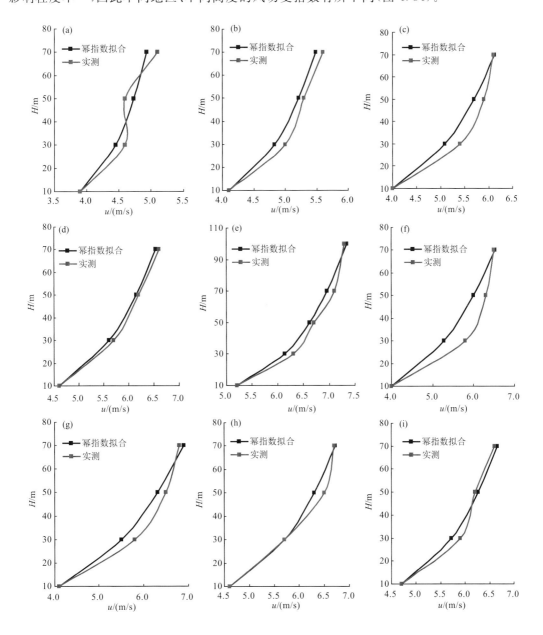

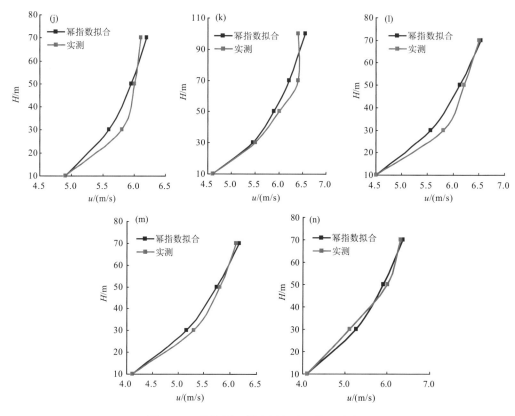

图 4.84　沿海测风塔观测年度平均风速廓线

(a)九里测风塔；(b)青口盐场测风塔；(c)徐圩测风塔；(d)二罾测风塔；(e)东沙港测风塔；
(f)东川垦区 1 测风塔；(g)东川垦区 2 测风塔；(h)东川垦区 3 测风塔；(i)北凌垦区测风塔；
(j)长堤测风塔；(k)东凌垦区测风塔；(l)东灶港测风塔；(m)东元测风塔；(n)园陀角测风塔

　　当测风塔四周空旷,气流无遮挡时,风切变指数较小,且不同高度层之间的风切变指数相差较少;而当测风塔周围有树木、建筑物时,对低层气流有阻挡、拖曳影响,风速变化速度更快,不同高度层之间的风切变指数差异也比较大(申华羽 等,2009)。

4.7.2.2　时间变化规律

　　风切变指数受动力因素和热力因素的共同影响,有明显的时间变化规律。在江苏沿海地区,除了东川垦区 1 测风塔(3 号)外,其余测风塔的综合风切变指数均是冬季高、夏季低。冬季近地层大气层结稳定度高,近地层动量、热量交换较少,高低层之间风速差异大,风切变指数更大。东川垦区 1 测风塔(3 号)冬季的风切变指数也较大,但是 7 月更大,高达 0.31(图 4.85a)。这是由于该塔的西面有少量高度为 3～4 m 的防风林,在植被生长茂盛的夏季,地面摩擦效应十分明显,此时动力因素起了主导作用,风切变指数出现峰值。徐圩测风塔(1号)周围虽然也有少量灌木,但是高度低,且季节变化不如树木明显,因此在夏季仍然是热力因素占主导地位,风切变指数低(陈燕 等,2019b)。

　　各塔的风切变指数日变化规律基本一致,图 4.85b 是所有塔平均的风切变指数日变化图。不同高度层之间的风切变指数和综合风切变指数均呈现白天小、夜间大的单峰型分布。

夜间近地面大气层结稳定,风切变指数在0.26~0.29;日出后,大气湍流活动加剧,风切变指数迅速下降;到湍流活动最旺盛的正午,动量交换最大,风切变指数达到日最低值,在0.11~0.12;日落后,风切变指数又缓慢回升。风切变指数和太阳辐射日变化呈反位相关系。

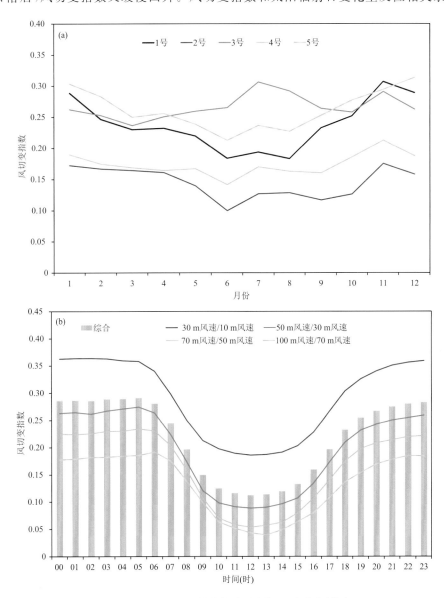

图4.85 风切变指数的年变化(a)和日变化(b)分布

4.7.2.3 与风速的关系

以10 m高度风速为参考风速,分析江苏沿海地区风切变指数和风速之间的关系(陈燕等,2019b)。风速2~5 m/s的风切变指数频率最高,在65%以上。当风速小于5 m/s时,风切变指数随着风速的增加迅速下降,随后下降速度放缓,两者呈对数关系。根据所有测风塔的观测值,拟合出两者之间的关系为:

$$\alpha = -0.069\ln(U_{10}) + 0.3139$$

式中：α 为风切变指数；U_{10} 为 10 m 高度风速。

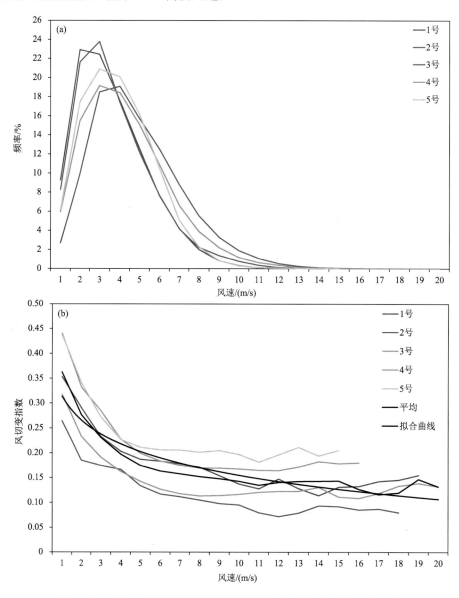

图 4.86　不同风速区间的风切变指数频率(a)及风切变指数的变化(b)

4.7.3　沿湖地区风随高度变化特征

利用洪泽湖泗洪区域龙集、临淮两座梯度测风塔实测数据，对沿湖地区的风随高度变化特征进行研究(图 4.87)。

根据 2009 年 7 月 1 日—2010 年 6 月 30 日的观测结果，拟合计算得到龙集梯度塔附近的风切变指数为 0.190，临淮梯度塔附近的风切变指数为 0.312。由此可见，由于特殊的地理位置和下垫面状况差异，测风塔所在地的风切变指数明显高于规范规定值。

从临淮测风塔的观测环境来看，临淮测风塔附近有较多的房屋和树木，其中有成排的、

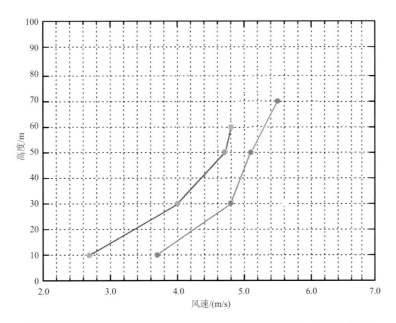

图 4.87　龙集和临淮梯度测风塔风廓线图(红线为临淮，黑线为龙集)

高大的、枝叶茂盛的意杨树，遮挡物较多，对低层风速的影响较大，风切变指数较大。对龙集而言，其周围有部分树木和房屋，湖堤对其也可能造成一定的影响，其风切变指数要高于平坦开阔地形的推荐值。

由此可见，在不同的区域，由于其下垫面的不同，风随高度的变化特征可能有较大的差别，尤其是体现在风切变指数的数值上。在风电工程的设计中，应用规范推荐的风切变指数进行不同高度的风资源计算时，可能会带来很大的误差，直接应用应慎重。

4.7.4　丘陵地区风随高度变化特征

利用龙源盱眙风电场一期测风塔观测数据，根据近地面层风速随高度变化的指数规律，由测风资料计算得到风场风速随高度变化的指数见表 4.79。从表中可以看到，各层之间的风切变指数在 0.123～0.253，由于特殊下垫面条件的影响，其风切变指数与规范推荐值存在较大的差异。

表 4.79　盱眙风电场代表年风切变指数

各高度层	风切变指数
10～30 m	0.196
10～50 m	0.201
10～60 m	0.197
10～70 m	0.192
10～80 m	0.202
30～50 m	0.211
30～60 m	0.200

续表

各高度层	风切变指数
30～70 m	0.186
30～80 m	0.208
50～60 m	0.171
50～70 m	0.149
50～80 m	0.204
60～70 m	0.123
60～80 m	0.226
70～80 m	0.253

第 5 章
江苏省风能资源数值模拟与评估

由于风是受下垫面特征影响最为显著的气象要素,在相邻不远的两地,其风资源状况可能会存在较大的差异。利用气象站、梯度测风塔观测数据,可以得到具体某一个点或一个区域的风能资源状况。在风能资源评估中,数值模拟是一个常用的技术手段,通过高分辨率的数值模拟,来评估一个较大区域的风能资源分布特征。本章基于中、小尺度数值模式,开展高分辨率的风能资源数值模拟和评估。

5.1 风能资源短期数值模拟

5.1.1 数值模式系统

采用中尺度与小尺度结合的模式系统进行江苏省风能资源短期数值模拟,中尺度模式采用 MM5 模式,小尺度模式采用 CALMET 模式(李晓燕 等,2005)。

MM5 是由美国国家大气研究中心(NCAR)和美国宾州大学(PSU)共同开发的中尺度模式。它对中小尺度天气系统、海陆风、山地环流和城市热岛等的理论研究和业务预测有其独特的优势。该模式在世界各地不仅被广泛地应用于区域数值天气预报业务,还被广泛地应用于大气环境影响评估与预测、风能资源评估与预报以及城市或区域发展规划等领域中。它主要具有如下特点:①采用非静力平衡动力框架,对中小尺度天气系统有比较强的模拟能力;②多重嵌套网格系统,满足不同业务科研需要;③考虑了非常详细的物理过程,对每种物理过程又提供了多种实施方案,允许根据不同的问题选用不同的方案进行研究;④采用了目前比较先进的四维同化(FDDA)处理技术,可在多种计算平台上运行等。MM5 已经被公认是高水平的中尺度数值模式,成为国内外应用相当广泛的一个中尺度数值预报模式(赵彦厂 等,2008)。

CALMET 模式是美国环境保护署(EPA)推荐的由 Sigma Research Corporation(现在是 Earth Tech,Inc 的子公司)开发的空气质量扩散模式 Calpuff 模式中的气象模块。CALMET 是一个网格化气象风场模式,利用质量守恒原理对风场进行诊断和客观化的参数分析。

5.1.2 模拟评估方案

5.1.2.1 模拟范围和网格设置

江苏省风能资源短期数值模拟的模拟区域中心点为(119.5°E,33°N)。第一层 MM5 网格,东西向网格点数为 103,南北向网格点数为 73,网格距均为 27 km,模拟范围为 2754 km ×1944 km。第二层 MM5 网格,东西向网格点数为 85,南北向网格点数为 73,网格距均为 9 km,模拟范围为 756 km×648 km。

CALMET 网格东西方向网格点数为 613,南北方向网格点数为 559,网格距均为 1 km,模拟范围为 613 km×559 km。模式垂直方向在离地面 150 m 高度内垂直分辨率为 10 m。

5.1.2.2 模式参数

在 MM5 的模拟中,湿微物理过程采用了简单冰参数化方案,即在不增加内存存储的情况下,把冰相过程加入到上述方案中。不存在过冷水,在冰冻层以下雪迅速融化。

边界层物理过程采用了 Mellor&Yamada 的 level 2.5 闭合方案,它能预报湍流动能(TKE)并有局部的垂直混合。该方案首先使用相似理论来计算交换系数,然后调用 SLAB 程序来计算地面温度,并使用一个隐式的扩散方案来计算垂直通量。

积云参数化采用 Grell 方案,这是基于不稳定化或准平衡的速率,具有上升和下沉气流以及补偿运动的简单单云方案。适用于较小的格点尺度 10~30 km。该方案平衡可分辨尺度降水和对流降水,考虑了对降水效率的切变效应。

大气辐射参数化采用了云方案,它涉及长短波与显云和晴空之间的相互作用。该方案除了提供地面辐射通量外,也提供大气温度的倾向变化。

土壤模式采用了 5 层土壤模式。该方案使用垂直扩散方程预报 1 cm、2 cm、4 cm、8 cm、16 cm 的温度,取其下底层固定的温度。热惯性在垂直方向上分辨温度的日变化,从而加快了地面温度的反应速度。

采用了浅对流方案。处理无降水云。假定有很强的卷入和较小的范围,没有下沉气流,并是均质云。基于 Grell 和 Arakawa-Schubert 方案,在云的强度和次网格(PBL)强迫作用力之间作了平衡假设。

在 MM5 的模拟中,采用格点同化的 FDDA 方案,牛顿松弛项被加入到风,温度和水汽的诊断方程中,这些项使模式值缓慢地向一个格点分析逼近。该技术通过获取同化时段内的格点分析来实现的,这些分析以标准的输入格式反馈给模式(李艳 等,2009)。

5.1.2.3 模式输入场

短期数值模拟的输入资料中,地形地表资料采用 USGS 资料和 SRTM3 资料,Landuse 数据采用 USGS 资料。

采用 NCEP 全球环流模式背景场资料作为第一猜值场,同时利用中国气象局常规探空和地面观测资料。

5.1.2.4 模拟时段

短期数值模拟时段是 2009 年 6 月—2010 年 5 月。逐日进行模拟,积分时间 36 h。起算时间为每日 12 时(世界时),第三日 00 时终止。模拟结果逐小时输出,统计分析采用模式输出的后 24 h 的逐时模拟结果。

短期数值模式每小时输出一次距离地面 150 m 高度范围内每 10 m 间隔高度层上、每个格点上的风向、风速以及地面温度、相对湿度和气压。输出时间为正点时间,即北京时 09 时、10 时、11 时、12 时、13 时、14 时、15 时、16 时、17 时、18 时、19 时、20 时、21 时、22 时、23 时、24 时,第二日 01 时、02 时、03 时、04 时、05 时、06 时、07 时、08 时。统计分析采用模式输出的后 24 h 的逐时模拟结果。

5.1.3 模拟分析要素

江苏省风能资源短期数值模拟重点分析月平均风速、月平均风功率密度、年风向频率、年风能方向频率、年风速频率分布、年风能频率分布等风能资源参数。这些计算方法参照 (GB/T 18710—2002)《风电场风能资源评估方法》(中国国家质量监督检验检疫总局, 2002)。

5.1.4 模拟结果分析

5.1.4.1 风速和风功率密度分布

短期数值模拟结果表明江苏省沿海风能资源较为丰富,70 m 高度的年平均风速为 5.5 ~7.0 m/s,风功率密度 200~350 W/m²。从风能资源的空间分布分析,由北向南风能资源逐步增加(江苏省气候中心,2012)。江苏省连云港、盐城、南通 3 个风能详查区,其中连云港风能详查区的风能资源较少,70 m 高度的年平均风速为 5.5~6.5 m/s,风功率密度 200~300 W/m²;盐城和南通风能详查区的风能资源较好,70 m 高度的年平均风速为 6.5~7.0 m/s,风功率密度 300~350 W/m²。江苏省地形平坦,气流畅通无阻,沿海地区风速较大,盐城、南通详查区域风速较大,而连云港详查区由于有云台山山脉的阻挡作用,风速较小(李艳等,2007b)。数值模拟较好地反映了这些客观规律,这和实际观测结果是一致的。

图 5.1 和图 5.2 分别给出了江苏省 70 m 高度逐月平均风速分布图和平均风功率密度分布图。从一年中风能资源的时间变化可以看出,江苏沿海风能资源有明显的季节变化,深秋至春末风速较大,其他季节风速较小。11 月—次年 4 月沿海地区 70 m 高度风速一般在 6.5 m/s 以上,风功率密度在 300 W/m² 左右。其中 11 月和 3 月风资源最丰富,大部分沿海地区的风速大于 7 m/s,风功率密度大于 350 W/m²。江苏省属于东亚季风区,深秋至春末经常受到北方冷空气的影响,带来大风、雨雪天气,这也是江苏省冬春风速较大的原因。

5.1.4.2 风向玫瑰和风能玫瑰

选取连云港灌云县、盐城射阳县、盐城东台市、南通如东县、南通启东市作为江苏沿海地区的代表区,分析 50 m 和 70 m 高度全年风向玫瑰、风能玫瑰。

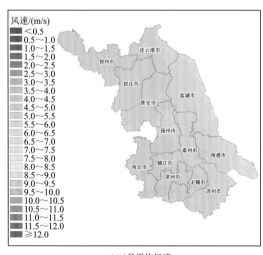

(a)1月平均风速

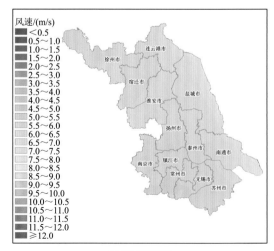

(b)2月平均风速

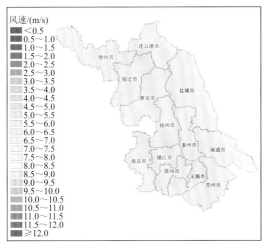

(c) 3月平均风速

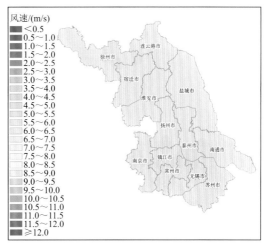

(d) 4月平均风速

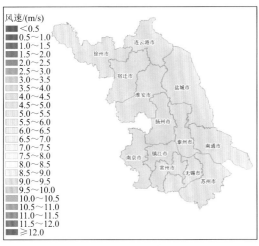

(e) 5月平均风速

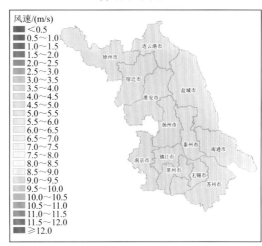

(f) 6月平均风速

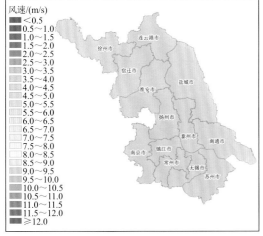

(g) 7月平均风速

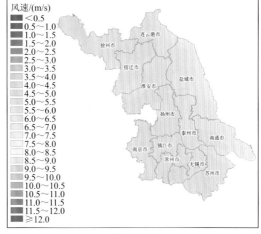

(h) 8月平均风速

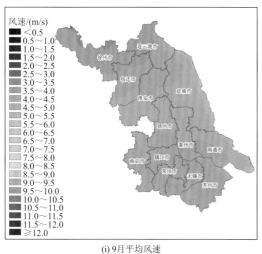

(i) 9月平均风速

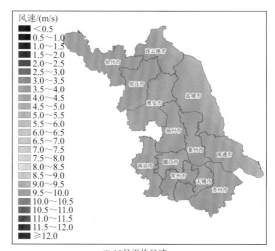

(j) 10月平均风速

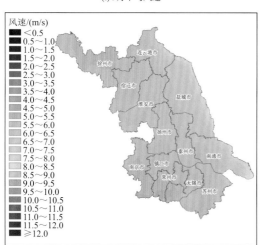

(k) 11月平均风速

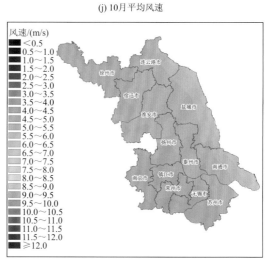

(l) 12月平均风速

图 5.1　短期数值模拟江苏省 70 m 高度各月平均风速分布图

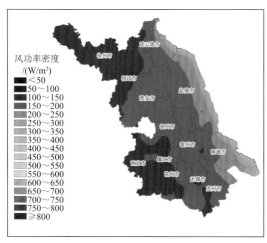

(a) 1月平均风功率密度

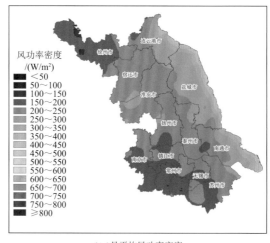

(b) 2月平均风功率密度

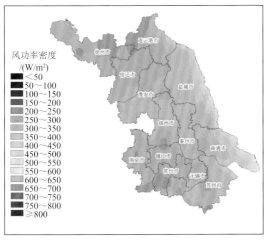

(c) 3月平均风功率密度

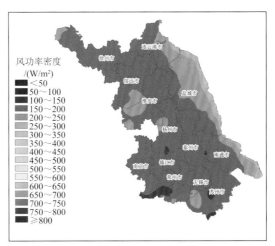

(d) 4月平均风功率密度

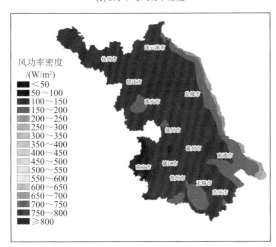

(e) 5月平均风功率密度

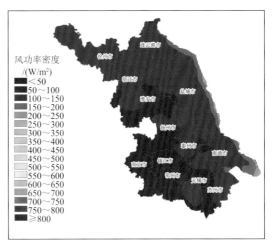

(f) 6月平均风功率密度

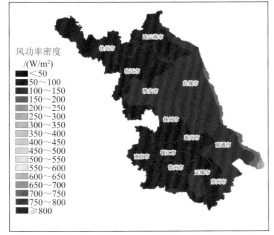

(g) 7月平均风功率密度

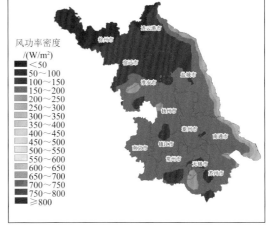

(h) 8月平均风功率密度

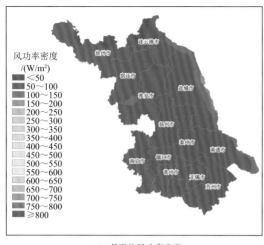

(i) 9月平均风功率密度

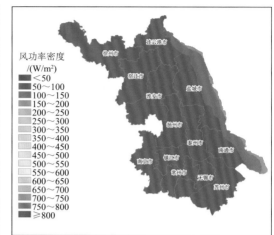

(j) 10月平均风功率密度

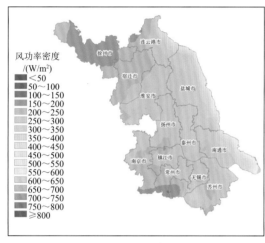

(k) 11月平均风功率密度

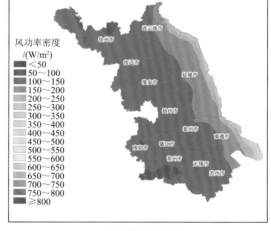

(l) 12月平均风功率密度

图 5.2　短期数值模拟江苏省 70 m 高度各月平均风功率密度分布图

图 5.3—图 5.7 分别给出了这 5 个代表点的 50 m 和 70 m 高度全年风向玫瑰、风能玫瑰。模拟结果显示,连云港灌云县的风向主要分布在 N—E 以及 SSW 方向,风能主要分布在 NNW—NNE 方向。盐城射阳县和盐城东台市的风向主要分布在 NNE—SSE 方向,风能主要分布在 NNE 和 SE 风向。南通如东县和南通启东市的风向主要分布在 N—SE 方向,风能主要分布在 N—NNE 和 SE—SSE 风向。50 m 和 70 m 的风向分布基本一样,风能玫瑰图也基本一致。

5.1.4.3　风速频率和风能频率

图 5.8—图 5.12 分别给出了这 5 个代表点的 50 m 和 70 m 高度全年风速频率和风能频率分布。模拟结果显示,连云港灌云县风速在 3~8 m/s 区间频率最高,风能在 6~10 m/s 区间频率最高。盐城射阳县和盐城东台市的风速在 4~8 m/s 区间频率最高,风能在 7~12 m/s 区间频率最高。南通如东县和南通启东市风速在 4~8 m/s 区间频率最高,风能在 6~12 m/s 区

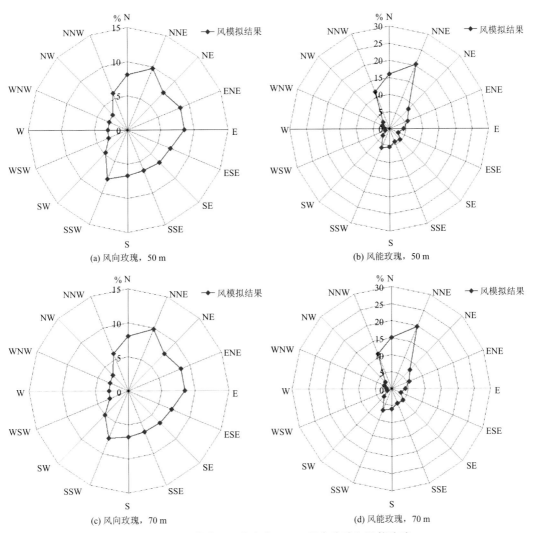

(a) 风向玫瑰，50 m

(b) 风能玫瑰，50 m

(c) 风向玫瑰，70 m

(d) 风能玫瑰，70 m

图 5.3　连云港灌云县代表点 70 m 风向玫瑰和风能玫瑰

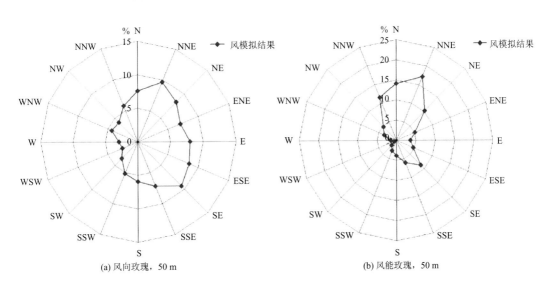

(a) 风向玫瑰，50 m

(b) 风能玫瑰，50 m

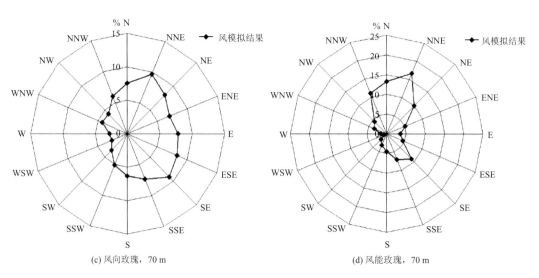

(c) 风向玫瑰，70 m

(d) 风能玫瑰，70 m

图 5.4　盐城射阳县代表点的风向玫瑰和风能玫瑰

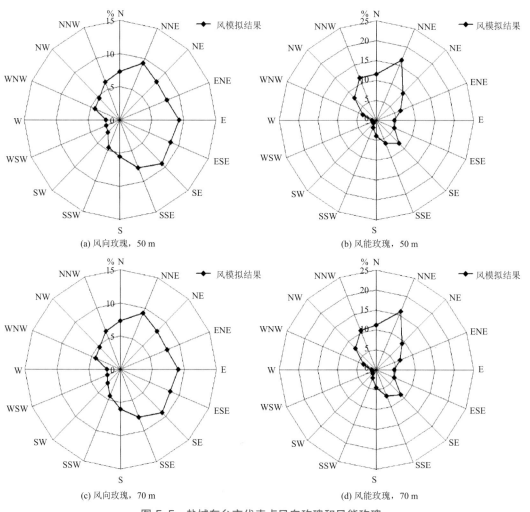

(a) 风向玫瑰，50 m

(b) 风能玫瑰，50 m

(c) 风向玫瑰，70 m

(d) 风能玫瑰，70 m

图 5.5　盐城东台市代表点风向玫瑰和风能玫瑰

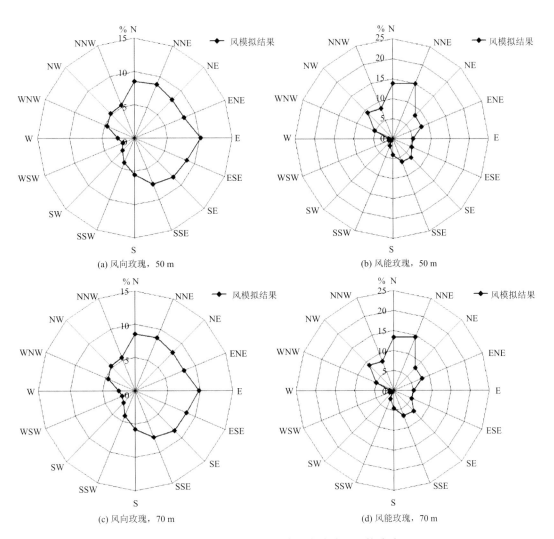

图 5.6　南通如东县代表点风向玫瑰和风能玫瑰

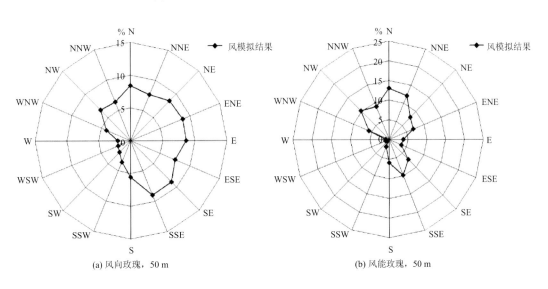

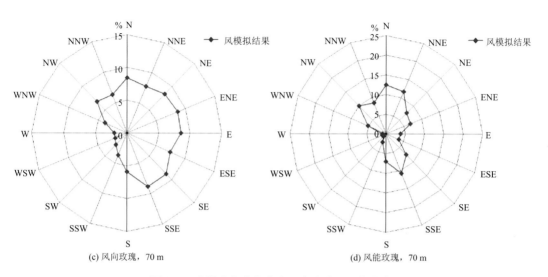

(c) 风向玫瑰，70 m

(d) 风能玫瑰，70 m

图 5.7　南通启东市代表点风向玫瑰和风能玫瑰

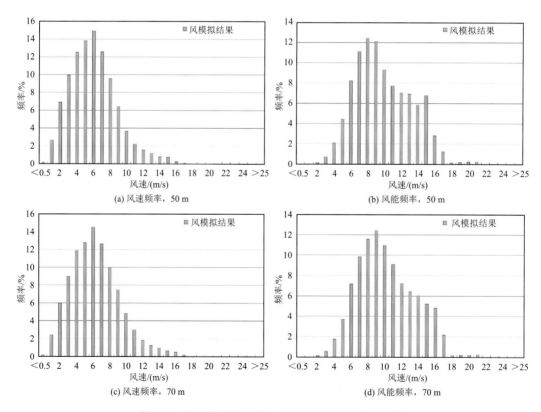

(a) 风速频率，50 m

(b) 风能频率，50 m

(c) 风速频率，70 m

(d) 风能频率，70 m

图 5.8　连云港灌云县代表点风速频率和风能频率图

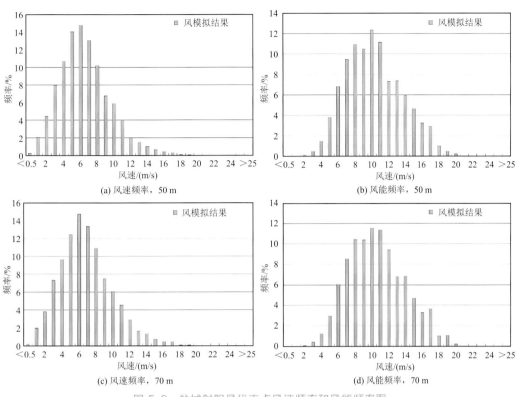

图 5.9　盐城射阳县代表点风速频率和风能频率图

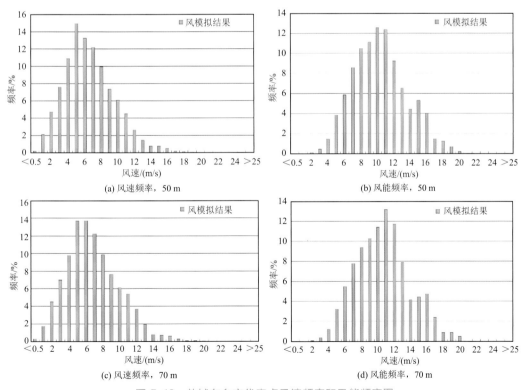

图 5.10　盐城东台市代表点风速频率和风能频率图

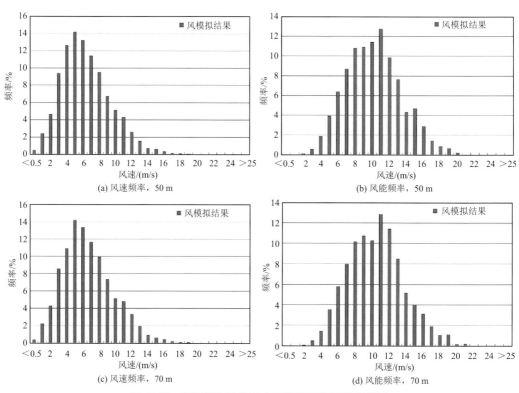

图 5.11 南通如东县代表点风速频率和风能频率图

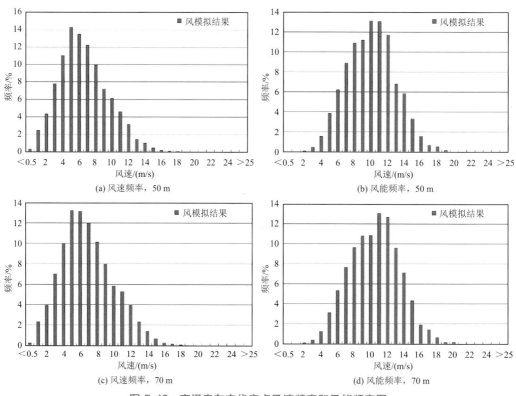

图 5.12 南通启东市代表点风速频率和风能频率图

164

间频率最高。70 m 高度风速普遍比 50 m 高度大,70 m 高度上的高风速区频率高于 50 m 高度,风能频率也有同样的规律。

5.2　风能资源长期数值模拟

5.2.1　数值模式系统

长期数值模拟工作采用了中国气象局风能资源数值模拟评估系统 WERAS/CMA。该系统包括天气背景分类与典型日筛选系统,中尺度模式 WRF 和复杂地形动力诊断模式 CALMET。

WERAS/CMA 风能资源数值模拟评估方法基本思路:在大气边界层动力学和热力学基础上,考虑到近地层风速分布是天气系统与局地地形作用的结果,风速分布的变化是由天气系统运动与变化引起的。此外,大气边界层存在着明显的日变化,日最大混合层厚度与天气系统的性质有关。因此,依据不受局地地形摩擦影响高度上(850 hPa 或 700 hPa)的风向、风速和每日最大混合层高度,将评估区历史上出现过的天气进行分类,然后从各天气类型中随机抽取 5% 的样本作为数值模拟的典型日,之后分别对每个典型日进行数值模拟,并逐时输出;最后根据各类天气型出现的频率,统计分析得到风能资源的气候平均分布。

5.2.2　模拟评估方案

长期数值模拟工作的模拟时段 1979—2008 年,WRF 用 9 km 网格距,CALMET 水平分辨率 1 km×1 km。

模式输入资料为 NCEP/NCAR 再分析资料和常规气象站观测资料、90 m×90 m 分辨率地形资料、地表利用和植被指数等资料。

5.2.3　模拟结果分析

5.2.3.1　风速和风功率密度分布

图 5.13—图 5.18 给出了长期数值模拟所获得的江苏省 50 m、70 m 和 100 m 三个不同高度上全年、春季、夏季、秋季和冬季平均风速分布图及平均风功率密度分布图。

长期数值模拟的结果显示,江苏省沿海风速大于内陆风速,风速由海岸向内陆衰减,内陆大型水体周围的风速略大于内陆其他区域;风功率密度的分布和变化规律和风速一样,沿海大、陆地小,水体周围大于内陆。对于江苏沿海地区,总体来说盐城和南通的风速和风功率密度接近,均大于连云港;在连云港内部,云台山脉以南地区的风速和风功率密度大于云台山脉以北的地区。

在 50 m 高度上,连云港沿海地区的年平均风速为 5.0~6.0 m/s,年平均风功率密度是 150~250 W/m²,其中云台山地区风速略大为 7.0 m/s,年平均风功率密度接近 350 W/m²。

盐城和南通沿海地区的年平均风速为 $5.5\sim6.5$ m/s,年平均风功率密度是 $200\sim300$ W/m²。大部分内陆地区的年平均风速为 $4.5\sim5.0$ m/s,年平均风功率密度是 $150\sim200$ W/m²,太湖、洪泽湖周围从不同季节的情况来看,风速和风功率密度均有明显的季节变化,总体来说春季和冬季的风速和风功率密度大于夏季和秋季。以 50 m 高度为例,连云港沿海地区春季和秋季的平均风速在 $5.5\sim6.5$ m/s,平均风功率密度在 $200\sim300$ W/m²,而夏季和秋季的平均风速明显小于春季和冬季,在 $4.5\sim5.5$ m/s,平均风功率密度在 $150\sim250$ W/m²。盐城和南通沿海地区春季和秋季的平均风速在 $6.0\sim7.0$ m/s,平均风功率密度在 $250\sim350$ W/m²,夏季和秋季的平均风速在 $5.0\sim6.5$ m/s,平均风功率密度在 $150\sim300$ W/m²。

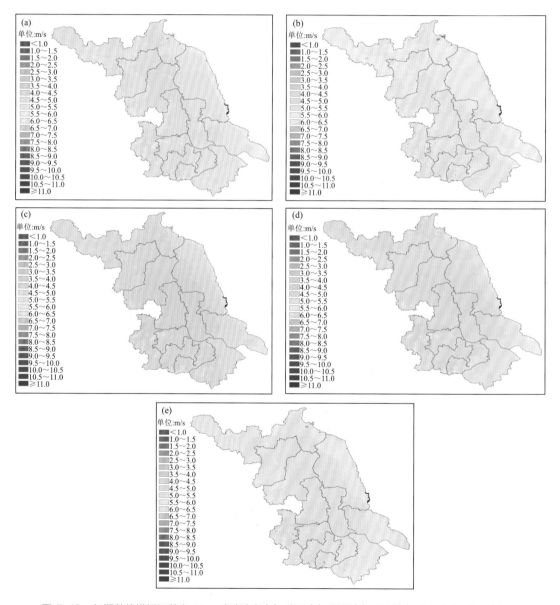

图 5.13　长期数值模拟江苏省 50 m 高度全年(a)、春季(b)、夏季(c)、秋季(d)、冬季(e)平均风速分布

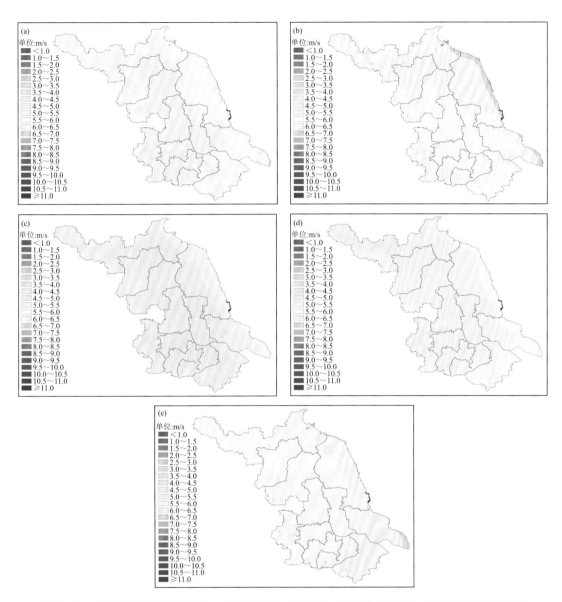

图 5.14 长期数值模拟江苏省 70 m 高度全年(a)、春季(b)、夏季(c)、秋季(d)、冬季(e)平均风速分布

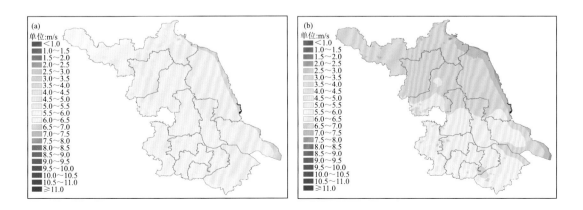

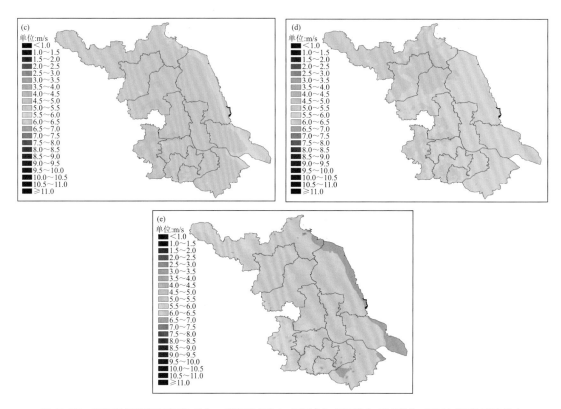

图 5.15 长期数值模拟江苏省 100 m 高度全年(a)、春季(b)、夏季(c)、秋季(d)、冬季(e)平均风速分布

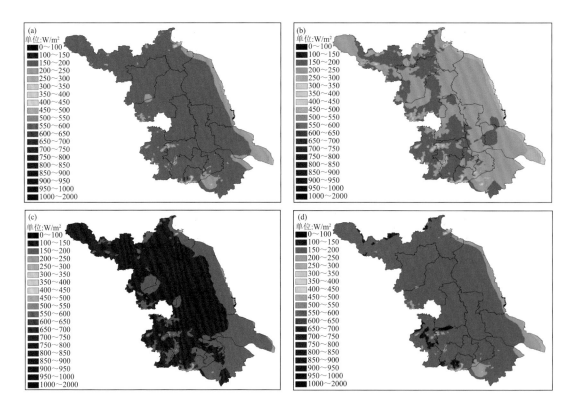

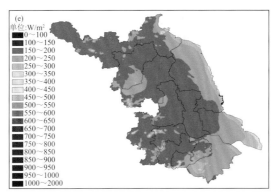

图 5.16　长期数值模拟江苏省 50 m 高度全年(a)、春季(b)、夏季(c)、秋季(d)、冬季(e)平均风功率密度分布

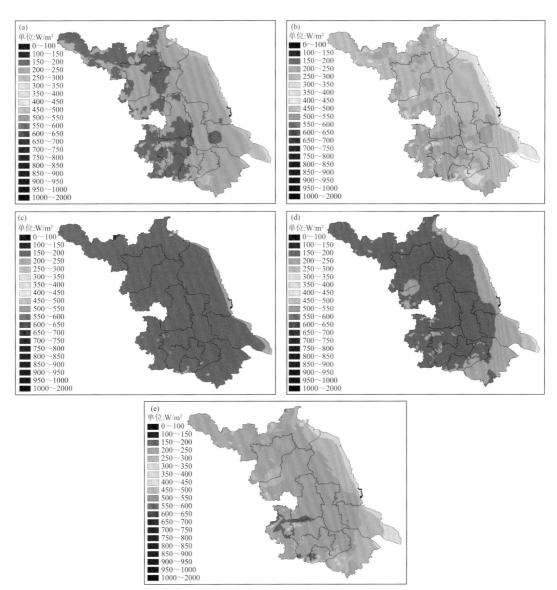

图 5.17　长期数值模拟江苏省 70 m 高度全年(a)、春季(b)、夏季(c)、秋季(d)、冬季(e)平均风功率密度分布

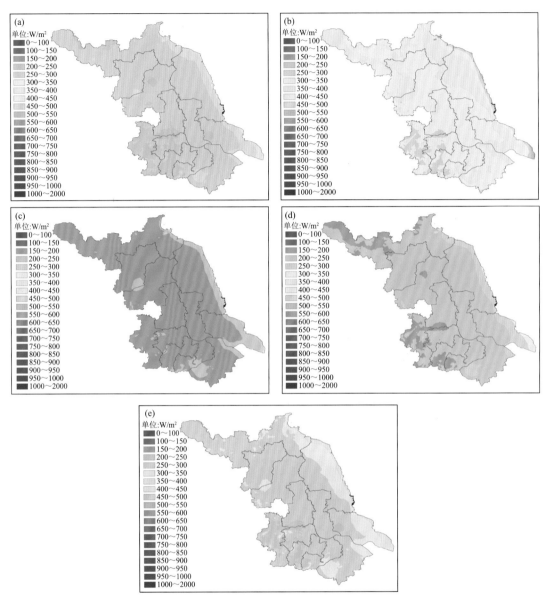

图 5.18　长期数值模拟江苏省 100 m 高度全年(a)、春季(b)、夏季(c)、秋季(d)、
冬季(e)平均风功率密度分布

长期数值模拟结果描绘了江苏风资源分布的特征,包括沿海风速大于内陆风速,风速由海岸向内陆衰减,内陆大型水体周围的风速略大于内陆其他区域;风功率密度在沿海大,陆地小,水体周围大于内陆;风速和风功率密度随高度增加而增大;风速和风功率密度在春冬季节大于夏秋季节。这些规律和实际观测结果一致,也客观地反映了江苏沿海的风资源分布气候特征。

5.2.3.2　风向玫瑰和风能玫瑰

在连云港灌云县和南通启东市的沿海地区选取 2 个代表点,作为江苏沿海地区的代表区,分析不同高度上的风向玫瑰和风能玫瑰分布特征。

图 5.19 和图 5.20 分别为连云港灌云县和南通启东市代表点 50 m、70 m 和 100 m 高度上全年风向玫瑰和风能玫瑰分布图。可以看出,江苏北部沿海和南部沿海风向特征有所不同,连云港灌云县的风向主要是 NNE、SE 和 SSW 方向,风能频率主要在 NNE 和 SSW 方向。南通启东市风向主要集中在 N、S 和 SSE 三个方向,风能频率也主要集中在这三个方向。

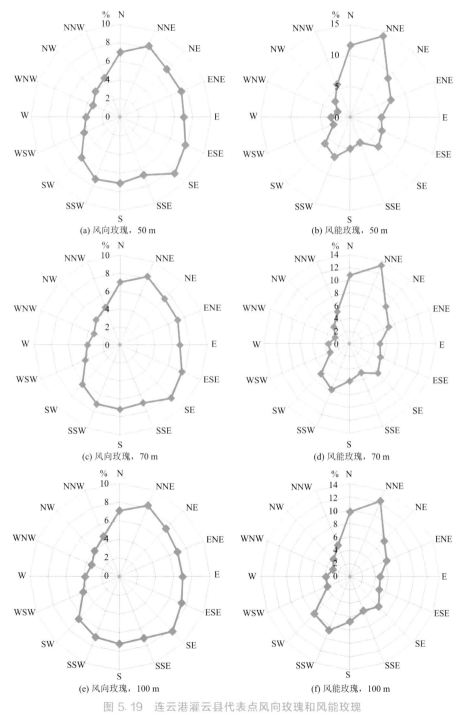

图 5.19　连云港灌云县代表点风向玫瑰和风能玫瑰

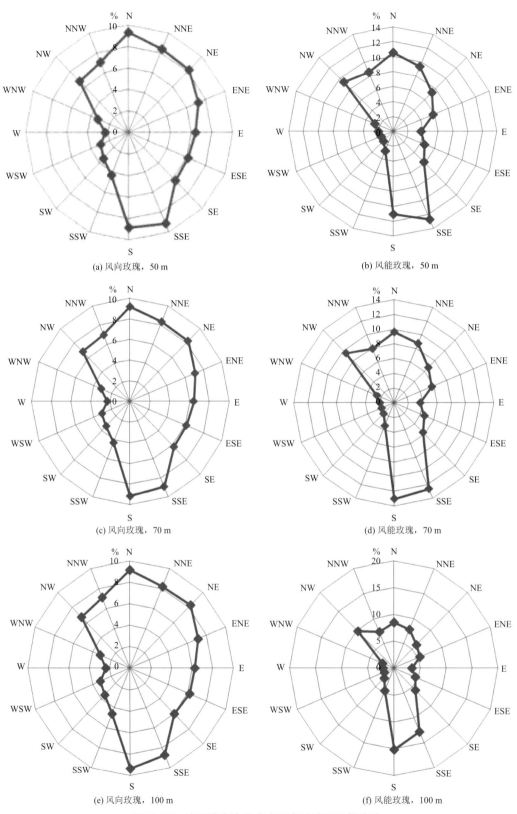

(a) 风向玫瑰，50 m

(b) 风能玫瑰，50 m

(c) 风向玫瑰，70 m

(d) 风能玫瑰，70 m

(e) 风向玫瑰，100 m

(f) 风能玫瑰，100 m

图 5.20　南通启东市代表点风向玫瑰和风能玫瑰

5.2.3.3 风速频率和风能频率

图 5.21 和图 5.22 分别为连云港灌云县和南通启东市代表点 50 m、70 m 和 100 m 高度上全年风速频率和风能频率分布图。可以看出连云港灌云县的风速主要分布在 4～8 m/s，风能频率的高值区集中在 7～12 m/s；南通启东市风速频率主要分布在 4～8 m/s，风能频率的高值区集中在 8～12 m/s。这表明虽然江苏南部沿海的平均风速仅略大于北部沿海，但是高风速段占比高，风能更丰富。

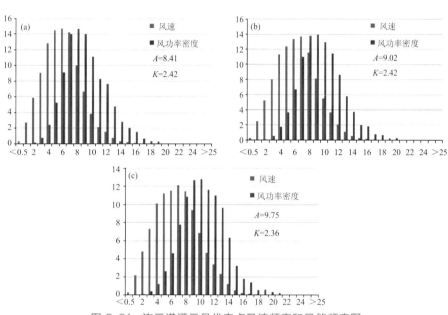

图 5.21 连云港灌云县代表点风速频率和风能频率图
(a)50 m; (b)70 m; (c)100 m

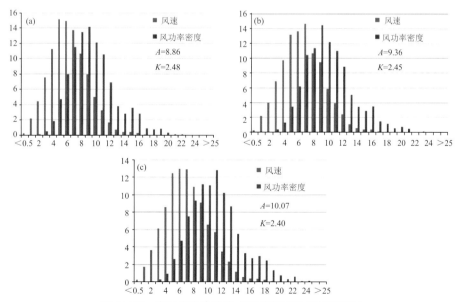

图 5.22 南通启东市代表点风速频率和风能频率图
(a)50 m; (b)70 m; (c)100 m

5.3 风能资源 GIS 空间分析

5.3.1 分析方法

风电的开发利用,风能资源丰富与否是资源基础,同时还要考虑一些制约因素。在 GIS 空间分析中,剔除一些不可以利用的区域,包括年平均风功率密度小于 3 等级的区域(即年平均风功率密度<300 W/m²)、海拔大于 3500 m 的区域、地形坡度大于 30% 的区域、水体、湿地、沼泽地、沙漠、自然保护区、历史遗迹、国家公园、矿产、城市及居民区、城市周围 3 km 的缓冲区、基本耕地,获得可利用区域(林忠辉 等,2002)。对于可以利用的区域,结合植被覆盖类型和地形坡度,确定装机容量系数。最后可以获得技术开发面积和技术开发量。

根据可以利用区域内的植被覆盖类型,不同类型的面积的风电可利用率也不同,草地 80%,森林 20%,灌木丛 65%。

对于地形坡度小于等于 30% 的地区,装机容量系数与地形坡度的关系如表 5.1 所示。

表 5.1 装机容量系数与地形坡度关系

GIS 坡度/%	装机容量系数/(MW/km²)
0~3	5
3~6	2.5
6~30	1.5

5.3.2 风能资源潜在开发区

通过这些分析,获得江苏风能资源潜在开发区(薛桁 等,2001),如图 5.23 所示。江苏省的风能资源潜在区域主要集中在沿海的连云港、盐城和南通三市,具体包括灌云、响水、滨海、射阳、大丰、东台、海安、如东、通州、海门和启东(汤国安 等,2006)。在这些潜在区域,地形均较为平坦,大部分区域的装机容量系数为 3~4 MW/km²,部分地区的装机容量系数可以达到 4~5 MW/km²。

5.3.3 风能资源潜在技术开发量

根据 70 m 高度的年平均风功率密度,结合风能资源潜在开发区分布,以可利用标准分别为 200 W/m²、250 W/m²、300 W/m² 和 400 W/m²,分析技术开发面积和技术开发量(刘峰,2004)。

江苏省 70 m 高度风能资源技术开发量如表 5.2 所示。在 70 m 高度上,江苏年平均风功率密度大于 200 W/m² 的技术开发面积有 1511 km²,技术开发量为 636 万 kW;年平均风功率密度大于 250 W/m² 的技术开发面积 1094 km²,技术开发量为 463 万 kW;年平均风

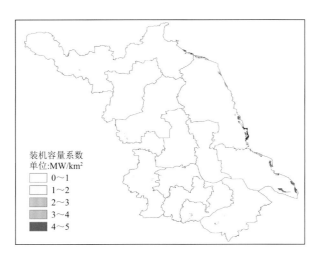

图 5.23 江苏省风能资源潜在开发区分布图

功率密度大于 300 W/m² 的技术开发面积有 926 km²,技术开发量为 370 万 kW;年平均风功率密度大于 400 W/m² 的区域很小,技术开发面积有 4 km²,技术开发量为 1 万 kW。

表 5.2 江苏省 70 m 高度风能资源技术开发量表

风功率密度/(W/m²)	技术开发量/万 kW	技术开发面积/km²
≥200	636	1511
≥250	463	1094
≥300	370	926
≥400	1	4

5.4 基于多源融合资料的近海风场同化模拟研究

5.4.1 WRF 模式简介

美国的 NCAR 中小尺度气象处、NCEP 的环境模拟中心、FSL 的预报研究处和俄克拉何马(Oklahoma)大学的风暴分析预报中心(CAPS),这四所科研机构的科学家们共同研发了业务与研究共用的新一代高分辨率中尺度预报模式 WRF(Weather Research and Forecasting Model,WRF Model)。它是一种完全可压非静力模式,采用 Arakawa C 网格,重点考虑水平分辨率 1~10 km 的大气模式。它具有可移植、易维护、可扩充、高效率、方便、参数化方案丰富等特点,已逐渐取代此前广泛应用的 MM5 模式,成为更便捷、更完善、更成熟的主流的模拟预报系统。WRF 用于模拟研究的模式为 WRF-ARW(the Advanced Research

WRF)模式。

WRF-3DVAR(Weather Research Forecast—the theree dimensional variational data assimilation system)三维变分同化系统是 WRF 模式配套的变分同化分析系统,它是由 NCAR、NCEP、FSL 等联合倡导众多美国研究部门和大学开发建立的预报系统,旨在建立一个既可以适用于科学研究,又可以用于业务预报的统一的天气学模式,具有可移植性、可扩展性、易维护性、可读性、实用性。该系统最初是与 MM5 系统结合使用并在 MM5 模式的三维变分同化系统基础上发展而来,后来被引入 WRF 模式中,其主要目的在于将观测资料同化进入 WRF 模式中,提高数值天气预报技术。

WRF 模式及其同化系统主要由模式的预处理 WPS、主模式 WRF、同化系统 WRFDA 以及模式后处理四部分组成。首先,运行 WPS 模块对背景场资料和地形等静态数据进行处理,然后由 WRF 模块运算生成初始场及侧边界条件气象场,继而通过 WRFDA 模块同化观测资料为模式更新初始场,再由 WRF 主模块对模式积分区域内的大气过程进行积分运算,最后由后处理对模式输出结果进行数据转换、物理量诊断分析和图形输出等。

5.4.2 方案介绍

本研究选用 WRF-ARW 模式 3.4 版本,将多源测风资料同化至模式初始场和测边界,通过多次数值试验确定最优的计算方案,然后对各模拟区域进行数值模拟(图 5.24)。

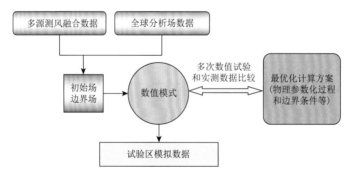

图 5.24 WRF 模拟及同化技术路线

对于江苏省近海的风模拟,采用四重嵌套方案,中心位置为(120.3°E,33.0°N),垂直层数为 28 层。第一重网格分辨率为 27 km,格点数为 79×73;第二重网格分辨率为 9 km,格点数为 127×127;第三重网格分辨率为 3 km,格点数为 241×253;第四重网格分辨率为 1 km,格点数为 283×367,垂直层数 28 层,如图 5.25 所示。

为了确定适合江苏海域的 WRF 模拟的参数化方案组合,在广泛阅读文献的基础上,微物理方案里选择 Lin 方案、WSM3 方案、WSM5 方案、Ferrier 方案和 WSM6 方案;陆面过程方案中选择热量扩散和 NOAH 方案;边界层方案中选择 YSU 方案和 MYJ 方案;近地面层方案中选择 Monin-Obukhov 方案和 Eta 方案;结合 RRTM 长波辐射方案、Dudhia 短波辐射方案和 KF 积云对流方案进行方案的组合。其中,Monin-Obukhov 方案与 YSU 方案需组合使用,Eta 方案与 MYJ 方案需组合使用,这样就形成 20 种参数化方案组合,如表 5.3 所示。

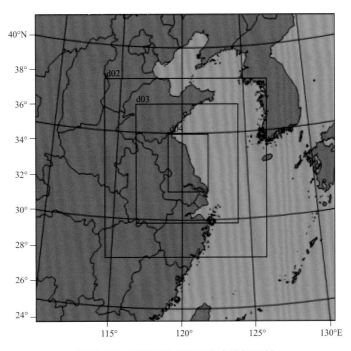

图 5.25　WRF 模式四重嵌套模拟区域

表 5.3　参数化方案组合表

序号	微物理方案	陆面过程方案	边界层方案	近地面层方案	其他方案
1	Lin	NOAH	YSU	Monin-Obukhov	
2	Lin	热量扩散	YSU	Monin-Obukhov	
3	Lin	NOAH	MYJ	Eta	
4	Lin	热量扩散	MYJ	Eta	
5	WSM3	NOAH	YSU	Monin-Obukhov	
6	WSM3	热量扩散	YSU	Monin-Obukhov	
7	WSM3	NOAH	MYJ	Eta	
8	WSM3	热量扩散	MYJ	Eta	
9	WSM5	NOAH	YSU	Monin-Obukhov	RRTM 长波辐射方案、Dudhia 短波辐射方案、KF 积云对流方案
10	WSM5	热量扩散	YSU	Monin-Obukhov	
11	WSM5	NOAH	MYJ	Eta	
12	WSM5	热量扩散	MYJ	Eta	
13	Ferrier	NOAH	YSU	Monin-Obukhov	
14	Ferrier	热量扩散	YSU	Monin-Obukhov	
15	Ferrier	NOAH	MYJ	Eta	
16	Ferrier	热量扩散	MYJ	Eta	
17	WSM6	NOAH	YSU	Monin-Obukhov	
18	WSM6	热量扩散	YSU	Monin-Obukhov	
19	WSM6	NOAH	MYJ	Eta	
20	WSM6	热量扩散	MYJ	Eta	

用以上 20 种方案组合进行 WRF 模拟敏感性试验,试验区域为图 5.25 中四重嵌套下的海域,对 2008 年 1 月、4 月、7 月、10 月四个季节代表月每个月的前 10 天进行逐日模拟,由于气象场的不稳定因素,每次模拟提前 12 h,取后 24 h 的数据进行分析。选取各模拟区域内沿海气象站逐时观测的地表 10 m 风速对模拟结果进行对照检验,从而选择最适合本研究区域的参数化方案,最佳参数化方案见表 5.4。

表 5.4　江苏省 WRF 模式最优参数化方案

省份	微物理过程方案	近地层方案＋行星边界层方案＋陆面方案	其他方案
江苏	WSM3	MM5＋YSU＋热量扩散	KF(new Eta)积云对流方案 RRTM 长波方案 Dudhia 短波方案

对星地多源融合测风数据集的稀疏化处理按照如下 2 个步骤进行:

(1)以江苏为例,在试验区域中心点(121°E,33°N)为坐标中心的水平面上构建 $0.01°×0.01°$(约 1 km×1 km)、$0.09°×0.09°$(9 km×9 km)和 $0.27°×0.27°$(27 km×27 km)网格系统;

(2)主要在水平方向对资料进行稀疏化处理,原始资料中离稀疏网格点最近的点被保留下来,其余剔除。

以 2008 年 4 月 1 日的星地多源融合测风数据为例,图 5.26 给出了以不同的稀疏化方案处理得到的多源测风资料的分布情况。可见,稀疏化后的资料仍保持其未经处理时的分布结构和特点。

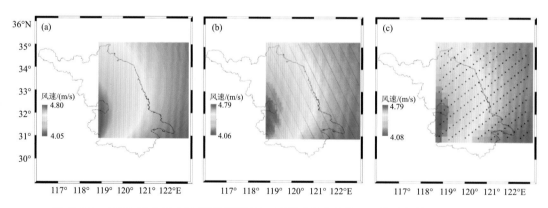

图 5.26　2008 年 4 月 1 日多源测风资料不同稀疏化方法处理后的分布情况及结果对比
(a)样本数据; (b)稀疏 9 km; (c)稀疏 27 km

在检验单点模拟预报效果时,将模拟结果插值到验证站点,所用的统计量定义如下。

(1)平均绝对误差

$$\mathrm{MAE} = \frac{1}{n} \sum_{i=1}^{n} \mid (P_i - O_i) \mid$$

式中,MAE 为绝对误差,P_i 为模拟值,O_i 为观测值。

(2)相关性系数

$$\mathrm{COR} = \frac{\sum_{i=1}^{N}(P_i - \overline{P})(O_i - \overline{O})}{\sqrt{\sum_{i=1}^{N}(P_i - \overline{P})^2}\sqrt{\sum_{i=1}^{N}(O_i - \overline{O})^2}}$$

式中,COR 为相关性系数,$\overline{P}$ 为模拟平均值,$\overline{O}$ 为观测平均值,P_i 为各时刻模拟值,O_i 为各时刻观测值。

（3）标准差

$$\mathrm{STD} = \sqrt{\frac{1}{n}\sum_{i=1}^{N}(x_i - \overline{x})}$$

式中,STD 为标准差,x_i 为各时刻观测或模拟值,$\overline{x}$ 为观测平均值或模拟平均值。

（4）均方根误差

$$\mathrm{RMSE} = \sqrt{\frac{1}{n}\sum_{i=1}^{n}(O_i - P_i)^2}$$

式中,RMSE 为均方根误差,O_i 为观测值,P_i 为模拟值。

5.4.3 同化卫星资料对近海风模拟效果的影响分析

针对江苏近海区域,采用前文所述的模拟区域和参数化方案,分别进行不同化（WRF）、同化 QuikSCAT（WRFDA（QS））和同化 Windsat（WRFDA（WS））模拟（高健 等,2015）,来分析同化卫星资料对近海风模拟效果的影响,同化方案如表 5.5 所示。

表 5.5 近海风模拟同化试验方案

序号	试验名称	试验方案
1	WRF	初始场不同化
2	WRFDA（QS）	同化 QuikSCAT 资料,分辨率为 25 km,在第一层区域同化,每天同化一次
3	WRFDA（WS）	同化 WindSAT 资料,分辨率为 25 km,同化设置同上

代表年（2008 年）数值模式模拟风场的效果检验,选用江苏沿海 8 个气象站的逐时测风数据（因数值模式模拟时段内,江苏海上测风塔及浮标站数据稀少,故采用沿海岸气象站观测数据）。模拟试验结果显示（以 2008 年 4 月模拟结果为例,其他月份的模拟试验与此基本类同）：未同化遥感资料的 WRF 模拟（WRF）和同化 QuikSCAT 资料后 WRF 模拟（QS）均能够较好地模拟出风场风速的月内日变化趋势。对于风速的模拟,同化和未同化 QuikSCAT 资料的 WRF 模拟均比测风塔实测风速偏大,两个模拟风速与实测风速两者之间具有较好的相关性（表 5.6）。总的来说,WRF 模式可用于江苏海域风场模拟,QuikSCAT 资料同化有助于提高 WRF 模式在风场风速及风向的模拟效果。

表 5.6 代表年 4 月风速数值模拟结果站点验证

站名	模拟类型	R	RMSE	MAE/(m/s)
赣榆	WRF	0.70	1.98	1.30
	QS	0.68	2.10	1.42

站名	模拟类型	R	RMSE	MAE/(m/s)
西连岛	WRF	0.62	2.67	0.15
	QS	0.60	2.80	0.12
射阳	WRF	0.75	1.97	1.00
	QS	0.73	1.94	0.92
大丰	WRF	0.72	2.36	1.56
	QS	0.72	2.27	1.46
如东	WRF	0.70	2.21	1.20
	QS	0.67	2.24	1.15
吕四	WRF	0.73	2.28	1.40
	QS	0.69	2.16	1.31
启东	WRF	0.66	2.20	1.34
	QS	0.66	2.07	1.25
海门	WRF	0.70	2.21	1.40
	QS	0.69	2.14	1.30

4月各站点的模拟最大风速基本在 16 m/s 左右,西连岛的最大风速最大,达 20 m/s,整体上风速较 1 月偏大。模拟同化风速与实测值较 1 月模拟结果更为吻合,除 4 月 5—8 日均方根误差达 6 m/s,其余误差较小,表明 WRF 模式对大风天气的模拟效果略差。综合相关系数(R)、平均绝对误差(MAE)和均方根误差(RMSE)来看,各站点的 R 在 0.6～0.75 范围内,其中,西连岛的最低仅 0.60 左右,而该站点的 MAE 最低仅 0.1 m/s,其他站点的 MAE 在 1～1.5 m/s 范围内,所有站点的 RMSE 基本在 2.1 左右。在风速比较中,QuikSCAT 的同化效果优于未同化 WRF 模拟。

1月各站点的模拟最大风速基本在 14 m/s 左右,西连岛和吕四站的最大风速分别为 18 m/s 和 16 m/s。模拟、同化值较实测值偏大,模拟时间序列风速的月变化与实测较为吻合,1 月 10—16 日出现明显的误差,可能是受暴雪影响,而位于江苏最北部的赣榆误差最为明显。综合 MAE 和 RMSE 来看,它们的 MAE 在 2.5 m/s 以内,RMSE 则在 2.4～3 m/s 区间内。从逐日的 RMSE 分布来看,误差分布随天气形势变化更为明显,在气温突变、降水等转折性天气来临前会出现小的误差波动。在风速比较中,WRF 模拟和同化 Windsat 效果相当,他们都要优于 QuikSCAT 的同化效果。

7月各站点的模拟最大风速为 12 m/s,西连岛的风速最大达 16 m/s,7 月风速较其他月份较小。模拟、模拟同化风速与实测值较为吻合,较其他月份更接近实测值。7 月 25—31 日受台风"凤凰"影响,出现较大偏差,由此可见,模拟同化对台风等灾害性天气的模拟存在一定的局限性。综合 MAE 和 RMSE 来看,表明该月份模拟结果与实测值的相关性较差,西连岛和射阳站的 MAE 较小,均低于 1 m/s,其他站点也低于 1.5 m/s,除西连岛 RMSE 超出 2.5 m/s,其余站点均低于 2.4 m/s。从逐日的 RMSE 分布来看,波动较大,误差分布随天气形势变化更为明显,在台风等灾害性天气出现时会有小的误差波动。在风速比较中,Quik-SCAT 的同化效果最优,WRF 模拟次之,Windsat 效果最差。

10 月各站点的模拟最大风速为 12 m/s,西连岛的风速最大达 14 m/s,10 月相对其他 3 个月风速最小。模拟同化风速与实测值较为吻合,从时间序列上来看,风速月变化趋势也较为一致。综合 MAE 和 RMSE 来看,所有站点的 MAE 均低于 1.5 m/s,除西连岛外,RMSE 也为低于 2 m/s,表明 10 月的模拟效果较好,更接近实测值。从逐日的 RMSE 分布来看,在 1~3 m/s 波动,误差分布随天气形势变化有小的误差波动且对大风天气的模拟存在略小的偏差。在风速对比中,WRF 模拟最优,Windsat 同化效果次之,QuikSCAT 的同化效果最差。

4 月整体风向以东南风为主,模拟、同化效果与实测值较为吻合。综合相关系数(R)、平均绝对误差(MAE)和均方根误差(RMSE)来看,R 在 0.35~0.64 范围内,相关性良好,其中,赣榆模拟值与实测的相关性最好,如东的模拟风向更接近实测风向。除西连岛的 RMSE 高于 60°,而 MAE 也高于 40° 以外,模拟效果较差;其他站点的 RMSE 在 38°~55° 区间内,MAE 也都低于 40°。在风向模拟比较中,未同化 WRF 模拟和 QuikSCAT 同化效果相差不大(表 5.7)。

表 5.7 代表年 4 月风向数值模拟结果站点验证

站名	模拟类型	R	RMSE/°	MAE/°
赣榆	WRF	0.62	54.14	34.80
	QS	0.64	55.07	35.30
西连岛	WRF	0.56	63.88	41.50
	QS	0.54	63.35	40.40
射阳	WRF	0.38	49.15	32.97
	QS	0.35	51.18	35.30
大丰	WRF	0.52	53.94	38.80
	QS	0.44	54.52	39.33
如东	WRF	0.47	43.80	27.70
	QS	0.58	44.16	28.92
吕四	WRF	0.61	45.91	30.27
	QS	0.61	44.94	30.14
启东	WRF	0.50	46.45	31.97
	QS	0.48	47.54	32.15
海门	WRF	0.62	46.40	34.23
	QS	0.59	47.60	34.10

7 月整体风向以东南风为主,模拟、同化效果与实测值较为吻合。综合 R^2、MAE 和 RMSE 来看,7 月模拟、模拟同化效果较差。赣榆和西连岛的 RMSE、MAE 值分别偏高至 70° 和 50°,模拟效果较差;而其他站点的 RMSE 均在 55° 以下,MAE 也都低于 40°。其中,射阳模拟值与实测的相关性最好,吕四的模拟风向的均方根误差和平均相对误差更小,更接近

实测风向。在模拟风向比较中,WRF 模拟最优,QuikSCAT 同化效果次之,Windsat 的同化效果最差。

10月模拟风向以偏北风为主,实测风西北风和偏东风为主,模拟风向偏北风的频率要高于实测所得出的风向频率。综合 MAE 和 RMSE 来看,10 月模拟、模拟同化效果较好。R^2 值在 0.1~0.3 范围内,相关性一般,除西连岛误差相对较大以外,其他站点的 RMSE 均低于 60°,MAE 也都低于 40°。其中,大丰模拟值与实测的相关性最好,吕四模拟风向的均方根误差和平均相对误差更小,更接近实测风向。从风向对比来看,WRF 模拟最优,QuikSCAT 和 Windsat 同化效果相差不大。

5.4.4 不同分辨率星地融合资料同化模拟效果对比分析

不连续抽样 2008 年某 3 d,同化不同分辨率的星地融合资料进行模拟试验,对其模拟效果进行对比分析,具体试验方案见表 5.8。

表 5.8 同化试验方案

序号	试验名称	试验方案
1	DA_QM	同化星地融合资料,分辨率为 1 km,在第一层区域同化,每天同化一次,每个作业积分 36 h 取后 24 h
2	DA_QM9	同化星地融合资料,分辨率为 9 km,积分同上,同化设置同上
3	DA_QM2	同化星地融合资料,分辨率为 27 km,积分同上,同化设置同上

图 5.27 和图 5.28 分别给出了不同模拟试验风速、风向模拟结果与实测值的线性回归散点图。从风速的模拟结果来看,DA_QM27 与观测的相关性系数最高,R^2 为 0.13。所有试验模拟结果与实测值的均方根误差都低于 2.5 m/s,其中试验 DA_QM27 误差最小,为 2.28 m/s。不同站点的 MAE 和 RMSE 如表 5.9 所示,除大丰港的模拟误差较大以外,燕尾港和洋口港的模拟与实测值更为吻合,误差结果显示,试验 DA_QM27 的 MAE 最小,模拟结果更接近实测情况。综合 R^2、MAE 和 RMSE 来看,同化 27 km 分辨率的星地融合测风资料模拟效果比较贴近实况。从风向的模拟结果来看,同样是同化 27 km 分辨率的多源融合资料的模拟结果更接近实况。

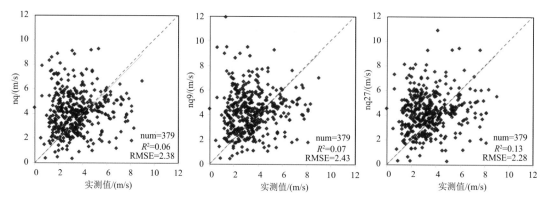

图 5.27 不同模拟试验风速模拟结果与实测值的线性回归散点图

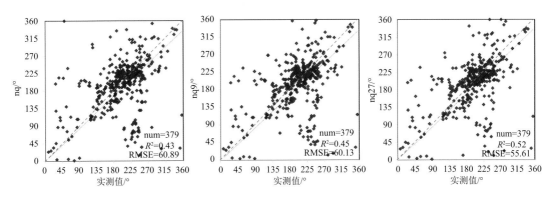

图 5.28　不同模拟试验风向模拟结果与实测值的线性回归散点图

表 5.9　不同模拟试验在不同站点模拟结果的 MAE 和 RMSE

		nq		nq9		nq27	
		MAE	RMSE	MAE	RMSE	MAE	RMSE
风速	燕尾港	1.61	2.24	1.72	2.45	1.45	1.92
	大丰港	2.26	2.76	2.26	2.72	2.31	2.76
	洋口港	1.5	2.03	1.52	2.1	1.48	2.08
	平均值	1.79	2.34	1.83	2.42	1.75	2.25
风向	燕尾港	40.1	66.1	37	60.5	36.8	59.8
	大丰港	41.3	55.6	41.8	56.7	38.2	51.7
	洋口港	55.1	75.3	58.4	77.5	46.4	63.6
	平均值	45.5	65.7	45.7	64.9	40.5	58.4

5.4.5　同化 QuikSCAT 卫星资料与星地融合资料模拟效果对比

5.4.5.1　单点近地层风速模拟效果检验

为了进一步检验 WRF-3DVAR 同化 QuikSCAT 资料(分辨率为 25 km)和星地融合资料(分辨率为 27 km)对局地风速的模拟效果,将 10 m 高度逐小时模拟风速值、风向值插值到代表站点,与实测数据进行对比分析验证,并计算模拟值与观测值之间的相关性系数 COR、标准差 STD 和均方根误差 RMSE 共 3 个统计量,比较不同类型资料对局地风速、风向的模拟精度以及改进效果并分析误差原因。

从同化不同类型资料后的模拟风速、风向结果与实测情况的对比情况来看,2 组同化试验均能够对控制试验的模拟结果进行调整,且同化不同类型资料对风速和风向的模拟效果不同,整体演变趋势与实测资料符合,局部偏离。图 5.29 给出了 2008 年 4 月和 7 月 10 m 高度逐小时风速的实测与模拟值的时间序列变化曲线,从图中可以看出,控制试验、敏感性试验、多源测风同化试验均较好地再现了 3 个代表站点风速的变化特征,风速值、风向值的变化幅度、范围和趋势与实测资料基本一致。图 5.30 给出了模拟风速与实测资料的点场相关情况,分别给出了各组试验的样本数量 NUM、相关性系数 COR 和标准差 STD,从线性回

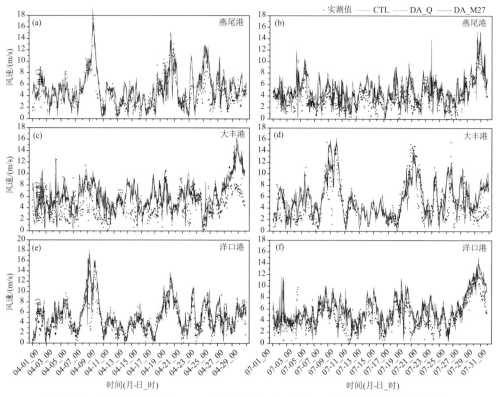

图 5.29　2008 年 4 月(a、c、e)和 7 月(b、d、f)10 m 高度风速的时间序列分布

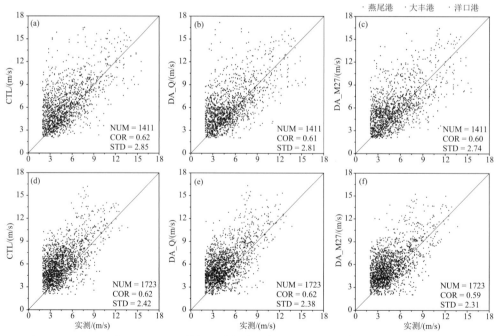

图 5.30　2008 年 4 月和 7 月模拟风速与实测资料的点场相关(剔除 < 2 m/s 的风速值)

(a)(d)试验 CTL；(b)(e)试验 DA_Q；(c)(f)试验 DA_M27

归分析来看,3 组试验模拟与观测的相关性系数 COR 差异不大,均在 0.60 左右;标准差 STD 均小于 2.9 m/s,在 4 月,3 组试验的标准差分别为:2.85 m/s、2.81 m/s 和 2.74 m/s,在 7 月依次为 2.42 m/s、2.38 m/s 和 2.31 m/s,同化试验的标准差低于控制试验,试验 DA_M27 的最低。结合表 5.4—表 5.8 中各组试验模拟风速值的 RMSE 来看,3 个站点的结果分析中显示,大丰港的 RMSE 偏大,超过 3 m/s,模拟效果略差于燕尾港和洋口港;3 组试验结果的对比看出,除 7 月燕尾港站同化试验的 RMSE 略有增大以外,其余的 RMSE 都有所下降,试验 DA_Q 较控制试验降低了 0.08 m/s,试验 DA_M27 降低了 0.14 m/s,试验 DA_M27 的误差值最小,对控制试验模拟效果的改善更明显。

图 5.31 给出了模拟风向结果的时间序列分布情况,从对比中可以发现,3 组试验均模拟出了风向变化的幅度和趋势,模拟值与实测值的变化较为一致。从模拟风向值和实测的拟合分析中发现(图 5.32),各试验模拟结果与观测的相关性系数和标准差相差不大,在 4 月,试验 CTL 的 COR 为 0.85,STD 为 66.11°,而同化试验的 COR 分别为 0.85 和 0.86,STD 分别为 67.43° 和 66.77°,同化试验并没有提高控制试验对风向的模拟质量,综合 COR 和 STD 的结果,试验 CTL 模拟结果最优;7 月,试验 DA_M27 的 COR 为 0.76,STD 为 57.15°,而试验 CTL 和试验 DA_Q 的 COR 分别为 0.77 和 0.75,STD 分别为 57.79° 和 57.86°,试验 DA_M27 的模拟效果更优。结合表 5.10 中 3 个观测点模拟风向与实测值的 RMSE 来看,在燕尾港的模拟中,试验 DA_Q 模拟效果更优;在大丰港,试验 CTL 模拟效果

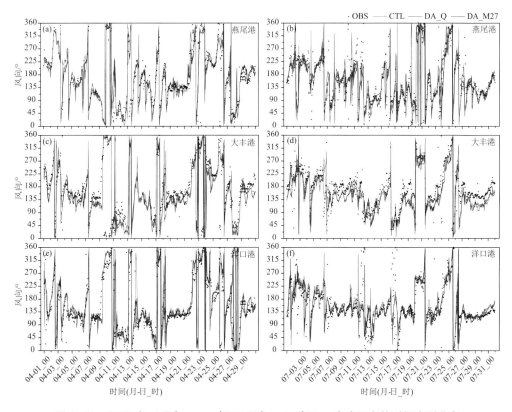

图 5.31 2008 年 4 月(a、c、e)和 7 月(b、d、f)10 m 高度风向的时间序列分布

较好,而在洋口港,试验 DA_M27 的模拟效果最佳,3 组试验的模拟结果没有表现出明显差别,均具有较好的模拟能力。

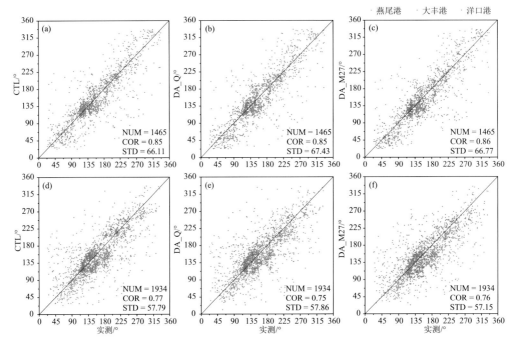

图 5.32　模拟风向与实测资料的点场相关

(a)、(d)试验 CTL；(b)、(e)试验 DA_Q；(c)、(f)试验 DA_M27

表 5.10　控制试验、敏感性试验和同化多源测风资料预报风速、风向的 RMSE

	月份	站点	RMSE$_{CTL}$/ (m/s)	RMSE$_{DA\_Q}$/ (m/s)	RMSE$_{DA\_M27}$/ (m/s)	ΔRMSE$_{DA\_Q}$/ (m/s)	ΔRMSE$_{DA\_M27}$/ (m/s)
风速	4 月	燕尾港	2.47	2.38	2.34	−0.09	−0.13
		大丰港	3.12	2.88	2.87	−0.24	−0.25
		洋口港	2.19	2.22	2.05	0.03	−0.14
	7 月	燕尾港	2.2	2.25	2.3	0.05	0.1
		大丰港	3.21	3.09	3.05	−0.12	−0.16
		洋口港	2.39	2.26	2.13	−0.13	−0.26
		平均	2.6	2.51	2.46	−0.08	−0.14
风向	4 月	燕尾港	42.51	39.87	41.77	−2.64	−0.74
		大丰港	38.93	41.6	43.23	2.67	4.3
		洋口港	45.55	45.82	43.55	0.27	−2
	7 月	燕尾港	49.42	51.32	53.43	1.9	4.01
		大丰港	43.29	43.62	44.29	0.33	1
		洋口港	45.1	45.89	44.06	0.79	−1.04
		平均	44.13	44.69	45.06	0.55	0.92

　　综合上述对模拟风速值、风向值的统计分析,3 组试验中均能更好地模拟出风速、风向变化的幅度和趋势。在对风速模拟结果的评估中,试验 DA_M27 模拟效果最佳,该试验相关性系数高于 0.6,标准差低于 2.75 m/s,均方根误差低于 3.05 m/s;从风向模拟来看,同化试验与控制试验的模拟结果较为类似,对大丰港风向的模拟预报误差较大。说明资料同化是提高风速模拟效果的有效途径,而同化融合数据对模拟风速改善更为明显。

5.4.5.2　区域分析场及模拟效果的检验

　　为了进一步检验同化试验对近海区域海面风场的初始场以及模拟场的改进程度,对比不同试验的模拟风速值在江苏近海的分布情况,然后通过双线性插值将模式输出的风速值水平插值到 CCMP 风场的格点资料上,计算模拟风场与 CCMP 风场的风速差值,验证区域为 $119.125°—121.875°E,31.625°—4.875°N$,如图 5.33 和图 5.34 所示。从初始场的分析来看,同化试验与控制试验略有不同,4 月江苏沿海中部同化试验的风速模拟值大于控制试验,7 月相反。从初始场风速与 CCMP 风资料的偏差来看,风速偏差值在 $1.75\sim2.5$ m/s,偏差由内陆向沿海逐渐增大,最大值出现在试验区域东部,试验 DA_M27 更接近 CCMP 风场。从模拟场的风速值与 CCMP 风速值的对比来看,海陆交界处差值梯度较大,在 4 月,对于试验 CTL(图 5.33d),模拟风速值与 CCMP 风场风速的平均绝对误差范围为 $1.2\sim1.5$ m/s;

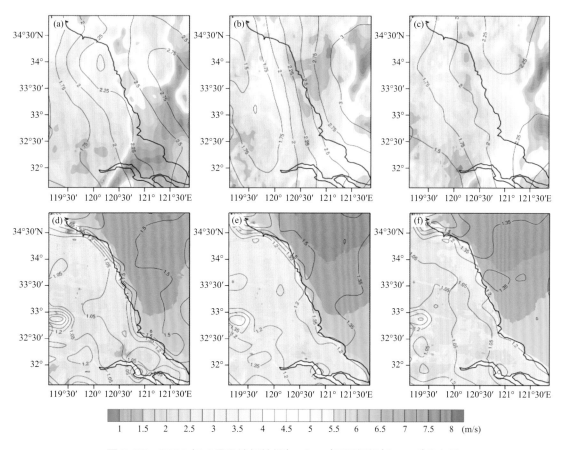

图 5.33　2008 年 4 月风速初始场(a、b、c)和预报场(d、e、f)分布图

敏感性试验(图5.33e)相比控制试验有了一定的改进,南部海域误差值有所减小;加入多源测风资料(图5.33f)后,模拟效果进一步改善,误差范围缩小至1.2~1.35 m/s,最大值出现在连云港和和盐城中部近海区域;7月的风速模拟效果较4月略差,盐城南部和南通北部近海海域平均绝对误差较大,试验DA_Q较试验CTL改进不明显,试验DA_M27模拟效果最佳,将近海风速模拟误差降低了0.15 m/s左右。

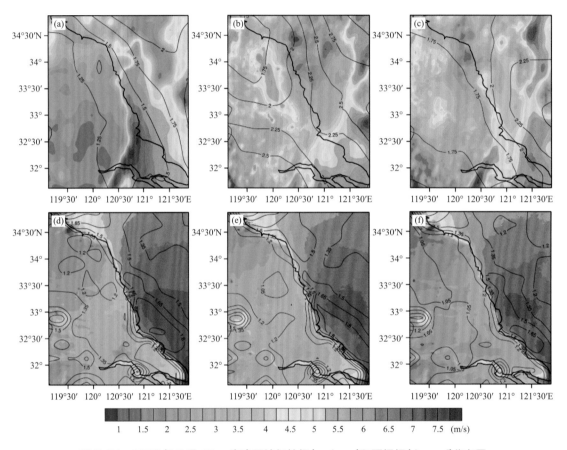

图5.34　2008年7月10 m高度风速初始场(a、b、c)和预报场(d、e、f)分布图

综上所述,同化不同类型资料对风场模拟的影响不同,这可能是同化资料本身的准确性存在差异的缘故,但同化试验相对控制试验还是有一定的改进效果。此外,多源测风资料较QuikSCAT遥感资料在时间上更加规律,空间上更加密集,所以同化将多QuikSCAT卫星资料与沿海气象站经过融合计算出的多源测风资料不仅可以提高近海海面风速的预报效果,也要优于仅同化QuikSCAT资料的预报。

5.4.5.3　风速的同化增量分析

为了进一步探究2组同化试验模拟结果优劣的原因,通过对风速的同化增量分析客观地反映出同化资料对近海海面风场预报的贡献作用。基于此,计算了2008年4月和7月试验DA_Q和DA_M27在10 m高度处风速增量场的变化。从不同资料同化试验后风场的分析增量(图5.35)可以看出,2组同化试验的MAE的水平分布基本一致,同化风场在近海和沿海区域的改变最为明显。在 4 月,试验 DA_Q 和试验 DA_M27 的 10 m 近海风速增量分别为 $1.5\sim2.5$ m/s 和 $2\sim3$ m/s,试验 DA_M27 对背景场的改变较试验 DA_Q 更大,7 月也是如此。结合多源测风试验预报效果更优的结论,可以说明,同化到模式的资料越多,对背景场的调整越大,这可能是由于分析场中的中小尺度信息越完整,分析场更有可能接近观测场。此外,试验 DA_M27 所生成的风速增量的等值线较试验 DA_Q 更为密集,表明同化星地多源测风资料后得到的风速增量场比仅同化 QuikSCAT 卫星资料试验的风速增量场更加精细化。这也较好地解释了同化试验模拟结果优劣的原因。

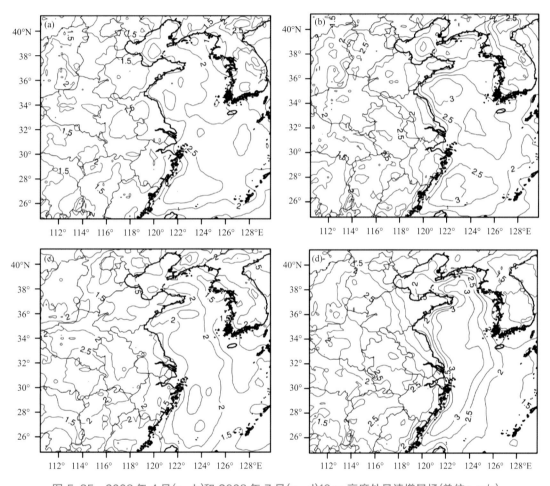

图 5.35 2008 年 4 月(a、b)和 2008 年 7 月(c、d)10 m 高度处风速增量场(单位: m/s)

综合以上分析结果可以看出,每组同化试验对 4 月和 7 月风场增量的调整幅度差别并不明显,不同的是,2 组同化试验之间的调整幅度略有不同,试验 DA_M27 对背景场的改变略大于试验_DA_Q,表明背景场的改变与资料量有关,资料越细,对背景场的改变越明显,从而引发模式动力调整发挥积极的作用,使同化分析场能够较好地描绘出天气系统的精细结构,对近海海面风场的预报产生积极影响。

从风速和风向的模拟结果及诸多参数的对比分析中可知,WRF 同化 QuikSCAT 资料和同化 27 km 分辨率的多源融合测风资料的模拟效果最佳。同化 27 km 分辨率的多源融合测风资料的模拟效果要优于其他分辨率的同化试验,说明同化观测分辨率和模式分辨率接近的风资料的模拟效果最好,更多资料同化到试验区域反而会削弱同化带来的正效应,甚至使模拟效果变差。由于背景场太粗,在同化较模式分辨率更为精细的数据过程中,资料分辨率与模式分辨率会出现不匹配的情况,同时同化进模式的数据越多,随之也就带来了误差累积的问题。值得注意的是,QuikSCAT 资料是可以直接在网站上获取的,而多源融合测风资料需要经过时空插值,计算量大、耗时久,考虑到机时消耗问题,将选用 QuikSCAT 资料来进行整年长时间序列同化模拟并进行风能资源评估。

5.5 多源测风资料海上风能评估系统

在前期研究工作的基础上,本章收集整理了海上风能资源评估相关资料及技术方法,构建了各类风能共享数据集,从而建立了一套高质量、多类型海上风能资源数据库。基于海上风能资源数据库,研发风能业务应用系统,实现监测观测、数据融合、数值模拟、参数计算、资源分析、资源评估等功能,为海上风能资源开发利用提供科学依据。本节将对系统的建设思路及技术路线以及系统的主要功能进行详细介绍。

5.5.1 系统架构

5.5.1.1 系统流程

如图 5.36 所示,给出了海上风能评估系统业务流程,主要分为五个步骤:①采集整理多源测风数据,形成测风数据产品库;②依据测风数据对目标区域进行分析计算,得到相关风能参数评估结果;③基于评估结果数据绘制相关图表;④整合相关图表制作风能评估产品;⑤海上风能评估产品的应用服务与检验。

5.5.1.2 系统总体结构

图 5.37 给出了业务系统的整体架构。系统设计充分考虑业务与功能的紧密结合,并根据应用需求和设计原则,将系统总体结构划分为五层,分别是数据库层、支撑层、对接层、应用层及用户层。

数据层:数据层由基础信息数据库、基础地理信息数据库、海上风能资源数据库、业务逻辑函数库组成。

业务支撑层:考虑系统内部各子系统之间、模块之间,系统与多个外部应用系统之间传递数据,进行访问查询操作,需要预留接口。

对接层:该层构成了本系统的应用服务平台,是本项系统资源的管理者,也是服务的提供者,是业务应用的重要部分。考虑到本项系统对数据共享和分发服务的需求,采用国际上流行的中间件技术设计开放的公共数据服务和应用服务平台,符合系统自身的需求和扩展需求。

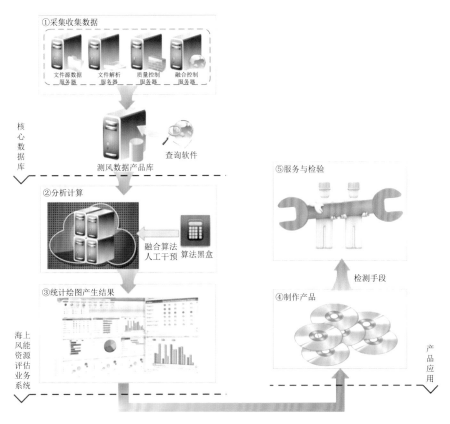

图 5.36　海上风能评估系统业务流程

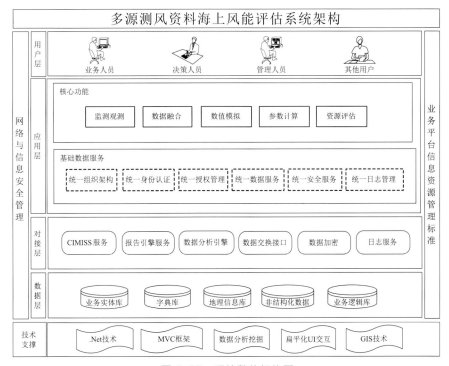

图 5.37　系统整体架构图

应用层：该层面向气象系统内部业务人员以及其他部门。气象系统内部应用组件：基本风资料信息查询、各类空间分布图以及演变过程、实验区风能资源储量评估等。其他部门：风能开发利用企业、国家海洋局、国家能源局等。

5.5.1.3　系统网络部署

平台通过集成部署方式，安装在省气象局，用户可通过互联网专线接入气象局网络使用平台。对于移动个人计算机（PC）、智能手机端需要通过 VPN 接入到气象局办公内，方可使用系统。将多台服务器通过快速通信链路连接起来，从外部看来，这些服务器就像一台服务器在工作，而对内来说，外面来的请求通过一定的机制动态地分配到这些节点中去，从而达到超级服务器才有的高性能、高可用（图 5.38）。

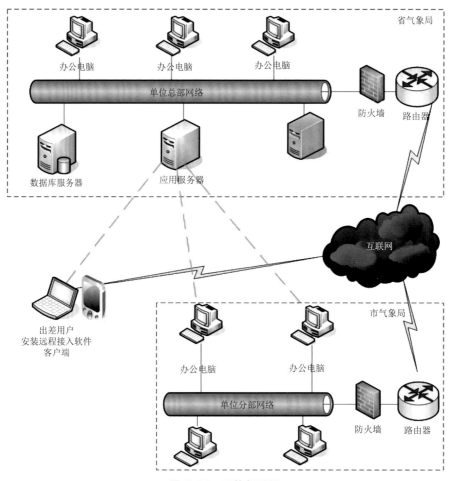

图 5.38　网络部署图

5.5.2　数据库建设

5.5.2.1　数据库选型

数据采用 SQL SERVER 2008 版本。本数据库系统可移植性好、灵活方便、易于管理维护；支持多用户并行查询；面向对象的多种查询；查询速度快；多种备份复制策略（图 5.39）。

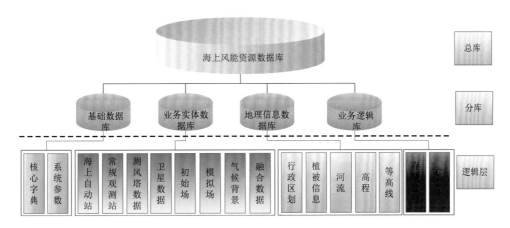

图 5.39 数据库结构图

5.5.2.2 数据分类

5.5.2.3 数据存储方案设计

主要功能是对近海风资源数据(包括数值和非数值)进行收集、整理、计算、分析、编辑等的加工处理和质量控制,既有大量自然环境数据,如地形、土地利用、行政区划、河流等各类资源数据,又有大量观测预估模拟数据,如地面观测资料、卫星图片、海上观测资料、数值模拟资料等。满足收集与处理各类风能资源综合数据。

风能资料的来源有多种,包括多种类型的气象资料报文、卫星观测资料、模式系统产出的数值模拟资料、来自于 CIMISS 的数据资料等。由于资料种类繁多、场地分散、解析入库方式及质量参差不齐等各种问题的存在,同样为了满足集中管理、统一标准的业务目标需求,最终使用了气象数据分布式解析引擎来实现其各种功能。

分布式解析云的核心主要由四个部分组成。

(1)解析云服务

主要通过实时发布远程对象的方式为各个功能域提供分进程间信息共享平台。共享的远程对象主要包括:报文资源文件夹监控对象、分布式解析器运行对象、服务全局控制对象、智能化解析配置对象、全局报文解析组件适配对象等。

通信方式:远程对象以信道作为发布渠道,来进行客户端和服务器之间的通信。信道包括客户端的信道部分和服务器的信道部分。发布的内容以消息作为载体,消息包含远程对象的信息、被调用方法的名称以及所有的参数。

报文资源文件夹监控对象:每种资源文件都存储在一个或多个文件夹中,当有新的文件加入时解析云自动将待解析的文件加入解析资源池(即任务队列)。当分布式解析器中有存在空闲的解析器时,此解析器则会自动向服务器申请一个解析任务(图5.40)。之后,当一个任务被解析器处理完毕后,其就会从任务队列中自动删除,同时将相对应的原始数据文件自动移动到已处理文件目录下面。

分布式解析器运行时对象:每个报文解析器分别部署在一个或多个服务器上,那么各个解析器运行状态的管理就十分的重要。为了满足全局监控,定向管理的目标,云解析平台将

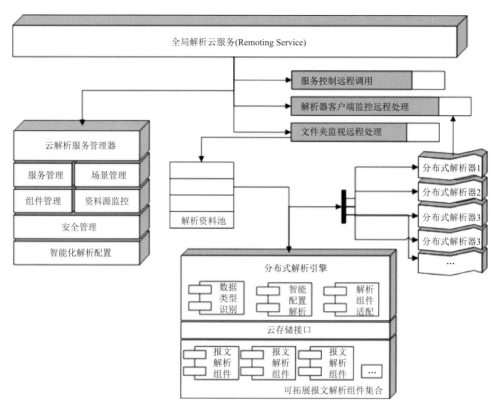

图 5.40 分布式解析设计架构

分布式解析器运行时对象作为各功能域内部可见的全局对象进行发布。即各个解析器运行后自动向云服务发送注册请求,云服务接受请求后则将此解析器加入解析器队列中用于后期的监控及管理。

服务全局控制对象:主要负责服务的启动、暂停、重启以及重新加载配置文件等工作。

智能化解析配置对象:此对象主要为分布式解析引擎提供解析知识库,为了实现解析组件的可插拔,将智能解析配置对象也作为全局对象进行发布。可以从云解析管理器中对其内容进行更改,更改后云服务自动通知各个解析器接下来的解析工作使用新的解析知识库进行报文识别及智能解析。

全局报文解析组件适配对象:为了使报文的识别实现动态化扩展,将解析适配器对象进行全局发布,当云解析管理器对解析适配器信息进行更改后,云解析服务将自动应用新的解析适配方案。所有的分布式解析器都使用云解析服务提供的统一解析适配器进行解析适配工作,所以当云服务的适配器方案改变后各个解析器自动使用新的方案进行适配工作。

(2)云解析管理器

云解析管理器是云解析服务的一个客户端,主要用于辅助云解析服务工作,为云解析服务提供可视化操作界面。如云解析服务提供的各个实时对象的管理及运行时参数的维护管理等工作都在云解析器中进行操作。如报文解析组件适配信息配置、智能化解析知识库配置、分布式客户端监控、资源池监控、解析组件配置、数据源配置、运行日志管理等。

（3）分布式解析引擎

分布式解析引擎是云解析服务的运算核心，所有类型的数据都通过此引擎进行解析运算。报文解析引擎由三大支撑组件（数据类型识别组件、智能化解析组件、解析组件适配器）和解析组件池组成。

数据类型识别组件：数据类型识别组件主要对当前申请到的解析资源进行自动识别，主要通过数据文件名、数据段特殊标记及其他特性化配置方式进行识别。数据类型被识别后向解析引擎反馈此文件的解析适配标识。

解析组件适配器：解析组件适配器主要将数据类型识别组件反馈的解析适配标识进行适配，并从解析组件工厂中构造一个适合此适配标记的解析组件。

智能化解析组件：智能化解析组件主要将智能解析知识库中的信息翻译成解析器能够识别的信息结构，并将此信息结构提供给解析组件进行报文解析。

解析组件池：由一系列报文解析组件组成，如重要天气报解析组件、A 文件解析组件、高空资料解析组件、自动站解析组件等等。每个解析组件都遵从解析引擎的报文解析流程，最终完成报文的解析。报文解析流程如图 5.41 所示。

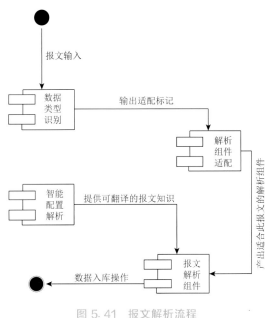

图 5.41　报文解析流程

（4）分布式解析器

分布式报文解析器主要有如下几个特性。

分布式：即此解析器可以在多台服务器上同时运行，同样也可以在一台服务器上运行多个实例。

可扩展性：解析器中搭载的是解析组件引擎，而解析组件队列可在远程服务中直接获取，所以当云解析服务更新组件配置或加入新的解析组件时各个解析器同时受益。

并行计算：每个解析器的都在独立的进程中进行运算，所以当多个解析器同时对解析任务池中的任务进行解析时大大缩短了解析的时间,提高解析效率。

可管理性:每个解析组件运行后首先会注册到解析云服务,同时解析云服务会将此信息反馈给解析服务管理器,管理器收到信息后将此解析组件加入本地的可视化解析组件管理列表中,对其进行实施监控。当一个解析器出错或强行退出时,解析云自动注销其消息订阅事件,并通知解析云服务管理器,管理器从管理列表中将此解析器移除,或提醒管理员此解析器已下线(图5.42,图5.43)。

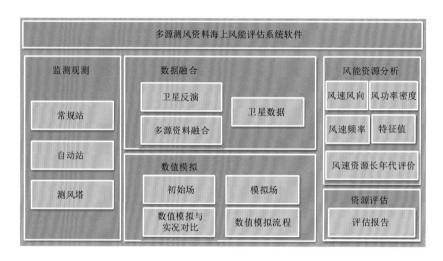

图 5.42　系统功能结构

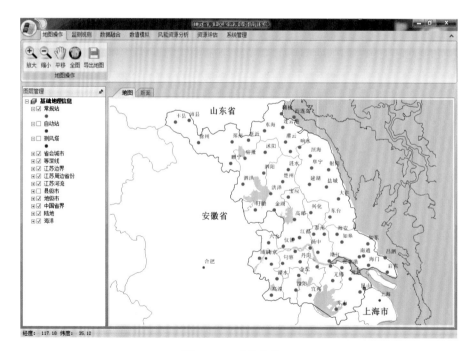

图 5.43　系统主页面

196

5.5.3　系统功能展示

5.5.3.1　监测观测

监测观测主要基于常规站、区域站、测风塔长序列观测数据，查询统计分析沿海各类资料任意时段风速逐小时数据、逐日数据、距平、距平百分率、极大值、极小值、平均值等。统计指标包括各高度层定时风速、定时最大风速、日平均风速、日最大风速、日极大风速等（图 5.44）。

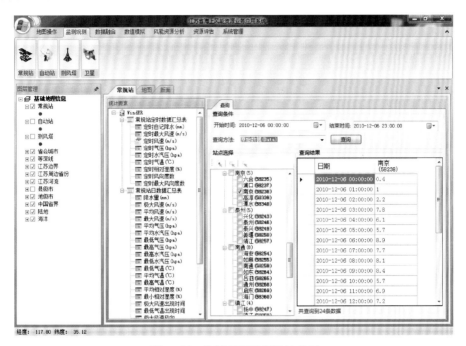

图 5.44　监测观测数据统计分析

5.5.3.2　数据融合

（1）卫星资料反演

基于卫星影像反演后的海上风速风向资料，动态展示各类卫星资料过境时刻近海风场格点资料，卫星反演资料包括 QuikSCAT、WindSat，渲染方式包括风向杆、箭头（图 5.45）。

（2）多源资料融合

基于卫星反演资料和沿海观测、海上浮标站进行插值运算，计算得到各类星地融合、星星融合海上风场资料。插值方式包括 IDW 和 Kriging，星地插值组合包括：QuikSCAT＋Station、QuikSCAT＋WindSat、WindSat＋Station、QuikSCAT＋WindSat＋Station。

5.5.3.3　数值模拟

基于 ctl＋dat 型初始场以及模拟场数据，动态展示各个层次、各个要素初始场及模拟场空间分布信息。

5.5.3.4　资源分析

系统主要从风速风向、风功率密度、风速频率、风能资源长年代评价四方面对入库资料进行统计分析（图 5.46）。

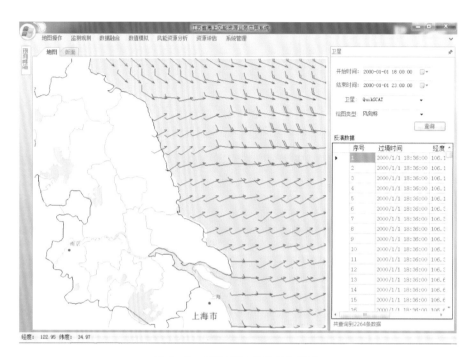

图 5.45 卫星反演风场数据展示

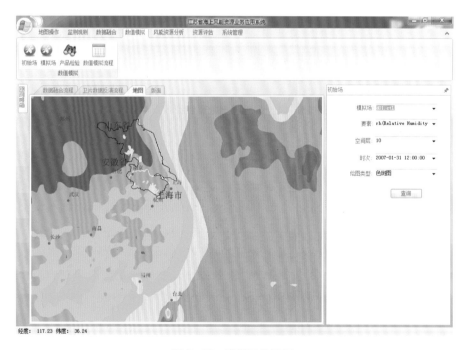

图 5.46 模拟场色斑图

（1）风速风向

风速风向主要基于观测站、卫星反演融合资料、数值模拟资料，进行风速变化分析、平均风速分析及风向分布分析（图 5.47）。

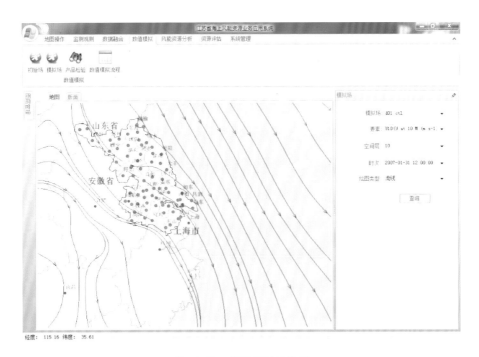

图 5.47　模拟场风流线图

风速变化、平均风速、风向分布主要从年、月两个时间尺度对风资源进行分析,即年风速日变化、月风速日变化、年平均风速、月平均风速、年风向分布、月风向分布等(图 5.48—图 5.50)。

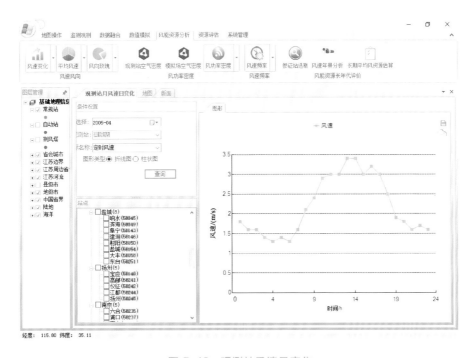

图 5.48　观测站风速日变化

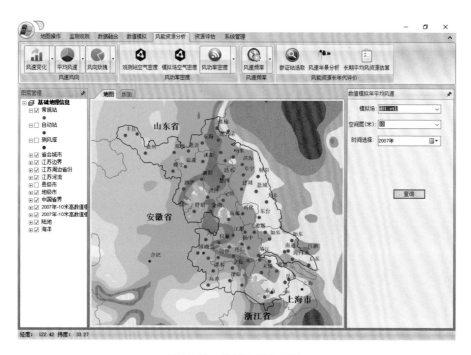

图 5.49 模拟场平均风速

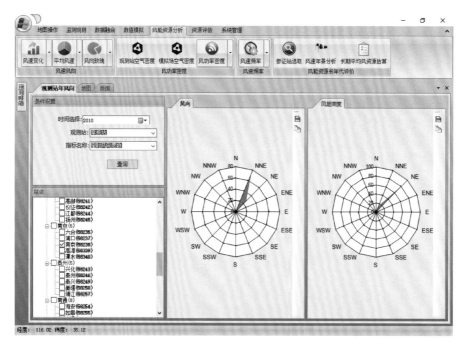

图 5.50 月风向分布

(2)风功率密度

风速风向主要基于常规观测站、数值模拟资料,进行空气密度分析、风功率密度分析。按时间尺度,分为年风功率密度日变化(图 5.51)、月风功率密度日变化。

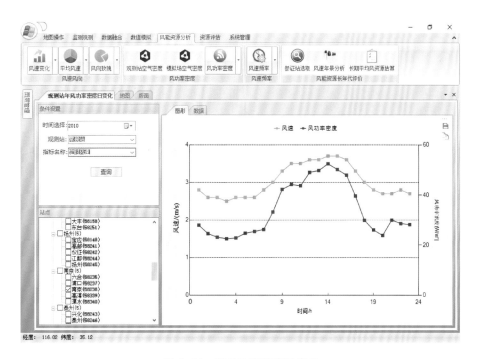

图 5.51　年风功率密度日变化

（3）风速频率

风速频率以观测站资料为数据支撑，对沿海各观测站进行风速频率分析，包括年风速频率和月风速频率（图 5.52，图 5.53）。

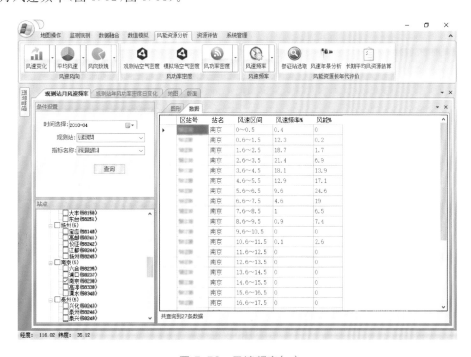

图 5.52　风速频率(一)

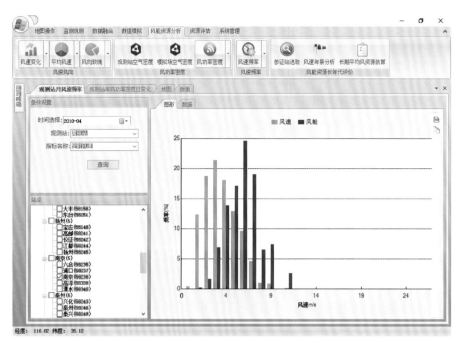

图 5.53　风速频率(二)

（4）风能资源长年代评价

风能资源长年代评价主要基于常规站和测风塔资料,由于测风塔建站时间晚及数据收集不全等原因,需对沿海测风塔选取相应的观测站作为参证站,为测风塔年景分析和长期平均风资源评估提供数据支撑(图 5.54—图 5.56)。

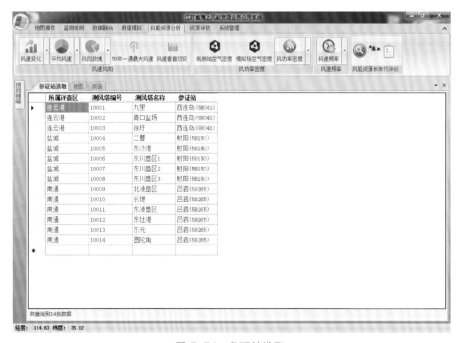

图 5.54　参证站选取

图 5.55 风速年景分析

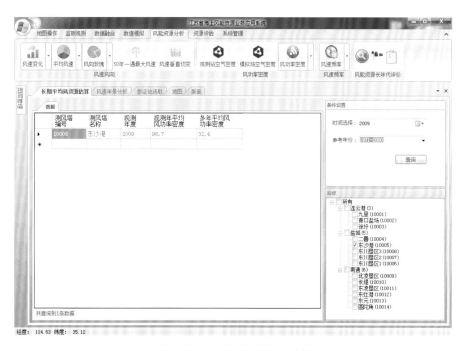

图 5.56 长期平均风资源估算

5.5.3.5 资源评估

海上风资源评估,主要以数值模拟资料为数据支撑,根据近海等深线(10 m、20 m)和沿海城市组成的各个闭合区域,分析各个城市沿海海域内风能资源信息。

以江苏省为例,江苏沿海城市从南至北包括南通、盐城、连云港三个地级市,三个地级市海岸线与各等深线共组成 6 个研究区域,详见图 5.57。

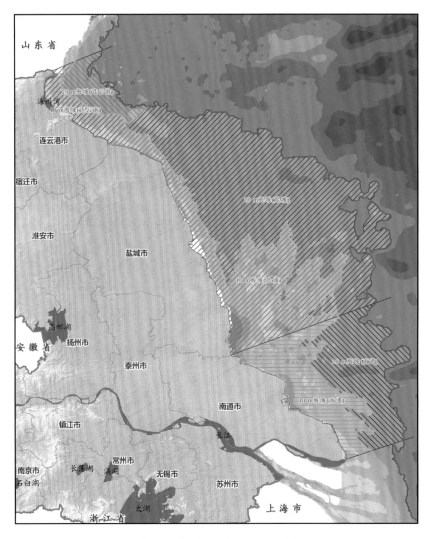

图 5.57 江苏沿海城市海域分布图

基于平均风速、风功率密度及各研究海域面积信息,以 70 m 高度为例计算得到各海域风能存量情况(表 5.11)。

表 5.11 连云港海域 70 m 高度风能资源储量

	海岸线至 10 m 等深线		10 ~ 20 m 等深线		海岸线至 20 m 等深线	
	面积/km²	储量/GW	面积/km²	储量/GW	面积/km²	储量/GW
≥250 W/m²	1399	4.08698	1240	3.7899	2639	7.87688
≥300 W/m²	310	1.00613	993	3.06305	1303	4.06918
≥350 W/m²	11	0.0923891	—	—	11	0.092389
≥400 W/m²	11	0.0923891	—	—	11	0.092389

5.6 湖陆风数值模拟

湖陆风是湖区特有的一种中小尺度大气运动现象。由于水面和陆面物理几何特性（反射率、热容量、粗糙度等）的巨大差异，导致湖面上与陆面上气温的差异。在太阳辐射日变化影响下，这种差异也有明显的日变化，而这种水平热状况的差异又可引起热对流性质的铅直环流和水平辐散辐合，在湖、陆交界处形成交替出现的湖风和陆风。反之，这种微风环流引起水上与陆上气团的混合交换，即成为湖泊影响陆地气候的重要媒介。水平流场的辐散、辐合又必然会影响湖区的小尺度天气现象及降水过程。

湖陆风与海陆风形成的机制是类似的，但湖泊比海洋小得多，在湖区范围内，各地加热场的时差和柯氏力的影响相对较小，所以在湖区形成的水平散度场变化比海洋要明显得多。

湖陆风一般出现在湖岸上，并且离湖区越近，湖陆风越明显，而湖面与陆面明显的温度差异是湖陆风的成因所在。在湖岸线附近的陆面，白天受太阳辐射时，比湖面增温快，造成底层空气自湖面流向陆面（湖风），夜间陆面比湖面辐射冷却得快，造成底层空气自陆面流向湖面（陆风）。从而形成两个主风向昼夜交替的变化规律。

湖陆风对风能资源的分布有直接影响。当湖陆风的风向与基本气流方向相同或相近，由于风速的叠加，使得风速增大，风能增加。当湖陆风的风向与基本气流方向相反或接近相反时，则在沿湖地区造成风速的衰减。另一方面，湖陆风风向具有很好的稳定性，对风能资源开发非常有利。因此，利用 WRF 模式，对洪泽湖地区的湖陆风进行模拟，探讨其发生及演变特征。

5.6.1 模拟方案

选取 2009 年 7 月、10 月，2010 年 1 月、4 月四个代表月，采用最新的 WRFV3 模式进行风能数值模拟试验。

模式的中心位置取在洪泽湖附近（118°30′E，33°N），垂直层数为 31 层，嵌套层数为 3 层，外层的网格距为 9 km，中层的网格距为 3 km，内层的网格距为 1 km。外层积分时间步长为 54 s，中层为 18 s，内层为 6 s，数值结果输出的时间分辨率为 1 h，每天共 24 个时次，模拟以月为单位进行。为提高大气边界层内的分辨率，WRF 模式垂直方向上共分为 35 层，其中 1 km 以下 12 层，以提高边界层过程的模拟效果。模式采用的主要物理过程和边界条件参数化方案列于表 5.12。

模式的初始场采用分辨率为 1°×1° 的 NCEP 再分析资料地形和地表特征等静态数据，采用美国 30 s 水平分辨率的 USGS 资料，Landuse 数据采用 30 s 水平分辨率的 USGS 资料。

表 5.12　模式中主要物理过程及边界条件参数化方案

物理过程	模式方案选取
微物理过程	Lin 等的方案
长波辐射	rrtm 方案
短波辐射	Dudhia 方案
近地层	Monin-obukhov 方案
陆面过程	热量扩散方案
边界层	YSU 方案
积云参数化	New-Eta 方案
扩散、抑制	无抑制、老扩散方案
坐标	欧拉质量坐标
边界条件	时变边界条件

5.6.2　模拟误差分析

表 5.13 给出了模拟期间沿海各测风塔不同季节的 70 m 高度模拟误差。从表中可以看出,模式体现出了很好的风速模拟能力,模拟相对误差均小于 15%。由于各种尺度天气系统与复杂下垫面相互作用,模式对各种条件下风速变化表现出不同的模拟能力,模拟误差的时空分布并不均匀。相比较而言,冬季(1 月)、春季(4 月)模拟误差较小,夏季(7 月)最大。这可能与下垫面的影响和局地对流活动有关。其中,东台 1 号和如东东凌 1 月模拟误差最小,仅为 5%;如东东凌 7 月风速的模拟误差最大,达到 13%。

从整体的模拟结果来看,模拟值略高于实测值。但从模拟和实测风速的月变化来看,两者的变化非常一致,尤其是冬季(1 月)。

表 5.13　70 m 高度模拟误差统计

测风塔	1 月	4 月	7 月	10 月	平均
赣榆青口	10%	8%	11%	11%	10%
东台 1 号	5%	8%	9%	8%	8%
如东东凌	5%	7%	13%	9%	8%

5.6.3　湖陆风模拟试验

图 5.58—图 5.65 给出洪泽湖 2010 年 4 月 8 日、9 日垂直速度 w 的分布。由图可以清楚地看出湖陆风的演变特征。从各图的上升、下沉运动可以看到,湖区和陆地的上升和下沉中心集中在地面(湖面)至其上空 1 km 范围内。由此可以初步判断,洪泽湖湖陆风环流的厚度约为 1 km。

从 4 月 8 日 08 时垂直速度 w 的分布图(图 5.58)可以看出,在湖区有明显的上升运动,而在 118.0°—118.2°E 的陆地上空有强烈的下沉运动,最大下沉速度达 8 cm/s。此时,湖区低层空气辐合上升,在陆地上空下沉,低层风由陆地吹向湖面。至 09 时,随着太阳辐射加强,在湖面上方出现了强烈的下沉运动,最大下沉速度达 10 cm/s,下沉运动越来越强烈,而上升运动则减弱了,最大上升运动仅为 2 cm/s。此时,湖陆风正在进行转换。到 11 时,湖面上方基本上全是下沉运动,但是速度减小了,下沉速度仅为 3 cm/s,说明此时湖风已经建立,低层风由湖面吹向陆地。

至 18 时,在湖面上方高空出现两个较强的下沉运动中心,最大下沉速度达 9 cm/s,而在湖面低层渐渐已变成上升运动,说明湖陆风正在由湖风向陆风转换。19 时,湖面上方全部是上升运动,说明洪泽湖区域已经转换成陆风,风自陆地吹向湖面。

从 20 时开始,湖面的上升运动越来越强,21 时上升运动达到一个顶峰。22 时一次日 00 时虽然湖面上空依然维持这上升运动,但是强度逐渐减弱了。01 时湖面上空上升运动进一步加强,之后又逐渐减弱。到 03 时,上升运动仅为 3 cm/s 左右。04—07 时湖面上方上升运动再次增强,洪泽湖西岸陆地的下沉运动也相应增强,最大速度达 9 cm/s。08 时上升运动下沉运动都减弱了,此时风力较小,上空出现了很多风速零等值线。09 时湖面上方下沉运动逐渐增强。此时一个湖陆风过程结束。

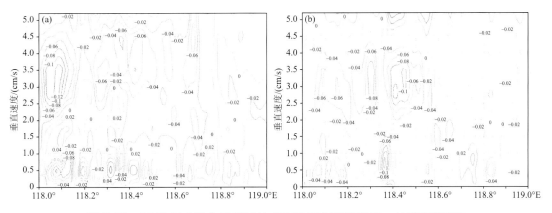

图 5.58　2010 年 4 月 8 日 08 时(a)和 09 时(b)垂直速度 w 的垂直剖面图
(实线表示上升运动,虚线表示下沉运动,单位:10^{-2} cm/s)

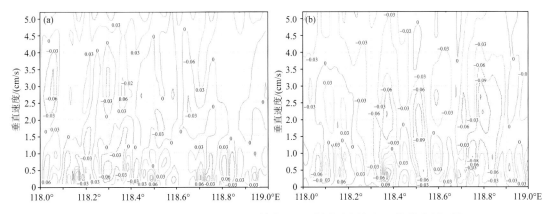

图 5.59　2010 年 4 月 8 日 11 时(a)和 18 时(b)垂直速度 w 的垂直剖面图
(实线表示上升运动,虚线表示下沉运动,单位:10^{-2} cm/s)

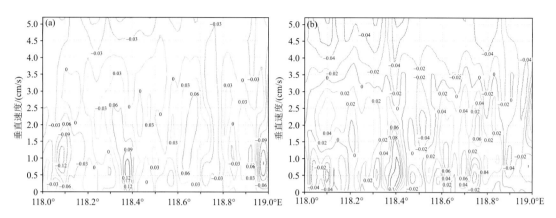

图 5.60 2010 年 4 月 8 日 19 时(a)和 20 时(b)垂直速度 w 的垂直剖面图
(实线表示上升运动，虚线表示下沉运动，单位：10^{-2}cm/s)

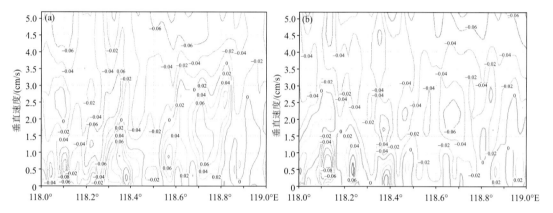

图 5.61 2010 年 4 月 8 日 21 时(a)和 22 时(b)垂直速度 w 的垂直剖面图
(实线表示上升运动，虚线表示下沉运动，单位：10^{-2}cm/s)

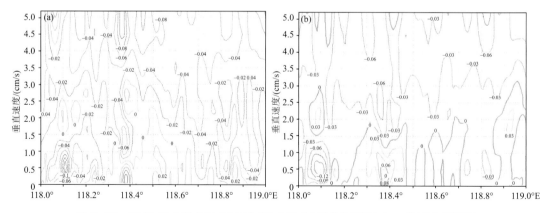

图 5.62 2010 年 4 月 8 日 23 时(a)和 9 日 00 时(b)垂直速度 w 的垂直剖面图
(实线表示上升运动，虚线表示下沉运动，单位：10^{-2}cm/s)

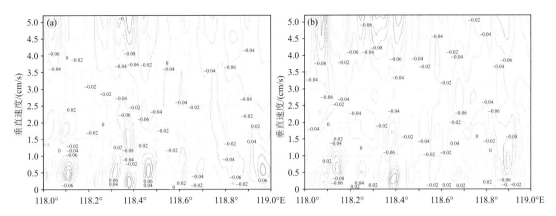

图 5.63　2010 年 4 月 9 日 01 时(a)和 02 时(b)垂直速度 w 的垂直剖面图
(实线表示上升运动，虚线表示下沉运动，单位：10^{-2}cm/s)

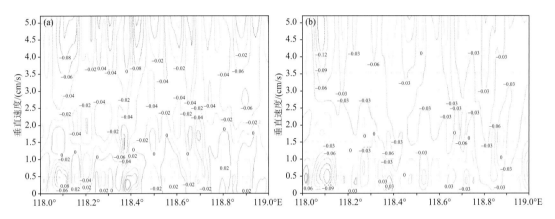

图 5.64　2010 年 4 月 9 日 03 时(a)和 04 时(b)垂直速度 w 的垂直剖面图
(实线表示上升运动，虚线表示下沉运动，单位：10^{-2}cm/s)

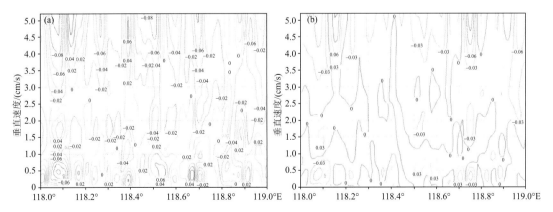

图 5.65　2010 年 4 月 9 日 07 时(a)和 08 时(b)垂直速度 w 的垂直剖面图
(实线表示上升运动，虚线表示下沉运动，单位：10^{-2}cm/s)

从风场的演变也可以看出湖陆风的转换过程。图 5.66 和图 5.67 给出了 2010 年 4 月 8 日 18—21 时的 70 m 风场分布。从图中可以看到,18 时湖区为东北风,风速明显高于陆地。19 时和 20 时,湖区和陆地风速明显变小,说明湖陆风环流减弱,呈现出湖风向陆风的转换过渡。至 21 时,湖区低层风速又明显加大,而风向实现了逆转,湖陆风环流已经完成转换。

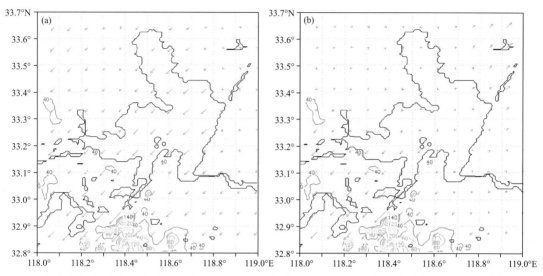

图 5.66 洪泽湖地区 2010 年 4 月 8 日 18 时(a)和 19 时(b)70 m 风场分布(单位: 0.1 m/s)

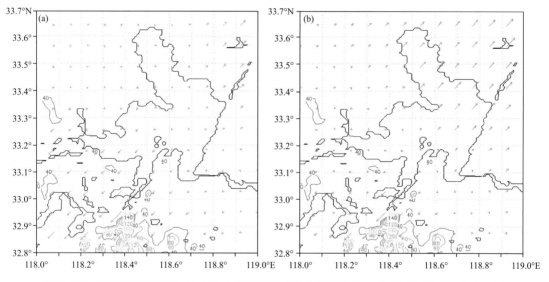

图 5.67 洪泽湖地区 2010 年 4 月 8 日 20 时(a)和 21 时(b)70 m 风场分布(单位: 0.1 m/s)

由于陆地和水面的热容量不同,白天陆地升温快,水面升温慢,而夜间陆地降温快,水面降温慢。在白天,到达地表的太阳辐射越强,两者的温差越大,湖风越强。在夜间,辐射降温越明显,陆风越强。云层对辐射具有反射、吸收作用,云量越多、云层越厚,白天到达地表的太阳辐射越少,夜间辐射降温越小,湖、陆之间的温度差异越小,湖陆风环流越弱,建立和转换的时间也受到影响。

从 2010 年 4 月 8 日的洪泽湖天空状况来看,该日从凌晨至上午为晴天(总云量为 0),到达地面的太阳辐射更强,使得湖风建立的时间较快。午后至 16 时,天空云量增多(总云量为 10 成),使得湖陆风环流减弱(图略)。18 时至 8 日夜间又变成晴天,使得陆地辐射降温加剧,湖陆风环流变得强盛。

第 6 章
江苏省风能资源开发利用的高影响天气

除了当地的风资源条件会直接影响风能资源开发利用的成败以外,风电场工程建设、运行和维护还受到强风、热带气旋、雷电、雾、结冰、低温、冰雹、龙卷等高影响天气的影响,这些高影响天气有的可能会导致风机受损、倒塌、折断、腐蚀,有的会损害风电发电机和电气系统,严重的甚至可能会导致颠覆性的后果,给风电场建设和运行带来巨大的损失。江苏省地处东亚季风区,气象灾害呈频发、重发特点,本章结合全省历史气象灾害资料和典型案例(卞光辉,2008),分析和研究江苏省影响风电开发的主要气象灾害和高影响天气及其可能影响,为风能资源开发利用提供参考。

6.1 热带气旋

热带气旋是产生于热带海洋面上的强大而深厚的大气旋涡,其半径可达数百千米,经过的路径周围地区常有狂风暴雨。一般而言,热带气旋对某地造成的影响主要是降水或大风,常常风、雨兼有。热带气旋往往会带来强风,风速的剧烈变化和风向的快速转变,风机往往来不及适应而造成损坏,同时湍能快速增加,也容易造成风机的损伤。对于中国沿海风能资源开发利用,当中心最大风力达到12级以上的热带气旋正面经过风电场时,会对风电机组的叶片、机舱和塔架等外部设备产生影响,有可能导致输电系统跳闸、断杆、倒杆和断线,并导致风电机组控制系统失灵,叶轮、机舱不能执行正确的防御措施,成为影响风电场安全运营最主要的气象灾害(朱明月,2013)。如2003年13号台风"杜鹃"于2003年9月2日在汕尾登陆,登陆时中心附近最大风力达12级,登陆点附近某风电场风机测风系统测得极大风速为57 m/s,风电场25台风机中13台受到不同程度损坏。当热带气旋强度较弱,或者是其外围环流影响的区域,可以给风电场带来较长的"满发"时段,这是热带气旋对风电场的运营有利的一面。

江苏省风电开发重点区域在沿海区域,这些地区也是热带气旋影响最为频繁的地区。因此,研究地点包括:赣榆、连云港、西连岛、灌云、响水、滨海、射阳、大丰、东台、海安、如东、南通、吕四、启东。研究资料来源包括历年的台风年鉴、各气象站实测资料和《中国气象灾害大典·江苏卷》等。研究时段为1949—2009年。考虑到风电场工程的特点,重点对1949—2009年造成江苏省日雨量≥50 mm或者出现≥8级大风的热带气旋进行分析研究。

6.1.1 热带气旋基本特征

6.1.1.1 热带气旋分类

热带气旋按其强度可分为热带低压、热带风暴、强热带风暴、台风,其对应的风力等级如表6.1所示。

江苏由于地处中纬度,历史上直接登陆影响的热带气旋不多,大多数在江苏省以南地区登陆后影响江苏,或者是受热带气旋的外围影响。为了客观分析热带气旋对江苏省沿海的影响,本研究根据热带气旋影响时的实际风力和降水情况进行调查分析。

表 6.1　热带气旋分类表

类别	风力/级	风速/(m/s)
热带低压	6～7	10.8～17.1
热带风暴	8～9	17.2～24.4
强热带风暴	10～11	24.5～32.6
台风	≥12	≥32.7

6.1.1.2　热带气旋路径特征

根据影响江苏省沿海地区的热带气旋的移动路径,可将其分为 4 类:正面登陆类、登陆穿出类、登陆消失类和近海活动类。正面登陆类为在江苏省沿海地区正面登陆的热带气旋,这类热带气旋数量较少,1949—2009 年仅出现了 6 个。登陆穿出类一般在江苏省以南沿海地区登陆后北上,在江苏省沿海地区附近再次入海,这一类的热带气旋数量较多。一般而言,登陆穿出类热带气旋生命史较长,移动速度较快。登陆消失类一般在江苏省以南沿海地区登陆,在内陆减弱消失。近海活动类热带气旋一般未经登陆,经江苏省附近海域北上或转向。

6.1.1.3　热带气旋时间分布特征

影响江苏的热带气旋多年平均值为 3.1 个。总体呈减少趋势,平均每 10 a 减少 0.1 个(图 6.1)。除 1993 年和 2003 年之外,其他年份江苏省均会受到热带气旋的影响,最多出现于 1990 年,共有 7 个热带气旋影响江苏。

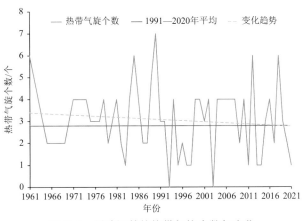

图 6.1　影响江苏的热带气旋个数年变化

影响江苏的热带气旋最早出现在 5 月,最晚出现在 11 月,影响集中期是 7—9 月(图 6.2)。每年第一次影响江苏的热带气旋和最后一次影响江苏的热带气旋的时间分别是初次影响时间和末次影响时间。从长期趋势上看,初次影响时间呈提前趋势,平均每 10 a 提前 1.0 d;常年值为 7 月 28 日,初次影响时间最早出现在 2006 年,为 5 月 18 日,最晚影响时间在 2013 年,为 10 月 6 日。末次影响时间呈明显提前趋势,平均每 10 a 提前 5.5 d;常年值为 9 月 4 日,末次影响时间最早出现于 2006 年,为 7 月 24 日;最晚出现于 1967 年,为 11 月 17 日。受热带气旋影响日数明显减少,平均每 10 a 减少 0.8 d;影响日数常年值为 6.4 d,最长影响日数出现在 1990 年,7 个热带气旋的影响日数达到 28 d。

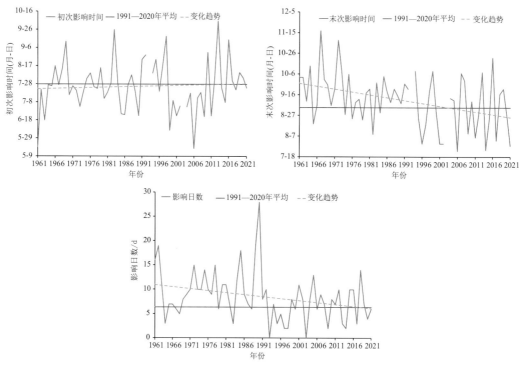

图 6.2　初次影响时间、末次影响时间和影响日数的年变化

6.1.1.4　对全省产生严重影响的热带气旋

一般而言,作为中尺度天气系统,热带气旋的半径可达数百千米,其影响范围较大。根据影响江苏的热带气旋的影响时段、极大风速、过程最大雨量,进行综合判断,表 6.2 列出了对全省产生严重影响的典型热带气旋概况。

表 6.2　严重影响江苏的热带气旋概况

编号	名称	影响时段(年-月-日)	极大风速/(m/s)及站点	过程最大雨量/mm 及站点
6214	—	1962-09-04—09-07	34 滨海	413.9 苏州
6513	—	1965-08-19—08-22	22.5 射阳	491 大丰
9015	—	1990-08-30—09-02	29.5 射阳	250.2 姜堰
9711	—	1997-08-18—08-19	35 西连岛	197 启东
0509	麦莎	2005-08-05—08-08	30.9 西连岛	205.5 太仓
0713	韦帕	2007-09-17—09-20	30.1 西连岛	211.4 西连岛
0908	莫拉克	2009-08-09—08-11	28.6 射阳	180.7 如皋
1210	达维	2012-08-02—08-04	36.5 西连岛	55.8 西连岛
1211	海葵	2012-08-07—08-12	29.7 吴江	522.9 响水
1323	菲特	2013-10-06—10-08	22.6 吕四	295.6 昆山
1513	苏迪罗	2015-08-08—08-11	24.8 射阳	367.2 大丰
1614	莫兰蒂	2016-09-15—09-17	20.3 大丰	239.5 镇江
1818	温比亚	2018-08-17—08-19	30.5 丰县	350.9 丰县
1909	利奇马	2019-08-10—08-11	24.3 西连岛	332.8 东海

6.1.2　影响沿海各地的热带气旋

由于热带气旋其本身的结构特点和移动路径差异,对各地造成的影响程度不一,影响方式也不尽相同。为了客观分析热带气旋对江苏省沿海地区的影响,本研究根据热带气旋产生的风、雨情况进行分站统计。同时,根据风电场工程的特点,重点调查分析热带气旋影响时发生的大风情况(表6.3,表6.4)。

表6.3　各站不同年代热带气旋影响个数

台站	1949—1959 年	1960—1969 年	1970—1979 年	1980—1989 年	1990—1999 年	2000—2009 年	合计
赣榆	8	8	5	6	9	5	41
连云港	7	10	8	8	9	6	48
西连岛	—	13	8	15	18	14	68
灌云	9	4	6	7	4	6	36
响水	—	—	6	11	8	7	32
滨海	6	8	6	12	11	5	48
射阳	5	10	8	11	12	10	56
大丰	6	12	7	14	16	10	65
东台	12	16	9	16	13	9	75
海安	9	11	5	14	8	4	51
如东	15	25	10	15	17	12	94
南通	13	14	7	13	10	8	65
吕四	9	14	14	13	16	13	79
启东	11	11	8	16	11	11	68

表6.4　各站各月热带气旋影响个数

台站	5 月	6 月	7 月	8 月	9 月	10 月	11 月	合计
赣榆			9	18	12	2		41
连云港		1	9	21	16	1		48
西连岛		2	15	29	19	3		68
灌云			7	17	11	1		36
响水		1	5	15	11			32
滨海		1	8	23	14	2		48
射阳		1	14	23	16	2		56
大丰	1	1	11	30	18	3	1	65
东台	1	3	13	31	23	3	1	75
海安		1	10	22	17	1		51
如东	1	5	19	39	25	4	1	94
南通		4	13	25	20	3		65
吕四		4	18	32	20	4	1	79
启东		4	11	32	16	5		68

6.1.2.1 赣榆

1949—2009 年,影响赣榆的热带气旋共有 41 个,年均 0.7 个。影响赣榆的热带气旋最早出现在 7 月初(5305 号台风),最晚出现在 10 月上旬(6126 号台风)。7—9 月为热带气旋影响的集中期,又以 8 月为多,占 43.9%(表 6.5)。

影响赣榆的热带气旋中,登陆穿出类最多,达 19 个,占 46.3%;其次为登陆消失类,达 11 个,占 26.8%。正面登陆类最少,仅 5 个,占 12.2%;近海活动类为 6 个,占 14.6%。

表 6.5 影响赣榆的热带气旋概况表

项目	正面登陆类	登陆穿出类	登陆消失类	近海活动类	全部
日雨量≥50 mm 个数	1	9	8	4	22
8 级以上大风个数	4	13	7	3	27
大风、暴雨兼有个数	0	3	4	1	8
最大日雨量/mm	58.5	124.3	187.8	172.7	187.8
极大风速/(m/s)	23.3	28	35	26.4	28

1949—2009 年,由热带气旋影响造成的最大日雨量达 187.8 mm,出现在 1959 年 9 月 3 日(由 5904 号台风影响造成)。热带气旋影响带来的极端极大风速达 35 m/s,出现于 1997 年 8 月 19 日,由 9711 号台风影响产生;其次为 28 m/s(10 级),分别出现在 1956 年 8 月 2 日和 1962 年 9 月 7 日,分别受 5612 号台风和 6214 号台风影响产生。

1949 年以来,登陆穿出类、登陆消失类和近海消失类热带气旋影响赣榆时都产生过 10 级以上的大风,其中 12 级以上的大风 1 次。

6.1.2.2 连云港

1949—2009 年,影响连云港的热带气旋达 48 个,年均达 0.8 个。影响连云港的热带气旋最早出现在 6 月下旬(9005 号台风),最晚出现在 10 月上旬(6126 号台风)。影响连云港的热带气旋绝大部分出现在 7 月、8 月、9 月,分别占总数的 14.8%、34.4%、26.2%。

影响连云港的热带气旋中,正面登陆类、登陆穿出类、登陆消失类和近海活动类分别为 4 个、20 个、16 个和 8 个,分别占总数的 6.6%、32.8%、26.2% 和 13.1%。

受 5612 号台风影响,连云港于 1956 年 8 月 2 日出现了 35 m/s(12 级以上)的极大风速,这是连云港记录到的台风影响极端风速。次大为 1997 年 8 月 19 日记录到的 31.5 m/s(11 级)的极大风速,由 9711 号台风引起。热带气旋给连云港带来的最大日雨量达 146.5 mm,受 9711 号台风影响产生(表 6.6)。

表 6.6 影响连云港的热带气旋概况表

项目	正面登陆类	登陆穿出类	登陆消失类	近海活动类	全部
日雨量≥50 mm 个数	1	10	12	5	27
8 级以上大风个数	3	15	8	5	31
大风、暴雨兼有个数	0	5	4	2	13
最大日雨量/mm	73	128.1	146.5	139.1	146.5
极大风速/(m/s)	25	25	35	30	35

从表 6.6 可以看出,对连云港影响最大的是登陆消失类,记录到的最大日雨量和最大的极大风速均由该类热带气旋所引起。其次为近海活动类,该类热带气旋曾带来了 30 m/s(11级)的极大风速。4 类热带气旋均可带来 10 级以上的大风。1949—2009 年,共有 9 个热带气旋给连云港带来 10 级以上大风,有 3 个带来了 11 级以上的大风,1 个带来 12 级以上的大风。

6.1.2.3 西连岛

由于西连岛在 1960 年以前没有观测,因此影响西连岛的热带气旋统计年限为 1960—2009 年。对西连岛而言,1960—2009 年共 68 个热带气旋达到影响标准,比相邻的连云港同期多 27 个。西连岛作为海岛站,热带气旋影响时,海面摩擦减弱作用小于陆地,造成西连岛≥8 级大风较多,这是造成两地差异的主要原因。1960—2009 年,影响西连岛的热带气旋最早出现在 6 月下旬(9005 号台风和 9504 号台风),最晚则出现在 10 月中旬(9430 号台风)。7 月、8 月、9 月为热带气旋影响集中期,占总数的 92.6%。其中 8 月最多,达 29 个,占总数的 42.6%。

影响西连岛的热带气旋中,登陆穿出类和登陆消失类最多,均达 24 个,各占总数的 35.3%。最少为正面登陆类,仅出现 4 个,占总数的 5.9%。

受热带气旋影响,西连岛记录到的最大日雨量达 168.7 mm,出现于 1971 年 9 月 24 日,由 7123 号台风产生。记录到最大的极大风速 40 m/s(12 级以上),出现于 1963 年 7 月 19日,由 6306 号台风影响引起;其次为出现于 2005 年 9 月 12 日的 31.3 m/s,由 0515 号台风引起(表 6.7)。

表 6.7 影响西连岛的热带气旋概况表

项目	正面登陆类	登陆穿出类	登陆消失类	近海活动类	全部
日雨量≥50 mm 个数	0	8	7	5	20
8 级以上大风个数	4	22	22	14	62
大风、暴雨兼有个数	0	6	5	3	14
最大日雨量/mm	13.6	168.7	160.8	165.9	168.7
极大风速/(m/s)	27	31.3	40	26	40

由于地处海岛,热带气旋影响时,西连岛的风力往往比内陆要大。根据统计,4 类热带气旋均可能给西连岛带来 10 级以上的大风。1960—2009 年,带来 10 级以上大风的热带气旋共计达 20 个,带来 11 级以上大风的热带气旋共计 11 个。其中,极大风速达 30 m/s 以上的共计 6 个,记录到 12 级以上的极大风速 1 次。

6.1.2.4 灌云

1949—2009 年,影响灌云的热带气旋达 36 个,年均 0.6 个。影响灌云的热带气旋最早出现在 7 月上旬(5305 号台风和 0207 号台风),最晚出现在 10 月初(6911 号台风)。7 月、8 月、9 月为热带气旋影响集中期,占总数的 97.2%。影响灌云的热带气旋中,正面登陆类、登陆穿出类、登陆消失类和近海活动类分别为 3 个、15 个、12 个和 6 个,分别占 8.3%、41.7%、33.3%和 16.7%。

1949—2009 年,受热带气旋影响,灌云记录到的最大日雨量达 266.8 mm(表 6.8),出现于 2000 年 8 月 30 日，由 0012 号台风（派比安）影响产生。由于灌云缺少极大风速记录，调查到的受热带气旋影响造成灌云最大的极大风速达 11～12 级，由 8509 号台风影响引起。

表 6.8　影响灌云的热带气旋概况表

项目	正面登陆类	登陆穿出类	登陆消失类	近海活动类	全部
日雨量≥50 mm 个数	0	12	8	4	24
8 级以上大风个数	3	8	7	5	23
大风、暴雨兼有个数	0	5	3	3	11
最大日雨量/mm	5.6	145.6	206.5	266.8	266.8
极大风速	11～12 级	10～11 级	10 级	8～10 级	11～12 级

6.1.2.5　响水

1970 年以前响水无热带气旋影响相关观测，故响水的统计年限为 1970—2009 年。1970 年以来，影响响水的热带气旋达 32 个，年均 0.8 个。影响响水的热带气旋中，最早出现在 6 月下旬（9005 号台风），最晚出现在 9 月底（8310 号台风和 0713 号台风）。7—9 月为热带气旋影响的集中期，占总数的 96.9%，其中 8 月最多，占 46.9%。

影响响水的热带气旋中，登陆消失类和近海活动类相当，分别占总数的 31.3%，正面登陆类最少，仅占总数的 9.4%。

1970—2009 年，受热带气旋影响，响水记录到的最大日雨量达 699.7 mm（表 6.9），出现于 2000 年 8 月 30 日，由 0012 号台风（派比安）影响产生，这也是江苏省全省记录到的日雨量极大值。记录到的最大的极大风速达 10～11 级，由 9015 号台风产生。

表 6.9　影响响水的热带气旋概况表

项目	正面登陆类	登陆穿出类	登陆消失类	近海活动类	全部
日雨量≥50 mm 个数	0	5	7	3	15
8 级以上大风个数	3	8	6	9	26
大风、暴雨兼有个数	0	4	3	2	9
最大日雨量/mm	40.2	230.2	214.8	699.7	699.7
极大风速	10 级	10～11 级	10 级	10 级	10～11 级

6.1.2.6　滨海

1949 年以来，影响滨海的热带气旋共计 48 个，年均 0.8 个。在这些热带气旋中，年内出现最早的是 9005 号台风，出现于 6 月下旬，最晚的出现于 10 月上旬（6126 号台风）。7—9 月为热带气旋影响的集中期，占总数 93.8%，其中又以 8 月为多，占 47.9%。

影响滨海的热带气旋中，登陆穿出类最多，达 19 个，占总数的 39.6%。其次为登陆消失类，共计 14 个，占 29.2%。正面登陆类最少，仅 5 个，占 10.4%。

由于热带气旋影响造成的滨海最大日雨量达 232.2 mm（表 6.10），出现于 2000 年 8 月 30 日，受 0012 号台风（派比安）影响产生。其次为受 8411 号台风影响造成的 187.2 mm，出现于 1984 年 8 月 31 日。受热带气旋影响引起的极端极大风速达 34 m/s（12 级），出现于 1962 年 9 月 7 日，由 6214 号台风引起。

表 6.10　影响滨海的热带气旋概况表

项目	正面登陆类	登陆穿出类	登陆消失类	近海活动类	全部
日雨量≥50 mm 个数	0	11	8	2	21
8级以上大风个数	5	17	10	9	41
大风、暴雨兼有个数	0	9	4	1	14
最大日雨量/mm	13.5	162	187.2	232.2	232.2
极大风速/(m/s)	25	34	>20	>20	34

6.1.2.7　射阳

1949—2009 年,影响射阳的热带气旋一共 56 个,年均 0.9 个。影响射阳的热带气旋中,最早出现在 6 月下旬(9005 号台风),最晚出现在 10 月上旬(0716 号台风)。7—9 月为热带气旋的影响集中期,占总数的 94.6%,其中又以 8 月为多,占总数的 41.1%。

影响射阳的热带气旋中,以登陆消失类最多,达 22 个,占总数的 39.3%;其次为登陆穿出类,达 19 个,占总数的 33.9%;正面登陆类最少,仅 4 个,占总数的 7.1%。

受热带气旋影响,射阳的最大日雨量达 244.3 mm(表 6.11),出现于 1965 年 8 月 21 日,为 6513 号台风影响产生;其次为受 9015 号台风引起的 179.6 mm,出现于 1990 年 9 月 1 日。

表 6.11　影响射阳的热带气旋概况表

项目	正面登陆类	登陆穿出类	登陆消失类	近海活动类	全部
日雨量≥50 mm 个数	1	9	9	2	21
8级以上大风个数	4	19	18	10	51
大风、暴雨兼有个数	1	9	5	1	16
最大日雨量/mm	54.7	244.3	159.9	114.1	244.3
极大风速/(m/s)	31.3	29.5	28	24	31.3

受热带气旋影响造成的极端极大风速达 31.3 m/s(11 级),出现于 1985 年 8 月 19 日,由 8509 号台风影响产生;其次为 9015 号台风引起的 29.5 m/s(11 级),出现于 1990 年 9 月 1 日。

影响射阳的热带气旋中,有 8 个阵风达 10 级以上,有 2 个达 11 级以上,未见阵风大于 12 级的热带气旋出现。

6.1.2.8　大丰

1949—2009 年间,影响大丰的热带气旋达 65 个,年均 1.1 个。其中,最早的为 6104 号台风,出现于 5 月底;最晚的为 7220 号台风,出现于 11 月上旬末。7—9 月为热带气旋影响集中期,占总数的 90.8%,其中又以 8 月为多,占总数的 46.2%。

影响大丰的热带气旋中,正面登陆类为 5 个,占总数的 7.7%。登陆穿出类为 27 个,占总数的 41.5%。登陆消失类为 18 个,占总数的 27.7%。近海活动类共计 15 个,占总数的 23.1%。

1949—2009 年,大丰受热带气旋影响产生的最大日雨量达 334.7 mm(表 6.12),出现于 1965 年 8 月 21 日,为 6513 号台风产生;其次为 6214 号台风产生的 186.9 mm,出现于 1962

年 9 月 7 日。

表 6.12　影响大丰的热带气旋概况表

项目	正面登陆类	登陆穿出类	登陆消失类	近海活动类	全部
日雨量≥50 mm 个数	2	15	4	2	23
8 级以上大风个数	5	21	16	14	56
大风、暴雨兼有个数	2	9	2	1	14
最大日雨量/mm	73.4	334.7	70.4	77.1	334.7
极大风速/(m/s)	27	28	26	20	28

受热带气旋影响,大丰记录到的极端极大风速达 28 m/s(10 级),分别出现于 1962 年 8 月 7 日和 9 月 7 日,分别由 6208 号和 6214 号台风影响产生。其次为 7708 号台风引起的 27 m/s,出现于 1977 年 9 月 11 日。

6.1.2.9　东台

1949—2009 年,影响东台的热带气旋共计 75 个,年均 1.2 个。其中,影响最早的热带气旋出现在 5 月底(6104 号台风),最晚的出现在 11 月上旬末(7220 号台风)。7—9 月为热带气旋影响集中期,占总数的 89.3%,其中 8 月最多,占总数的 41.3%。

影响东台的热带气旋中,以登陆穿出类最多,达 33 个,占总数的 44.0%。其次为登陆消失类,达 22 个,占总数的 29.3%。正面登陆类最少,仅 5 个,占总数的 6.7%。

受热带气旋影响,东台记录到的最大日雨量达 314.3 mm(表 6.13),出现于 1965 年 8 月 21 日,为 6513 号台风影响产生。其次为 6214 号台风影响产生的 158.7 mm,出现于 1962 年 9 月 7 日。

表 6.13　影响东台的热带气旋概况表

项目	正面登陆类	登陆穿出类	登陆消失类	近海活动类	全部
日雨量≥50 mm 个数	2	16	8	1	27
8 级以上大风个数	5	25	18	15	53
大风、暴雨兼有个数	2	8	4	1	15
最大日雨量/mm	85.9	314.3	118.8	61.8	314.3
极大风速/(m/s)	20	28	34	24	34

受热带气旋影响,东台记录到最大的极大风速达 34 m/s(12 级),出现于 1956 年 8 月 2 日,由 5612 号台风产生。其次为 6513 号台风影响产生的 28 m/s 的极大风速,出现于 1965 年 8 月 21 日。

6.1.2.10　海安

1949—2009 年,影响海安的热带气旋达 51 个,年均 0.8 个。其中,影响最早的热带气旋出现在 6 月下旬中期(9005 号台风),最晚的出现在 10 月上旬中期(6126 号台风)。7—9 月为热带气旋影响集中期,占总数的 96.1%,8 月最多,占总数的 43.1%。

影响海安的热带气旋中,正面登陆类、登陆穿出类、登陆消失类和近海活动类分别占

7.8%、43.1%、33.3%和15.7%。

受热带气旋影响,海安记录到的最大日雨量达184.3 mm(表6.14),出现于1962年9月6日,由6214号台风影响产生。其次为8923号台风影响产生的153.9 mm,出现于1989年9月16日。

表6.14 影响海安的热带气旋概况表

项目	正面登陆类	登陆穿出类	登陆消失类	近海活动类	全部
日雨量≥50 mm个数	1	11	6	1	29
8级以上大风个数	4	18	16	7	45
大风、暴雨兼有个数	1	7	5	0	13
最大日雨量/mm	104.2	184.3	104.6	88	184.3
极大风速/(m/s)	25	27	23.1	20	27

1949—2009年,海安受热带气旋影响产生的极端最大风速达27 m/s(10级),出现于1971年9月24日,由7123号台风影响产生;其次为7708号台风影响产生的25 m/s(10级),出现于1977年9月11日。

6.1.2.11 如东

1949—2009年,影响如东地区的热带气旋一共有94个,平均1.5个/a。影响如东地区的热带气旋最早出现在5月底(6104号台风),最晚出现在11月上旬(7220号台风);7—9月为热带气旋影响如东的集中期,占总数的89.4%,其中8月最多,占44.7%,其次为9月,占24.5%。

影响如东的热带气旋中,登陆穿出类最多,达38个,占40.4%;其次为登陆消失类,达28个,占29.8%;正面登陆类最少,仅6个,占6.4%。表6.15给出了影响如东的热带气旋分类统计结果(表6.15)。

从表6.15可以看出,在影响如东的94个热带气旋中,有80个出现了8级以上大风,占总数的85.1%;36个出现了日雨量50 mm以上降水,占38.3%;同时出现日雨量≥50 mm和8级大风的热带气旋有20个,占21.3%。

表6.15 影响如东的热带气旋概况表

项目	正面登陆类	登陆穿出类	登陆消失类	近海活动类	全部
日雨量≥50 mm个数	2	21	10	3	36
8级以上大风个数	6	32	21	21	80
大风、暴雨兼有个数	2	16	3	2	23
最大日雨量/mm	86.6	392.5	175.3	68.4	392.5
极大风速/(m/s)	25	26	24	34	34

受热带气旋影响,如东记录到的最大日雨量达392.5 mm,出现于1960年8月4日,为6007号、6008号台风共同作用产生;其次为1962年9月6日出现的日雨量219.2 mm,由6214号台风影响产生。

受热带气旋影响,如东记录到的极大风速达 34 m/s(12 级),出现于 1962 年 8 月 2 日,由 6207 号台风引起;次大达 26 m/s,分别出现在 1960 年 7 月 28 日和 8 月 4 日,分别由 6005 号台风和 6007 号台风影响产生。

6.1.2.12 南通

1949—2009 年,影响南通的热带气旋共计 65 个,年均 1.1 个。其中,影响最早的热带气旋出现在 6 月中旬初(6001 号台风),最晚出现在 10 月中旬初(9430 号台风)。7—9 月为热带气旋影响集中期,占总数的 81.5%,8 月最多,占总数的 38.5%。

影响南通的热带气旋中,以登陆穿出类最多,达 25 个,占总数的 38.5%;其次为登陆消失类,达 22 个,占 33.8%。正面登陆类最少,仅 4 个,占总数的 6.2%。

受热带气旋影响,南通记录到的最大日雨量达 287.1 mm(表 6.16),出现于 1960 年 8 月 4 日,由 6007 号台风影响产生;其次为 6214 号台风影响引起的 193.7 mm,出现于 1962 年 9 月 6 日。

表 6.16　影响南通的热带气旋概况表

项目	正面登陆类	登陆穿出类	登陆消失类	近海活动类	全部
日雨量≥50 mm 个数	2	15	10	6	33
8 级以上大风个数	4	19	16	10	49
大风、暴雨兼有个数	2	9	4	2	17
最大日雨量/mm	76.9	287.1	124.1	91.5	287.1
极大风速/(m/s)	26	24	25	28	28

受热带气旋影响,南通记录到最大的极大风速达 28 m/s(10 级),出现在 1962 年 8 月 2 日,由 6207 号台风影响产生。

6.1.2.13 吕四

1949—2009 年,影响吕四的热带气旋共计 79 个,年均 1.3 个。其中,影响最早的热带气旋出现在 6 月中旬初(6001 号台风),最晚的出现在 11 月上旬末(7220 号台风)。7—9 月为热带气旋影响集中期,占总数的 88.6%,又以 8 月为多,占总数的 40.5%。

影响吕四的热带气旋中,以登陆穿出类最多,达 29 个,占总数的 36.7%。其次为近海活动类,达 25 个,占总数的 31.6%。正面登陆类最少,仅 5 个,占总数的 6.3%。

受热带气旋影响,吕四记录到的最大日雨量达 314 mm(表 6.17),出现于 1960 年 8 月 4 日,由 6007 号台风影响产生。其次为 1990 年 9 月 6 日出现的 182.5 mm,由 9017 号台风影响产生。

1949—2009 年,吕四受热带气旋影响记录到的最大的极大风速达 29 m/s(11 级),出现在 1977 年 9 月 10 日,由 7708 号台风影响产生;其次为 28 m/s(10 级),分别出现在 1958 年 9 月 5 日(由 5822 号台风引起)和 1962 年 8 月 2 日(由 6207 号台风影响引起)。

1949—2009 年,共有 9 个热带气旋影响吕四时产生了 10 级以上的大风,有 2 个产生了 11 级以上的大风,未记录到≥12 级的极大风速。

表 6.17 影响吕四的热带气旋概况表

项目	正面登陆类	登陆穿出类	登陆消失类	近海活动类	全部
日雨量≥50 mm 个数	4	16	5	3	28
8级以上大风个数	5	25	18	24	71
大风、暴雨兼有个数	4	12	3	2	20
最大日雨量/mm	115.4	314	182.5	93.5	314
极大风速/(m/s)	29	28	10—11 级	28	29

6.1.2.14 启东

1949—2009 年,影响启东的热带气旋共计 68 个,年均 1.1 个。其中,影响最早的热带气旋出现在 6 月中旬初(6001 号台风),最晚的出现在 10 月中旬(9430 号台风)。7—9 月为热带气旋影响集中期,占总数的 86.8%,其中又以 8 月为多,占总数的 47.1%。

影响启东的热带气旋中,以登陆穿出类最多,达 28 个,占总数的 41.2%,其次为近海活动类,达 19 个,占总数的 27.9%。正面登陆类最少,仅 5 个,占总数的 7.4%。

受热带气旋影响,启东记录到的最大日雨量达 195.0 mm(表 6.18),出现于 1997 年 8 月 19 日,由 9711 号台风影响产生;其次为 6001 号台风影响产生的 172.2 mm,出现于 1960 年 6 月 10 日。

表 6.18 影响启东的热带气旋概况表

项目	正面登陆类	登陆穿出类	登陆消失类	近海活动类	全部
日雨量≥50 mm 个数	3	18	2	6	29
8级以上大风个数	5	19	16	17	57
大风、暴雨兼有个数	3	9	2	4	18
最大日雨量/mm	108.1	172.2	195.0	104	195.0
极大风速/(m/s)	29	34	26.0	28	34

2005 年 0509 号台风"麦莎"影响时,启东圆陀角加密站观测到了 34 m/s(12 级)的极大风速,这是启东受热带气旋影响产生的极端极大风速;其次为 29 m/s(11 级),出现于 1977 年 9 月 11 日,由 7708 号台风影响产生。

6.1.3 典型热带气旋个例及其影响

为了更为客观地分析热带气旋对江苏省沿海地区的影响,根据风电场工程建设的特点,本节对给江苏省沿海地区带来严重影响的典型热带气旋进行分析,并分析其危害情况。

(1)5612 号台风

1956 年 7 月 29 日,5612 号台风在西北太平洋洋面生成,8 月 2 日 00 时在浙江省象山地区登陆后向西北方向移动,先后穿越浙江北部、安徽、河南东北部、山西南部,在陕西省境内减弱消失。

受其影响,江苏省苏南地区 8 月 2 日风力达 10~12 级,全省大部出现 8 级以上大风。

全省出现 10 级以上大风的站点达 10 个以上,其中东台、连云港阵风分别达 34 m/s 和 35 m/s。全省有 11 个站日雨量达 50 mm 以上。

受台风影响,全省江海水位抬高,堤防损坏,大量房屋倒塌。南京水位抬高 0.9 m,射阳河闸抬高 1.37 m,常州小河区长江水位高达 6.7 m,超过警戒水位 1.2 m。全省堤防损毁较重的有 133 处,长达 85 km,特别是松江、苏州两专区的海塘及南通专区的启东和镇江专区的丹徒、江宁的江堤损毁较重。

(2)6207 号台风

1962 年 7 月 29 日,6207 号台风在西北太平洋洋面生成,西北行至江苏近海海域转向朝鲜半岛。

8 月 1—2 日,台风影响江苏沿海地区。受其影响,江苏省沿海地区出现了大范围的大风天气,其中出现≥8 级大风的站点达 22 个。如东站 2 日出现了 34 m/s(12 级)的极大风速,出现≥28 m/s 大风的站达 4 个,分别为如东、启东、吕四和南通。

(3)6208 号台风

1962 年 7 月 30 日,6208 号台风在西北太平洋洋面上生成。8 月 5 日 14 时,台风登陆台湾花莲地区,8 月 6 日在福建连江地区再次登陆。台风登陆后穿过浙江西南部、安徽东部和江苏北部,在江苏省赣榆东移出海。

台风于 8 月 6 日开始影响江苏全省,全省出现了大范围的大风和降水天气。出现大于 17 m/s 的大风有 109 个站日,其中最大的达到 28 m/s,分别出现在洪泽、丹阳、大丰和徐州。受其影响,过程雨量大于 100 mm 的有 10 个县(市)。

(4)6214 号台风

1962 年 8 月 29 日 02 时,在西北太平洋洋面形成 6214 号台风。9 月 5 日 10 时,台风在台湾花莲登陆,9 月 6 日 03 时,台风在福建连江再次登陆,台风穿过浙江,穿过太湖西岸,在江苏省大丰县入海。

9 月 5—7 日,江苏全省自南向北遭受台风袭击,有 26 个站日雨量大于 100 mm,有 7 个站大于 200 mm,分别为:江阴 219.6 mm、靖江 219.4 mm、如东 219.2 mm、无锡 202.9 mm、苏州 343.1 mm、常熟 298.0 mm、吴县东山 208.3 mm。全省出现大范围的大风天气,有 35 个站出现 17 m/s 以上的大风,有 11 个站出现 10 级以上的大风,28 m/s 以上的有 8 个站,最大为滨海,达 34 m/s。

受其影响,江苏省江河湖水位上涨,不少地区发生内涝。全省受涝面积达 515300 hm²,减产粮食 5.75 亿 kg。受台风影响,苏北暴雨成灾,徐州、淮阴地区部分工厂进水,矿山停产,徐州段铁路路轨部分下沉。淮阴低洼地区可行船,灌南有的民房进水,灾民 29 万人。扬州地区芽烂和被水冲走粮食 175 万 kg,倒房 35.4 万间,死亡 88 人,受伤 2508 人,倒塌桥梁 2535 座,受涝农田 320000 hm²,受涝面积 319700 hm²。常州地区受灾面积 13700 hm²,其中水稻 10000 hm²,大豆 313.3 hm²,晚秋作物 1287 hm²,其他杂粮、薯类 1987 hm²。受涝程度较重的是郑陆、横林两个区 14 个公社的圩田和沿江、沿湖几个公社的圩田,少收粮食 1585 kg。社员自留地受淹的有 1913 hm²,受灾严重,影响生活的有 999 个生产队,24713 户,89942 人。倒塌房屋 1202 间,倒墙 8325 堵,砸伤 18 人,死伤牛、猪、羊 119 头,被水淹没的村庄有 52

个。南通地区全区积水 123600 hm²,受潮粮食 1174.5 万 kg,倒房 35738 间,刮坏 203915 间,刮坏仓库 3529 间、畜棚 796 处、车篷 914 个,死亡 18 人,受伤 256 人,耕牛死亡 19 头,受伤 12 头。海安里下河地区有 12000 hm² 农田的积水,约 50 d 才排出。泰兴受涝面积 4233 hm²,占耕地总面积的 56.8%,其中 5726.8 hm² 失收。宜兴受灾面积共 19200 hm²,占秋熟面积的 27.1%,估计损失粮食 6235 万 kg,死亡 3 人,受伤 24 人,倒塌瓦屋 437.5 间、草屋 3447.5 间,倒桥 46 座,冲毁冲走船 7 条,冲毁毛竹 6 万根,稻草 116.9 kg。丁蜀镇冲走冲毁陶器 20 万件,价值 8 万余元。苏州地区水稻受淹 140000 hm²,估计损失粮食 1.28 亿 kg,棉花受淹 16500 hm²,估计损失皮棉 10 万担,淹没鱼池 7200 hm²,其中吴江 4900 hm²、吴县 1200 hm²,估计损失成鱼 2 万担左右,房屋倒塌 2.8 万多间,损坏 8.3 万多间,沉船 1425 条,冲毁木桥 1177 座,死亡 32 人,受伤 305 人,牲畜死伤 1788 头。

(5)6306 号台风

1963 年 7 月 10 日 02 时在太平洋生成的热带低压,先向西北方向移动,并逐渐发展成热带风暴、强热带风暴、台风,于 7 月 16 日穿过台湾省后 17 日在福建省连江登陆,登陆时中心风力 12 级以上,登陆后向西北方向移动,在江西消失。

受台风和冷空气共同影响,全省出现了大范围的大风天气,共有 29 个站出现 17 m/s 以上的大风,西连岛极大风速达 40 m/s。全省有 6 个县(市)日降水大于 100 mm,宿迁最大 254.0 mm。宿迁市倒塌房屋 26086 间,死亡 19 人,受伤 61 人。

(6)7123 号台风

1971 年 9 月 17 日 08 时在太平洋生成的热带低压,先向西北偏西方向移动,并逐渐发展成热带风暴、强热带风暴、台风(编号为 7123),于 9 月 23 日 13 时在福建省连江登陆,登陆时中心风力 12 级以上,强热带风暴登陆后转向偏北方向移动,23 日 20 时减弱为热带风暴,24 日白天风暴中心穿过江苏省苏北地区后,于该日夜里在射阳县入海,并继续向朝鲜半岛中部移去。

9 月 24 日,台风经过江苏省六合、金湖、宝应、阜宁、建湖、滨海等地时,全省风力 8～9 级,沿海阵风 10～11 级。其中,西连岛极大风速达 30 m/s,射阳极大风速达 27 m/s。同时,沿淮、淮北连续出现大范围暴雨到大暴雨,日降雨量超过 50 mm 的有 27 个县(市),其中有 15 个县(市)在 100 mm 以上,其中,洪泽 192.5 mm、淮阴 190.9 mm、灌云 145.6 mm、沭阳 143.0 mm、泗洪 138.8 mm、连云港 128.1 mm、盱眙 125.7 mm、泗阳 124.2 mm、赣榆 115.9 mm、阜宁 108.7 mm。风暴穿越江苏省中部地区时,风力之大,暴雨范围之广,雨势之强为历史少见,使江苏省苏北地区出现大范围雨涝,造成的损失也是十分严重。

受该台风影响,江苏省苏北各地遭受了不同程度的损失。泰兴倒塌房屋 2384 间,断电杆 211 根,沉船 10 条,受伤 34 人,死亡 5 人。常州有 13300 hm² 晚稻受到影响。宿迁、涟水两县农田积水面积 50300 hm²,亦有房屋倒塌,倒树拔木。宿迁市倒塌房屋 23169 间,死亡 2 人。连云港市因水稻倒伏减产 5%～30%,倒塌房屋 1530 间。盐城因海水倒灌,损失较严重,磷矿因降雨渗透冒顶死亡 2 人。盐城市主要受灾地区在射阳、阜宁、滨海、响水。全地区倒塌房屋 2320 间,死亡牲畜 160 头,家禽 12000 只,有 186600 hm² 农作物不同程度受涝,其中 73300 hm² 中稻因长芽损失 10%～15%。

（7）7708 号台风

1977 年 9 月 1 日 08 时,在太平洋生成的热带低压,先向偏西方向移动,6 日 08 时转向北上,并逐渐发展成热带风暴、强热带风暴、台风,编号为 7708 号。台风于 9 月 11 日 07 时在上海市崇明区登陆,登陆时中心风力 10 级,登陆后向偏西方向移动,经江苏南部地区向安徽省境内移去,强度逐渐减弱,12 日 02 时在安徽省境内消失。

台风中心经过江苏省太仓、常熟、吴县、无锡、宜兴、溧阳、高淳等地时,9 月 9 日长江口风力达 5～6 级,10—11 日全省风力逐渐增强到 7～8 级,阵风 9～10 级,启东市曾达 11 级,出现 17 m/s 以上大风的有 101 个站日。吕四最大风速达 22 m/s,瞬时极大风速达 29 m/s。大风持续时间之长,历史上所罕见。9 月 10—11 日江苏省淮河以南地区出现大范围的暴雨到大暴雨,有 30 个县（市）日降雨量超过 50 mm,其中启东 135.0 mm、常熟 125.8 mm、如皋 111.2 mm、江阴 107.2 mm。

受狂风暴雨袭击,农作物受灾面积 1183600 hm²,其中水稻倒伏 233670 hm²,掉粒 267670 hm²,受涝渍 293300 hm²。棉花倒伏 376000 hm²,受涝 12800 hm²。全省死亡 93 人,受伤 3616 人。倒塌房屋 403547 间,损坏 554092 间。损失粮食 92 万 kg,受潮 1200 万 kg。刮翻损坏船只 177 条。其中南通市受灾最重,全市有 276700 hm² 农作物受灾,水稻倒伏 36700 hm²,棉花倒伏 193000 hm²,死亡 42 人,受伤 3085 人,倒塌房屋 255000 间,损坏 380000 间,粮食受潮 316.5 万 kg,发芽 35 万 kg,刮翻损坏渔船 139 条。由于风大、雨大、海潮普遍涨高 1 m 左右,启东大洋港潮位 6.05 m,江潮涌高 0.5 m,天生港水位 4.75 m。内河水位,从 10 日的 2 m 上升到 11 日中午的 2.9 m,最高 3.18 m。海堤损失土方 140 多万立方米,块石护坡被打坏 8 万多立方米。南通县、海安两县倒塌桥梁 21 座,出海渔船失踪 26 条。海安、如皋两县棉花普遍被吹倒,中稻倒伏严重,在田农作物受损严重。海安、如东两县刮倒树木 135 万棵。武进县有 2200 hm² 水稻倒伏,1880 hm² 水稻、20 多公顷大豆受淹,倒断树木 31.8 万棵,倒电线杆 5456 根,倒塌房屋 1.94 万间,受伤 28 人,触电死亡 5 人。常州有 340 hm² 蔬菜受损,56 个工厂停产,16 个工厂部分车间停产 1 d,许多物资仓库损失严重。苏州市受淹农田 13900 hm²,粮食损失 1650 t。倒塌房屋 40798 间,损坏房屋 43420 间,损坏桥梁 349 座,倒断电杆 14338 根。堤防决口 2.5 km,沉船 160 条。死亡 12 人,受伤 140 人,死亡牲畜 2838 头。江阴倒塌房屋 6443 间,仓库 3000 余间,死亡 5 人,受伤 46 人,刮断电线杆 6400 根,倒断树木 11.2 万棵,全市农田受淹面积 3300 hm²,5 艘 500 吨位驳船沉 1 艘,严重损坏 3 艘,澄西船厂沉 80 t 方驳 1 艘,掀翻 250 t 方驳 1 艘,撞坏机动木驳 3 艘。尤其是码头 108～110 排浇灌工程因模板全部吹损落江,已扎钢筋造成扭曲变形,致使工程推延。泰兴全县倒塌房屋 7714 间,受伤 38 人,死亡 1 人,折断和倒塌电话、电线杆 2669 根,倒树木约 12000 hm²,13300 hm² 旱谷作物积水,且影响产量。靖江市农田受涝面积:后季稻 4270 hm²,棉田 4300 hm²,萝卜 580 hm²。民房倒塌 2.39 万间,仓库倒塌 2 千余间,企业用房倒塌 390 间,有 28 人受伤,吹倒电线杆 2179 根,损失粮食 9.69 万 kg。

（8）8509 号台风

1985 年 8 月 14 日 20 时在台湾省东部洋面上生成的热带低压,先向东北方向移动,17 日凌晨转向西北,并逐渐发展成热带风暴、强热带风暴,18 日凌晨在长江口以东海面上发展成台风(编号为8509号)。同日11时30分,台风在江苏省启东市寅阳镇登陆,登陆时中心风力10～11级,台风经南通市东部北上,强度逐渐减弱,20时在江苏省大丰市附近入海,向山东半岛移去。

台风8月18—19日正面袭击南通、盐城市时,风力为10～11级,阵风12级,其中射阳极大风速达31.3 m/s。受强台风和北方冷空气的共同影响,南通、盐城市普降大到暴雨,局部大暴雨,有21个县(市)大于50 mm,其中南通市100.0 mm。

台风正面影响江苏时,正值农历七月初大潮汛,沿海出现大高潮,江海堤防同时遭受风、雨、潮的侵袭,损毁严重。据南通市不完全统计,棉花受灾面积49330 hm²,棉叶破碎,铃蕾脱落,其中8000 hm²严重倒伏。倒塌房屋1.2万间,损坏3万多间。死亡5人,受伤104人,其中重伤31人。江海堤坡损失土方25万 m³,护坡陷塘25275 m²。其中启东全市30670 hm²棉花倒伏,倒塌房屋1220间,损坏2330间,死亡1人,受伤21人,江海堤受损9800 m,损失石方13500多吨,土堤受损28000 m,损失土方82900 m³。如东县死亡2人,受伤65人,倒房6154间,损坏4138间,刮倒各种电线杆816根,树木1.3万棵,倒伏棉花6670 hm²。盐城市倒塌房屋6639间,损坏16824间。受伤25人。倒断电线杆427根。刮倒断树木39万棵,1330 hm²成熟的梨、苹果损失60万担[①],棉花、水稻等农作物受损166670 hm²。冲掉海堤块石护坡730 m,堤外部分盐场堤防冲塌进水。其中大丰市损坏房屋885间,刮倒断树木5120棵,棉花受损10670 hm²,水稻670 hm²,减产3成,损失水果12万 kg等,直接经济损失359.4万元。滨海县倒塌房屋3195间,损坏2574间,刮倒断树木77220棵,刮断各种电线杆262根,农作物受灾18130 hm²,冲毁海堤1900 m,冲走食盐1000余吨。

(9)9015号台风

1990年8月25日08时在关岛附近洋面上生成的热带风暴,在向西北偏西方向移动时,逐渐发展成强热带风暴、台风(编号为9015)。台风于8月31日10时30分在浙江省椒江登陆,登陆时中心风力12级以上。台风在北上过程中强度逐渐减弱,9月1日05时进入江苏省太湖地区,近中心最大风力10级,同日14时台风中心移至东台附近,强度减弱为热带风暴,傍晚在江苏省大丰附近入海,且继续向朝鲜半岛移去。

强风暴中心自南向北贯穿苏南、苏中和苏北沿海地区,8月31日—9月1日,江苏省大部出现8～9级,阵风10级,沿海风力10～11级,阵风12级的东北大风,6级以上大风持续时间长达30余小时。江淮之间东部和苏南地区普降暴雨至大暴雨,日降雨量超过50 mm有71个县(市),大于100 mm的就有31个县(市),无锡202.7 mm、海安200.0 mm、吴江202.0 mm。暴雨范围之大,是1949年以来仅次于6214号台风的一次过程。

这次台风影响时间长,且正值大潮汛,风、雨、潮并袭,造成1949年以来罕见的灾害。里下河、太湖地区内河水位上涨近1 m,普遍超过警戒水位。苏州、无锡、南通、盐城、扬州、南京、镇江市部分企业、民房进水。苏州和宜兴局部还伴有龙卷。宜兴太华等5个乡山体滑坡,山洪暴发。全省冲毁和损坏各类水利工程5000多座(处),南通、盐城、扬州、苏州等市损坏江海湖堤150多处,计32 km,要修复这些大中型工程约需资金5000多万元。另外,有

[①] 1担=50 kg。

247 座桥梁被冲毁。

受狂风暴雨袭击,全省农作物受涝 1466700 hm²,大部积水深 30～50 cm,局部深达 80 cm,其中有 1000000 hm² 水稻倒伏,其中严重倒伏面积 266700 hm²,减产 2～3 成,严重的达 4 成。正处抽穗扬花的中稻晚熟品种和单季晚稻,传花授粉受到影响,空瘪粒增多,结实率下降,明显影响产量,全省共损失粮食 10 亿 kg。406700 hm² 棉花倒伏,大部分棉田积水,果枝折断,蕾铃脱落,棉叶破碎,烂铃增加,棉花产量减少 1～2 成,损失皮棉 100 多万担。玉米、大豆和蔬菜损失也很严重。全省倒塌房屋 11.5 万间,损坏房屋 16.4 万间。因倒房和触电等死亡 52 人,伤 562 人,其中重伤 339 人。沉船 773 条。刮倒各种电线杆 3.5 万根。由于交通、供电、通信受阻,很多企业被迫停产。

(10)9711 号台风

1997 年 8 月 8 日在太平洋生成 9711 号台风,中心气压在 960 hPa,近中心最大风速达 54 m/s,8 级以上大风风圈半径 500 多千米。10 级以上大风圈半径 200 km。8 月 18 日 21 时 30 分台风在浙江省温岭登陆,登陆后西行至 118°E 附近转向偏北方向移动(即沿江苏西部边缘北上进入山东省境内),并逐渐减弱成热带风暴。

受其影响,江苏省由东向西,继而由南向北风力依次增强到 7～11 级,沿海 10～12 级。18 日 19 时 58 分,苏州市风速达 26 m/s,22 时 50 分吕四达 28 m/s,19 日 13 时 43 分,赣榆达 31 m/s,19 日 18 时 20 分西连岛极大风速 35 m/s,赣榆极大风速 35 m/s。18 日 05 时至 19 日 05 时,江苏东南部有 17 个市(县)24 小时雨量达 50 mm 以上,其中有 3 个站达 100 mm 以上(南通市 100.0 mm,通州市 101.8 mm,海门 108.4 mm)。19 日 05 时至 20 日 05 时全省 24 小时降水量达 50 mm 以上的有 38 个市县,其中 100 mm 以上的有 15 个市县,大于 200 mm 的有 2 个市县(连云港 202.3 mm,赣榆 205.2 mm),启东市 6 小时降水量达 102 mm。受台风和天文大潮共同影响,江阴潮位 7.22 m,超过历史最高潮位 0.04 m,天生港潮位 7.08 m,超过历史最高潮位 0.37 m。

这次台风造成损失十分严重。南通市因灾倒塌民房 4644 户、7022 间,严重损坏 9096 户、14515 间。受灾人口 698.3 万,成灾人口 449.9 万,紧急转移安置灾民 8045 人,伤亡人数 61 人,其中 16 人死亡、重伤 14 人、失踪 4 人。农作物受灾 414200 hm²,成灾面积 187200 hm²,绝收 11500 hm²。粮食浸水霉变 525.5 万 kg。全市棉花损失惨重,台风过后全市 98000 hm² 棉花全部倒伏,积水面积达 49700 hm²,近 20000 hm² 棉花田严重积水 48 h 以上,铃重将减轻 10%,预计每亩损失皮棉 25 kg 左右。夏玉米 5700 hm²,积水超过半天的有 3200 hm²,在严重倒伏的 5300 hm² 夏玉米中预计减产 50% 左右,秋玉米 3700 hm² 损失 20% 左右。水稻 181000 hm²,破叶率 10% 左右,机械损伤严重,天晴后叶尖枯黄叶色褪淡,预计损失 5%～8%。全市折断三杆(电力杆、电信杆和有线电视杆线)3140 根,大树 118 棵,多种经营损失严重。上千户渔民的鱼塘、蟹池被冲毁,家禽、家畜等也严重受损。公益设施遭到破坏,供水、供电、交通受阻,许多工厂、商店、仓库由于受淹而被迫停业、停产,居民家中浸水,家具受损,全市直接经济损失 15.18129 亿元。苏州市有 413.1 万人受灾。张家港乐余镇一涵洞被冲毁,导致江堤决口 40 m。乐余、兆丰 2 个镇 3 个村,4110 人一度被洪水围困,水深 1～3 m。全市受灾农田 260000 hm²,4300 hm² 水产养殖和 1700 hm² 林果蚕桑受损,800 头牲畜死亡,72 家企业进水,51 家企业停产和部分停产,损坏输电线路 74.62 km,99 条供电线路中断,沉船 99 条,损坏堤防 62.8 km,桥涵 30 座,泵站 7 座,死亡 1 人,受伤 12 人,直接经济损失 4.648 亿元。连云港市有 23 km 海堤造成不同程度损坏,其中 9430 m 海堤破坏严重,决口 100 余处,有 560 余座涵闸站被冲坏。盐田受淹面积达 300 多平方千米,冲坏盐池 3883.3 hm²,淌化原盐 38 万 t,损失卤水 300 多万立方米。全市 152000 hm² 农作物受灾,其中严重受灾面积 84700 hm²,绝收面积 14000 hm²。受灾作物中,36700 hm² 棉花近 33300 hm² 倒伏,24700 hm² 积水,且脱蕾掉铃现象严重,预计每亩损失 30% 以上。36000 hm² 玉米 80% 倒伏,14000 hm² 积水,每亩约损失 10% 左右。46700 hm² 蔬菜中 16000 hm² 严重积水,近 13000 hm² 蔬菜损失 40% 以上。破坏塑料大棚 94 个。23000 hm² 果园,受灾面积达 90% 以上,落果率 45%,果品损失 4.3 万 t。林木断折、刮倒、连根拔起的 100 余万株。新苗木损失超 66.7 hm²。畜禽圈舍倒塌 3000 余个,淹死、砸死畜禽 3 万只,摧毁鱼、虾、蟹塘 2566.7 hm²,冲坏育苗场 20 个。撞坏渔船 23 只,沉船 1 只。全市损坏房屋 13804 间,倒塌房屋 3963 间,被水围困 53 个村庄,转移灾民 31570 户、110600 人。全市 100 多个工厂车间、仓库进水,40 多家工厂短时间停产。刮断电话杆 2402 根,损坏通信电缆线 40370 m,刮断供电线 70 km。全市直接经济损失达 4.48 亿元。全省有 25.74 万人被洪水围困,紧急转移 13.8 万人,倒塌房屋 3.3 万间,损坏房屋 9.3 万间,死亡 33 人,受伤 300 多人,失踪 9 人,翻沉船只 110 多条,农作物受灾面积 977300 hm²,损坏江海堤防 330 km,水闸 196 座,桥梁 817 座,直接经济损失 53.4 亿元。

(11)0012 号台风

2000 年 8 月 26 日 20 时,0012 号台风"派比安"生成于菲律宾以东海面。台风经台湾以东洋面北上,在浙江舟山附近海面转向,移向朝鲜半岛,属近海活动的台风。

受台风倒槽及冷空气的共同影响,30 日 02 时起江苏省淮北及南通市东部地区先后出现暴雨到大暴雨,局部特大暴雨。8 月 30—31 日(05—05)降水量超过 200 mm 的有 8 个县(市),其中响水 24 h(8 月 30 日 03 时 27 分—31 日 03 时 27 分)降水达 830.3 mm。30—31 日江苏省东部地区还伴有 7~9 级大风,启东、海门、如东最大风力 11 级。其中 30 日晨响水县小尖乡、南河乡、七套乡及滨海县樊集等 5 个乡镇和灌南县局部还分别出现了龙卷。

淮北地区由于遭受历史罕见的特大暴雨及龙卷的袭击,部分地区的灾情十分严重。据省农林厅信息中心不完全统计,全省农作物受灾面积 400000 hm²,受灾较重面积 233300 hm²。响水县,全县共倒塌房屋 1.1 万间,冲毁桥涵 218 座,刮断电线杆 225 根,刮倒树木数十万株,几万亩鱼塘被淹,农作物受灾面积 53300 hm²,工矿企业的车间、仓库全部进水,平均水位 1.4 m,最深处 1.7 m,县城变成一片汪洋,全县企业全面停产,因灾死亡 5 人,伤 85 人,其中重伤 26 人。连云港市由于普降特大暴雨,内河水位普遍较高,加上农历初三大潮顶托,田间排水困难,不少地方还出现河水倒灌,致使市区内大街小巷和住宅区普遍被淹,全市因灾死亡 4 人,失踪 1 人,受伤 182 人。农田有 220000 hm² 受灾,成灾 168000 hm²,绝收 26700 hm²。6000 hm² 鱼塘漫塘,损失家禽 2 万余只。损失砖坯 300 多万块。因灾倒塌民房 7670 户 17015 间,损坏房屋 3 万余间。有 20 多万户民宅进水,700 多家企业受淹,其中 509 家企业被迫停产、半停产。粮库普遍进水,2 万余吨粮食受损。水毁公路 895 km。毁坏水利设施 760 处(座)。全市因灾造成的直接经济损失 10 多亿元。赣榆县柘汪镇一处海堤出现决口,大岭乡北朱皋村 1400 名群众一度被洪水围困。云台区朝阳李水库塌方 300 余米[3]。淮安市城区多处道路积水深达 0.5～0.6 m,数千户居民家中进水,中断供电线路 25 条次。淮阴县因灾倒塌房屋 110 间,赵集镇有一户因房屋倒塌致死 3 人,伤 1 人。南通市全市 26 个乡镇受灾,受灾人口 106 万,成灾人口 51 万,因灾倒塌民房 331 间,损坏房屋 530 间,农田受灾面积 142000 hm²,成灾面积 68000 hm²。另外,水利、交通、电力、通信等基础设施,海水养殖等多种经营和群众家庭财产也蒙受较重损失。因灾造成的直接经济损失 3823 万元。

(12)0509 号台风

2005 年 7 月 30 日,0509 号台风"麦莎"于西北太平洋洋面上生成。8 月 6 日凌晨 03 时 40 分,台风在浙江省玉环县登陆,登陆时中心风力达 12 级,最大风速达 45 m/s,中心最低气压仅 950 hPa。台风登陆后穿越浙江省,8 月 7 日 15 时经安徽东南部进入江苏省南京市江浦区,穿越江苏省,于 8 日 07 时经连云港、赣榆移向山东。

台风在江苏逗留 16 h。受其影响,自 8 月 5 日 05 时—9 日 05 时,江苏省 55 个市(县)降水量超过 50 mm,其中有 27 个市(县)超过 100 mm,最大的在太仓为 193.8 mm。另据加密自动站监测,这 4 d 累计雨量最大的常熟支塘镇为 218.4 mm。同时,江苏省各地出现了大范围的强风天气,4 d 内先后有 55 个市(县)出现了 7 级以上大风,部分地区达到 11 级。根据加密自动站观测,最大风速出现在启东圆陀角,达 34 m/s(12 级)。

台风"麦莎"给江苏省带来严重影响,全省受灾人口 795.56 万人,死亡 8 人,受伤 202 人。倒断树木、电线杆 641324 棵(根)。农作物受灾面积 478030 hm²,成灾面积 215108 hm²,绝收面积 12101 hm²。损坏房屋 26476 间,倒塌房屋 10698 间。农业经济损失近 9.97 亿元,直接经济损失近 17.99 亿元。

(13) 0515 号台风

2005 年 9 月 5 日,0515 号台风"卡努"于西北太平洋洋面生成。9 月 11 日 14 时 50 分,"卡努"登陆浙江台州,登陆时中心最大风力达 12 级,最大风速达 50 m/s,中心最低气压仅 945 hPa。台风登陆后穿过浙江北部,12 日 04 时 30 分经太湖以西进入江苏省,12 日 22 时 30 分从江苏省连云港市的燕尾港入海,在江苏境内历时 18 h。

受其影响,11 日夜里至 13 日江苏省大部分地区出现降水和大风天气。除 11 日 05 时—12 日 05 时,江苏省东南部地区有 15 个市(县)出现了暴雨—大暴雨外,12 日 05 时—13 日 05 时,苏北地区又有 19 个市(县)出现了暴雨—大暴雨,其中射阳降水量达 112.7 mm。大风主要出现在 12 日,江苏省大部分地区出现了 8～11 级大风,其中西连岛极大风速达 31.3 m/s(11 级)。江苏省此次因台风"卡努"灾害死亡 3 人,受伤 16 人;受灾人口 417.2 万人;农作物受灾 48.6 万 hm²,成灾面积 11.5 万 hm²,绝收 223 hm²;倒塌房屋 2816 间,损坏房屋 6906 间;直接经济损失约 15 亿元,农业经济损失 6.8 亿元。另外,该台风还造成部分市(县)供电线路短路,不少树木被刮倒,或树枝被刮断,以及鱼塘漫溢、桥涵闸泵站毁损,还对水陆交通造成了一定的影响,数万人被转移。

6.1.4 对风力的影响

对风电场而言,风力发电的有效风速一般为 3～25 m/s。热带气旋影响时,风力在 10 级以下时,可能有利于风电场的生产。然而,当带来的大风超过 10 级时,给风电场的生产和安全运营带来较大威胁。从调查的结果来看,沿海 14 个站点均出现了 10 级以上的大风,最多为西连岛,共出现了 20 个,最少为赣榆,出现了 4 个。受热带气旋影响,江苏沿海大部分地区出现过 11 级以上的大风,其中赣榆、连云港、西连岛、滨海、东台、如东和启东更是出现过 12 级以上的大风,极端极大风速达 40 m/s,出现在西连岛。由于海、陆下垫面的不同,热带气旋影响时,就相邻不远的近海和沿海而言,海上风力一般比陆地要大。因此,对江苏省近海风电场而言,其可能遭受阵风达 12 级以上热带气旋的影响(表 6.19)。

从分布来看,若不计海岛站,影响江苏省沿海南部地区的热带气旋明显多于北部。尤其是近海活动类的热带气旋,南部的南通地区出现个数远多于苏北连云港沿海地区。近海活动类热带气旋多在江苏省南部附近海域转向,对苏北连云港沿海地区的影响明显少于南通地区。

表 6.19 各站热带气旋影响时风力情况

站点	8~9 级个数	10~11 级个数	≥12 级个数	极端极大风速/(m/s)
赣榆	23	3	1	35
连云港	22	8	1	35
西连岛	42	19	1	40
灌云	20	3	0	—
响水	22	4	0	—
滨海	36	4	1	34
射阳	43	8	0	31.3
大丰	48	8	0	28
东台	49	3	1	34
海安	41	4	0	27
如东	70	9	1	34
南通	42	7	0	28
吕四	62	9	0	29
启东	49	7	1	34

表 6.20 给出了各站出现极大风速≥10 级的热带气旋个数。从表中可以看出,若不计海岛站,江苏省沿海地区南部出现 10 级以上大风的热带气旋个数要高于苏北沿海。尤其是近海活动类,南部明显高于北部。由于这一类热带气旋未经登陆的地面摩擦减弱作用,其风力往往比较强,可能会对风电场造成严重的影响。

表 6.20 各站热带气旋影响时阵风≥10 级个数

站点	正面登陆类	登陆穿出类	登陆消失类	近海活动类	全部
赣榆	—	1	2	1	4
连云港	1	4	3	1	9
西连岛	3	10	5	2	20
灌云	1	1	1	—	3
响水	1	1	1	1	4
滨海	1	4	—	—	5

站点	正面登陆类	登陆穿出类	登陆消失类	近海活动类	全部
射阳	2	4	2	—	8
大丰	1	5	2	—	8
东台	—	3	1	—	4
海安	1	3	—	—	4
如东	2	4	—	4	10
南通	1	—	3	3	7
吕四	2	3	1	3	9
启东	1	3	2	2	8

6.1.5 对风阵性特征的影响

在 2009—2012 年江苏沿海测风塔观测期间,共有 7 个热带气旋对江苏产生较大影响,分别是台风"莫拉克"(0908 号)、"莫兰蒂"(1010 号)、"梅花"(1109 号)、"达维"(1210 号)、"苏拉"(1209 号)、"海葵"(1211 号)和"布拉万"(1215 号)。这 7 个台风中除了台风"达维"(1210 号)是正面登陆,其余都为外围影响。利用这 7 个台风影响期间江苏沿海测风塔的观测数据,统计台风中心附近、台风外围影响、无台风影响期的风速、阵风系数和湍流强度,分析台风对江苏沿海不同高度层风的阵性特征的影响(陈燕 等,2019a)。

台风影响期间,伴随着风速和风向的剧烈变化,湍流强度、阵风系数也有不同于一般情况的鲜明特征。当有台风影响时,不管台风中心附近还是台风外围,所有高度层的风速明显增大。台风的强风过程伴随着大气高低层之间剧烈交换,不同高度层之间风速差异减少,使得台风外围地区的阵风系数和湍流强度小于无台风的情况,尤其是在低层,如在 10 m 高度上,受台风外围影响和无台风影响时的阵风系数分别为 1.49 和 1.58,相差 0.09;湍流强度分别为 0.18 和 0.21,相差 0.03。到 100 m 高度处,受台风外围影响时的阵风系数和湍流强度依然小于无台风影响时,但是其差异已经远小于 10 m 处。在台风中心附近,虽然总体风速更大,但是由于风速存在增大—骤减—再增大的双峰型变化,加上风向短时间内快速多变,湍流强度剧烈增大,10 m、30 m、50 m 和 70 m 高度的湍流强度分别达到 0.25、0.18、0.15 和 0.14,远大于台风外围和没有台风影响的情况,阵风系数也是如此,不同高度的阵风系数分别达到 1.65、1.44、1.36 和 1.33(图 6.3)。

当没有台风影响时,随着风速增大,不同高度处的阵风系数和湍流强度一致性减小,并逐渐趋于平缓。在台风外围,低风速时的湍流强度和阵风系数小于无台风的情况,高风速时略大,因此台风外围湍流强度和阵风系数同样随着风速增大而减少,但是变化趋势不如无台风影响时强烈。在台风中心附近,总体规律不变。在低层,当风力等级是 6~7 级时,风湍流强度和阵风系数会达到一个小峰值,当台风中心经过时低层风速多在 10~20 m/s,正好对应 6 级(10.8~13.8 m/s)和 7 级(13.9~17.1 m/s)风,因此这个风阵性的高值区就是由于台风中心经过时风速、风向剧变引起的。在高层,风速更大,这个峰值区也移动至 11 级(28.5~32.6 m/s),由于高层的湍流强度和阵风系数总体较小,此时的峰值不如低层明显(图 6.4)。

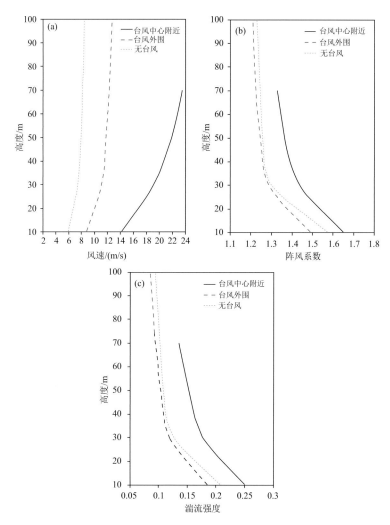

图 6.3　风速、阵风系数和湍流强度的垂直变化曲线
(a)风速；(b)阵风系数；(c)湍流强度

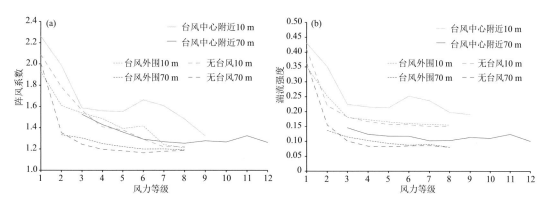

图 6.4　阵风系数和湍流强度随风速等级的变化
(a)阵风系数；(b)湍流强度

台风"达维"(1210 号)是近年来唯一的一个直接登陆江苏的台风,也是 1949 年以后登陆我国长江以北地区最强的台风,它于 2012 年 7 月 27 日下午在西北太平洋洋面生成热带低压,31 日清晨发展为强热带风暴,8 月 1 日进入我国东海北部海域,8 月 2 日凌晨增强为台风,2 日 21 时 30 分前后在江苏省响水县陈家港镇沿海登陆,登陆时中心附近最大风力 12 级(35 m/s),中心最低气压 975 hPa。登陆后,强度迅速减弱,3 日凌晨减弱为强热带风暴,之后进入山东省境内向西北偏北方向移动,下午减弱为热带风暴,夜间减弱为热带低压,4 日早晨在河北省近海减弱消散。

台风"达维"(1210 号)的云体尺度较小,8 月 1 日 14 时的中心位置位于(30.4°N,130.5°E)的洋面,此时对江苏影响较小;随着台风中心向西北移动,受左前侧云系的影响,风速逐渐增大,风向由 NE 向 N 旋转;到 8 月 2 日 18 时左右,江苏沿海南部测风塔已经位于台风的右后方,且距台风中心较远,风向由 E 转为 SE;21 时 30 分,台风中心在盐城市响水县陈家港镇沿海登陆,登陆地点位于 1 号测风塔南部 10 余千米处,此时 10 m 高度平均风速接近 20 m/s,极大风速达到 29.2 m/s,70 m 高度的平均风速和极大风速更高达 35.2 m/s 和 43.8 m/s;半小时后,台风中心经过江苏沿海徐圩测风塔,气压迅速下降到 980.5 hPa,风速陡降,10 m 高度的平均风速和极大风速降至 4 m/s 和 5 m/s 左右,70 m 高度的平均风速不足 5 m/s,极大风速不足 9 m/s;台风中心经过后,气压和风速回升。在这个过程中,1 号测风塔的风速呈现明显的双峰型变化,双峰之间出现风速小于 5 m/s 的短时低风速段,风向经历了 NNE—N—S—SSE 的转变,6 h 内风向发生了 180°以上的转变(图 6.5)。从台风"达维"(1210 号)影响期间不同高度层的阵风系数和湍流强度的变化也可以看出(图 6.6),在 8 月 1 日 09—12 时风速较稳定,但是风向变化大,湍流强度比较高;在 8 月 2 日 21—23 时,台风中心经过时风速和风向的剧烈变化相叠加,70 m 高度 22 时 10 分的湍流强度最高为 0.3,这说明风速和风向多变加剧了风阵性。

6.1.6 对风切变指数的影响

2009—2012 年台风"莫拉克"(0908 号)、"莫兰蒂"(1010 号)、"梅花"(1109 号)、"达维"(1210 号)、"苏拉"(1209 号)、"海葵"(1211 号)和"布拉万"(1215 号)对江苏产生较大影响。这 7 个台风中台风"达维"(1210 号)是正面登陆,其余都为外围影响。利用 7 个台风影响期间江苏沿海测风塔的观测数据,统计台风中心附近、台风外围影响、无台风影响期的风速随高度的变化,分析风切变指数特征(陈燕 等,2019b)。

在台风影响期间,江苏沿海各测风塔的风速总体较大,垂直方向上混合运动剧烈,上下层风速相差较小,风切变指数平均值为 0.19,比 8 月和 9 月同期的平均值 0.21 偏小。风切变指数在 -0.02~0.68 之间波动,变化范围小,标准差为 0.09,也明显小于无台风影响的同期值。10~30 m、30~50 m、50~70 m 和 70~100 m 不同高度区间的风切变指数分别是 0.24、0.16、0.15 和 0.14,均小于同期值,尤其是 10~30 m 高度,比同期平均值减小了 0.04,这体现了在台风剧烈混合作用下,地面植物、建筑度对风速阻挡、拖曳、衰减的影响随高度迅速降低,使得低层的风切变指数变小。

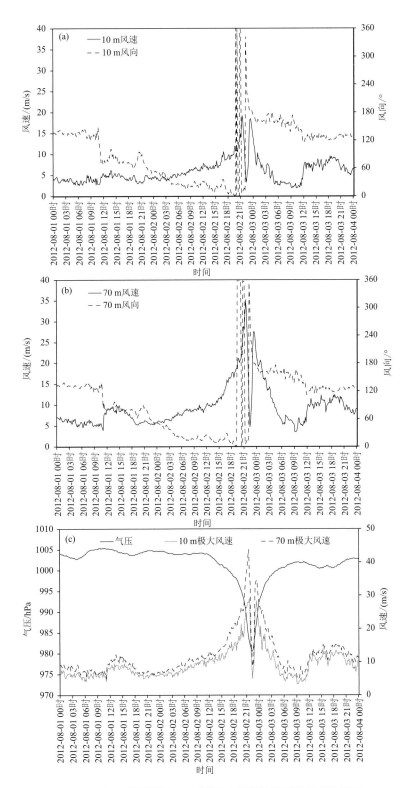

图6.5　台风"达维"(1210号)影响期间徐圩测风塔气象要素
(a)10 m风速、风向；(b)70 m风速、风向；(c)气压、10 m极大风速、70 m极大风速

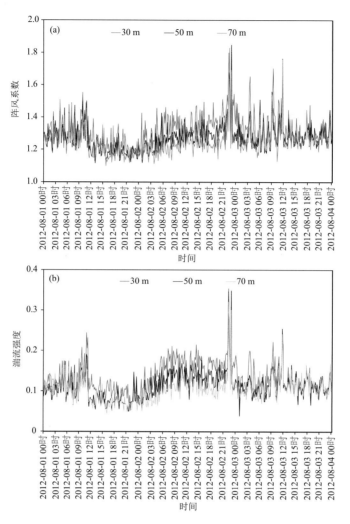

图 6.6　台风"达维"(1210 号)影响期间徐圩测风塔阵风系数和湍流强度的变化
(a)阵风系数；(b)湍流强度

　　在台风中心经过时,风速、风向、气压等都会有显著的变化特征,风切变指数也是如此。以台风"达维"为例,台风"达维"登陆后中心经过徐圩测风塔,当台风中心经过时,风切变指数呈现出增大—骤减—再增大的 M 型变化特征。"达维"的云体尺度较小,8 月 2 日起影响江苏,随着台风逐渐靠近,气压下降、风速增加、风向由东北风向北风转动,风切变指数在 0.1～0.3。台风中心于 21 时 30 分在陈家港镇沿海登陆,徐圩测风塔位于北部约 10 km 处,此时 10 m 和 70 m 高度的平均风速高达 20 m/s 和 35 m/s,高低层之间风速相差较大,风切变指数在 0.35 左右。台风中心大约 30 min 后经过徐圩测风塔,气压迅速下降至 980.5 hPa,风速也陡降,10 m 和 70 m 高度的平均风速分别为 4 m/s 和 5 m/s,相差无几,风切变指数最低达到 0.05。随后,高低层风速均回升,差异变大,风切变指数在 0.2～0.45 大幅度波动,风向由北风转为南风,6 h 内发生了 180°以上的转变。当台风进入山东境内后,对江苏的影响逐渐减弱,风切变指数又稳定在 0.1～0.2(图 6.7)。

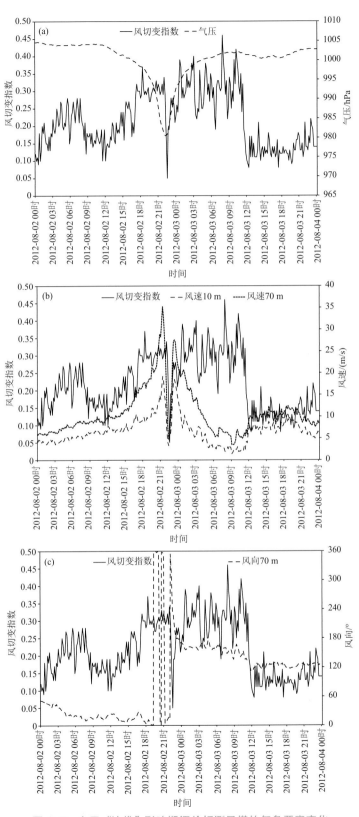

图 6.7　台风"达维"影响期间徐圩测风塔的气象要素变化

同时期的风速垂直廓线变化显示(图 6.8),在台风中心经过前,风切变指数变化较小;台风中心经过时,风速随高度变化十分小,风切变指数达到最低;当台风中心经过后,风速垂直差异加大,有些高度层还出现了风速倒置现象,如在 23 时,70 m 高度的风速小于 50 m 高度处,此时该高度层的风切变指数为 -0.14。进一步分析台风外围影响的风速垂直变化,发现风速倒置现象在各高度层之间均有出现。统计显示,在台风总的影响期间,70 m 和 50 m 高度层之间有 2.6% 的风切变指数小于 0,10.9% 的风切变指数等于 0,这两个比例在所有高度层中最高,说明在该高度层最易出现风速倒置(表 6.21)。

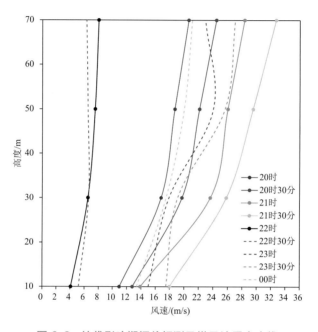

图 6.8 达维影响期间徐圩测风塔风速垂直廓线

表 6.21 台风影响时风切变指数频率分布

风切变指数	不同高度(Z)风切变指数频率分布/%				
	10 m≤Z≤30 m	30 m≤Z≤50 m	-50 m≤Z≤70 m	70 m≤Z≤100 m	综合
<0	0.5	1.3	2.6	1.1	0.0
=0	1.0	10.7	10.9	9.7	2.3
>0	98.5	88.0	86.5	89.2	97.7

以 10 m 高度处风速为参考,以 0.1 m/s 为间隔,台风影响期间的风切变指数、频率和风速的关系如图 6.9 所示。在台风影响期间,风速大,10 m 平均风速 7.8 m/s,标准差 3.2 m/s。3 级以下的低风速段频率低,风切变指数较高。4~6 级风速所占比例最高,风切变指数多在 0.15 左右。7 级以上大风多出现在台风中心经过前后,由于风速迅速多变,风切变指数出现剧烈抖动,这和平均状态有很大不同。总体而言,风切变指数随风速增大而减小。

总体来说,在台风影响江苏期间,江苏沿海地区的风切变指数比没有台风影响时小,平均值为 0.19。在台风眼区内,风速小,风切变指数最小仅为 0.05。在台风中心附近的云墙

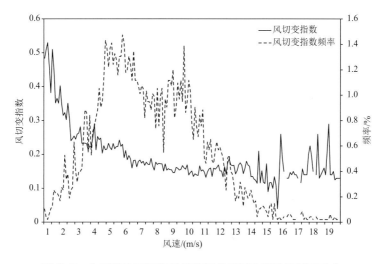

图 6.9 台风影响时不同风速区间的风切变指数和频率分布

区内,风速大,风向短时间内迅速变化,风切变指数在 0.15~0.45 之间变化剧烈,易对风机叶片、塔筒等产生破坏性影响。在台风外围影响区,风切变在 0.15 上下缓慢变化。

6.2 雷电

雷电是积雨云中、云间或云地之间产生的放电现象,是江苏省最为常见的气象灾害之一,也是风电开发的高影响天气之一。雷暴常出现于春夏之交或炎热的夏天,大气中的层结处于不稳定时容易产生强烈的对流,云与云、云与地面之间电位差达到一定程度后就要发生放电,雷暴天气总是与发展强盛的积雨云联系在一起(朱飙 等,2009)。在气象观测上,雷暴日是指某地区一年中有雷电放电的天数,一天中只要听到一次以上的雷声就算一个雷暴日。我国雷暴的观测自 2014 年开始停止人工观测,由国家雷电监测网的地闪监测数据替代。

6.2.1 雷暴日年际变化

全省各地雷暴日数的空间分布较均匀,普遍在 25~30 d,最多为东山站,有 34.3 d,最少为徐州,有 22.5 d,相对来讲,江淮和苏南地区比淮北多 6~10 d。1961 年以来全省平均年雷暴日数的常年平均值为 30.9 d,最大值出现在 1963 年 51.4 d,最小值为 1989 年 20.6 d。20 世纪 60 年代相对最多,70 年代明显下降,80—90 年代相对稳定,大多年份略低于平均值,自 2000 年之后,回升趋势较为明显,尤其在 2000 年以来,年雷暴日明显增多(图 6.10)。

6.2.2 雷暴日空间变化

从 1961—2012 年江苏省各地雷暴日数的变化趋势来看,总体均呈减少的趋势,这可能是由于 20 世纪 60 年代前期雷暴日数异常偏多所致。而从 1980—2012 年雷暴日数的变化

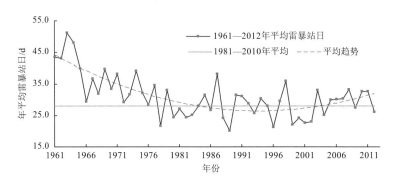

图 6.10 江苏省 1961—2012 年平均雷暴站日变化

趋势来看,除苏南西南部及沿江局部地区外,其他大部分地区都呈增多的趋势,增多趋势多为 1～2 d/(10 a)(图 6.11、图 6.12)。

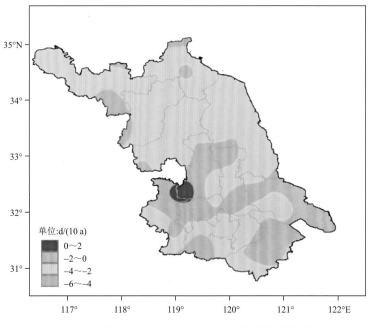

图 6.11 江苏省 1961—2012 年雷暴日数变化趋势分布

6.2.3 影响及典型案例

雷暴对风电场工程的安全运行影响是比较大的,可能会对电气设备、建筑物及人员造成伤害,造成巨大的损失,甚至是颠覆性的影响。一方面,雷电流高压效应会产生高达数万伏甚至数十万伏的冲击电压,如此巨大的电压瞬间冲击电气设备,足以击穿绝缘使设备发生短路,导致燃烧、爆炸等直接灾害。另一方面,雷电流高热效应会放出几十安至上千安的强大电流,并产生大量热能,在雷击点的热量会很高,可导致金属熔化,引发火灾和爆炸。第三方面,雷电流机械效应主要表现为被雷击物体发生爆炸、扭曲、崩溃、撕裂等现象,对风电机组及其配套设施直接造成机械损伤,导致财产损失和人员伤亡。另外,雷电流的静电感应和电

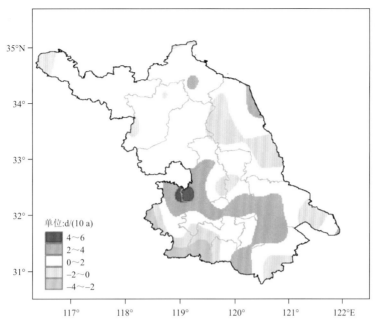

图 6.12　江苏省 1980—2012 年雷暴日数变化趋势分布

磁感应也容易导致火灾和设备损坏。

2017 年 7 月 14 日,国家电投集团江苏滨海北区 H2 号 400 MW 海上风电场项目所在滨海县黄海海域发生强雷电天气,项目海上升压站一层平台 35 kV 电缆发生爆燃。海上升压站工作人员及时扑救未果后,有序组织人员撤离,之后发现 1 人失联。

6.3　大风
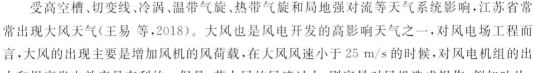

受高空槽、切变线、冷涡、温带气旋、热带气旋和局地强对流等天气系统影响,江苏省常常出现大风天气(王易 等,2018)。大风也是风电开发的高影响天气之一,对风电场工程而言,大风的出现主要是增加风机的风荷载,在大风风速小于 25 m/s 的时候,对风电机组的出力和提高发电效率是有利的。但是,若大风的风速过大,则容易对风机造成损伤,例如叶片、塔筒折断等。

大风是江苏一年四季都经常发生的气象灾害,可由多种天气系统产生。其分布特征是由东向西逐步递减,在东部沿海一带最多,平均达 10～57 d,表明这一带风能资源丰富,最大值区在江苏东北部的连云港市和盐城市的沿海地区,太湖、洪泽湖岸边和长江沿线相对也较多,表明海洋和大的水域对风力有增大作用。由于最大风速观测自 1978 年来资料较为完整,因此分析了 1978—2012 年各地最大风速变化趋势,从图 6.13 来看,全省各站年最大风速都呈下降的趋势,西部大于东部,西部地区下降趋势大部分都在 1～2 m/(s·10 a),其他

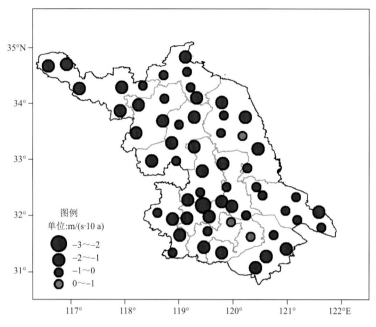

图 6.13 江苏省 1978—2012 年最大风速变化趋势分布图

大部都在 $0 \sim 1$ m/(s·10 a)。

1961 年以来,全省各气象观测站观测到的大于 36.4 m/s 的极大风速共出现了 7 次,极大风速极值达 44.4 m/s,为 2012 年台风"达维"影响造成。若不考虑海岛站(西连岛),全省陆地上大于 36.4 m/s 的极大风速共出现 6 次,极大风速最大值达 41.0 m/s,1979 年 4 月 1 日出现在宝应,见表 6.22。

表 6.22 1961—2015 年全省极大风速排名情况及灾害

排名	站名	极大风速/(m/s)	出现日期(年-月-日)	产生原因	灾害情况
1	西连岛	44.4	2012-08-03	台风"达维"	受台风"达维"和"苏拉"影响,连云港、盐城、南通地区共造成 615103 人受灾,紧急转移安置 110741 人;农作物受灾面积 47919.98 hm²,绝收 2050.9 hm²;倒塌房屋 203 间,一般损坏房屋 2836 间;严重损坏房屋 6386 间;直接经济损失 85371.94 万元
2	宝应	41	1979-04-01	强对流	3 月 29 日—4 月 1 日,全省共 14 个县(市)遭受风雹袭击,据不完全统计,共有 24770 hm² 农田受灾,宿迁、泗阳、宜兴、武进等地倒塌房屋 23648 间,死亡 7 人,受伤 24 人
3	赣榆	40	1967-06-04	强对流	受冰雹和暴风雨袭击,冰雹最大的有拳头大,中等的有鸡蛋大,持续时间 20 min。共倒、坏房屋 116941 间。死伤 840 人,其中轻伤 676 人,重伤 160 人,死亡 4 人
4	南京	38.8	1974-06-17	强对流	遭受冰雹、强风袭击,南京、江宁、溧水等地风力在 12 级以上,南京极大风速 38.8 m/s,仅次于 1934 年的 39.9 m/s。南京市郊区蔬菜受损 30%,水果损失 50% 以上。江宁区倒塌房屋 3659 间,死亡 7 人,受伤 179 人

续表

排名	站名	极大风速/(m/s)	出现日期(年-月-日)	产生原因	灾害情况
5	江都	38.1	2002-05-20	强对流	—
6	赣榆	37.4	1974-04-24	强对流	受冰雹和雷雨大风袭击,赣榆县刮坏房屋8800间,死亡1人,受伤51人
7	东台	36.8	2006-06-28	龙卷	龙卷移动路线离东台观测站600 m,高秆农作物倒伏,东台高新能源研究所三座厂房屋顶被揭开,厂房里的设备被损坏,烟囱和围墙倒塌,建设中的厂房钢构架变形
8	盐城	34.8	2010-08-04	强对流	—
9	六合	34.5	2015-08-06	强对流	6日下午,南京六合遭遇狂风暴雨夹冰雹,突然一阵龙卷袭击了六合机场路,将机场路附近一家汽车销售店铺的房顶掀飞,连接房顶的墙体几十块砖块被龙卷刮飞,从空中坠落后,砸中汽车店铺门前停放的轿车车身上,其中8辆轿车的挡风玻璃和车顶引擎盖损坏
10	丹阳	33.7	2011-07-27	强对流	风力达10级,船厂3台龙门吊倾覆。江都受伤4人,死亡2人

6.4 雾和霾

6.4.1 雾

空气中悬浮的水汽凝结物使能见度小于1 km时称为雾,它影响水平和垂直能见度。大雾常常使得飞机起降受阻,高速公路关闭,轮渡停航,还会发生交通航运事故。当大雾弥漫时,空气中的有毒、有害物质和大气污染物会发生一系列物理化学反应,从而产生新物质,具有有害、腐蚀性,对人体形成伤害,也会对风电机组及其配套设施造成腐蚀,降低风电机组的使用寿命。大雾时,往往存在逆温层,受逆温层的阻挡,空气无法对流,污染物难以向上扩散,同时逆温层内风速小,污染物难以水平扩散,从而造成污染危害。另外,雾天空气潮湿,输电线路会发生"雾闪"而掉闸,引起大面积停电等。

雾是江苏省最为常见的高影响天气之一,全年均有雾发生,以秋冬季节为多,夏季较少出现。全省平均年雾日数常年平均值为33.7 d,最大值年为1980年50.0 d,最小值年为2005年19.1 d(图6.14)。20世纪60年代相对偏少,70年代中期开始上升,至90年代初为一段偏多时期,90年代中期开始明显下降,2000年以来大多年份相对偏少(杜坤 等,2011)。

由于江苏东临黄海,全省又河网密布,近地层水汽含量往往较多,极容易形成雾,雾是江苏最常见的灾害性天气,严重影响交通和城市生活以及人体健康。东部沿海与河网地区以及沿江和苏南地区,年雾日数相对较多,一般都在30~64 d;低值区在14~20 d,主要在西北

部地区。从 1961—2012 年雾日的空间变化趋势来看,淮北北部、江淮北部及苏南东西部增多
0.0~5.0 d/(10 a),其他大部减少 0.0~10.0 d/(10 a)(图 6.15)。

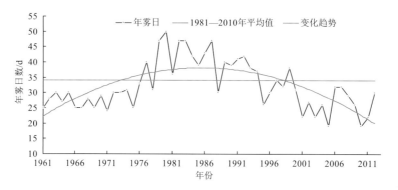

图 6.14　江苏省 1961—2012 年雾日数变化

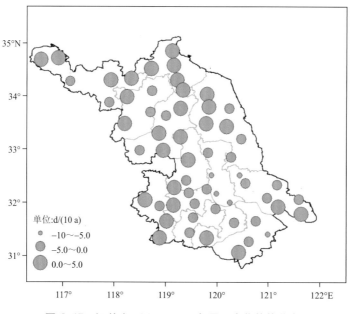

图 6.15　江苏省 1961—2012 年雾日变化趋势分布

　　一般而言,雾对风电场建设和运行的影响主要体现在三个方面。首先,雾一般形成于风速
较小、空气湿度较大的静稳天气条件中,若当地的大气污染较重时,空气中的有毒、有害物质和
大气污染物会发生化学反应,具有较强的腐蚀性,容易腐蚀风电机组,从而降低风电机组的寿命,
增加风电机组的损耗和成本。其次,大雾发生时,容易增加空气中的导电性能,对开关站、输电线
路造成影响。另外,在发生大雾时,由于视程障碍,迁徙或觅食的保护鸟类容易被风机损伤。

6.4.2　霾

　　霾,也称灰霾、阴霾,是指原因不明的因大量烟、尘等微粒悬浮而形成的浑浊现象,霾的
核心物质是空气中悬浮的灰尘颗粒,气象学上称为气溶胶颗粒。霾中含有数百种大气化学

颗粒物质,主要影响人体健康、交通安全和区域气候条件。

　　霾是江苏省较为常见的高影响天气之一,一年四季均有发生。全省平均年霾日数常年平均值为 15.9 d,1961 年为最低值 2.2 d,2012 年为最大值年达 140.9 d,呈明显上升趋势,1961—2012 年增加了 43 d(图 6.16)。霾的上升趋势与经济发展和城市化进程加快致使空气质量下降有关。

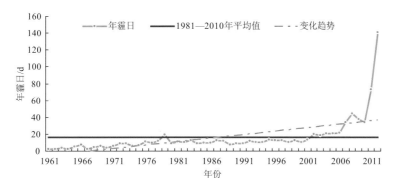

图 6.16　江苏省 1961—2012 年霾日数变化

　　霾的高值区主要在沿江苏南,一般在 10~30 d,其中南京达 79 d,为全省之冠,这与苏南地区特别是南京城市化发展迅速,工业化进程快有密切的关系。此外,淮北部分地区也相对较高,在 10~20 d,其他大部分地区在 10 d 以下。从 1961—2012 年霾日的空间变化趋势来看,江苏省各地霾日呈明显的增加趋势,尤其是沿江苏南及淮北部分地区,大部分增加趋势在10 d/(10 a)以上,江淮之间大部分地区增加趋势也在 5 d/(10 a)以上(图 6.17)。

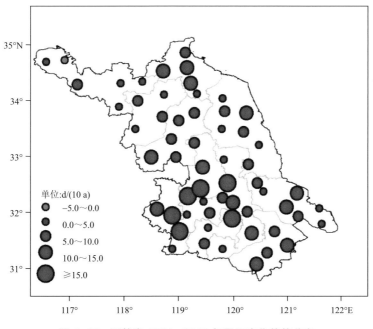

图 6.17　江苏省 1961—2012 年霾日变化趋势分布

霾作为常见的气象灾害,其对风电场建设和运行的影响与雾较为相似。首先,霾出现时,空气同样可能具有较强的腐蚀性,容易腐蚀风电机组,从而缩短风电机组的寿命,增加风电机组的损耗,从而增加风力发电的成本。其次,霾发生时,对人体健康有着较大影响。另外,在发生霾时,由于视程障碍,迁徙或觅食的保护鸟类容易被风机损伤。

6.5　龙卷

龙卷是一种相当猛烈的天气现象,由快速旋转并造成直立中空管状的气流形成,多呈上大下小的漏斗状。龙卷一般尺度较小,持续时间较短,但由于其中心气压很低,水平气压梯度很大,破坏力惊人,可将一些房屋、人、畜等卷走,经过水面时会把水吸向空中,形成一个水柱(水龙卷),因而造成的灾害也很严重。

当龙卷伸展到地面时可产生强烈的旋转性狂风,超强龙卷中心风力可达 140 m/s 以上,极具破坏力。着地龙卷小则直径几米、十几米,大者可达数百米到 1 km,甚至 1 km 以上。龙卷移动方式多样,有摆动式、跳跃式等,路径长度从数十米到几千米、几十千米,甚至上百千米。龙卷生命史较短,从发生到消亡全过程不过几分钟到几十分钟。相对于其他气象灾害而言,龙卷具有影响范围较小、生命周期短、风力强、破坏力巨大等特点。

龙卷常伴有冰雹等其他灾害,是强对流天气的一种产物,常发生在中、高纬度低层大气不稳定地区,往往与锋面、气旋等相伴。它的形成需要大量的能量,需要高温、高湿以及极不稳定的大气层结,因此,龙卷主要出现在夏半年,以下午至傍晚为多。另外,龙卷的出现及强弱与地形、植被和地表粗糙度等条件有着密切关系。一般而言,龙卷多出现在平原地区,山区和丘陵少见,城市里更少。

江苏省地势平坦、水网密布,又地处东亚季风区,具备诱发龙卷的气候背景和环境条件,是全国龙卷最为多发的地区。尤其是苏北里下河地区,是全省龙卷最为多发的地区之一。根据各地气象台站上报的各类气象报表、龙卷灾情调查报告和各市、县的气象局、三防办、编志办、民政局、档案馆、新闻媒体等部门搜集得到的龙卷资料,1949 年以来,全省共发生了1000 多例龙卷(潘文卓,2008)。

6.5.1　龙卷的时空分布特征

1950—2015 年,60 a 间江苏省共发生龙卷 842 个,平均每个县、市每年发生 0.2 个。龙卷出现最多的区域主要在南通沿海地区,平均每年分别发生 0.5 个。射阳和阜宁龙卷出现次数较少,平均每年分别出现 0.08 个和 0.25 个。

江苏省龙卷发生的频数总体分布是沿海多,靠内陆少;而沿海分布为南多北少;东南部多,中西部少。江苏省 13 个地级市中,南通市是江苏省龙卷发生频数的最高值区,苏州为次高值区,两个城市都位于江苏东南部;发生频数属于中等的有无锡、常州、泰州、淮安、扬州、盐城和徐州;发生频率较低的为南京、镇江、宿迁和连云港(许遐祯 等,2010)。

江苏省 7 月的龙卷活动最强,占年龙卷总数的 39.3%,其次为 6 月和 8 月,分别为 18.8% 和 18.4%;最少的为 2 月,50 a 的龙卷记录中未有发生在 2 月的龙卷,其次为 12 月和 1 月,各仅有 1 次记录。

江苏省夏季为龙卷的高发期,发生在夏季的龙卷占总次数的 76.5%,这与龙卷发生的必要条件相吻合,夏季空气湿润且不稳定。发生在春季的龙卷占总次数的 14.3%,发生在秋季的占总次数的 9%,冬季只占 0.2%。从时间分布上来看,发生在一日内约占总数的 75%(图6.18)。其中,有 64% 的龙卷发生在 13—18 时。龙卷生命史较短,厂址区域内的龙卷持续时间大多在 20 min 以内,占有持续时间记录的 68.5%,其中持续时间在 10 min 以内的龙卷最多,占有持续时间记录的 52.1%。持续时间在 30 min 以内的占有持续时间记录的 86.3%。

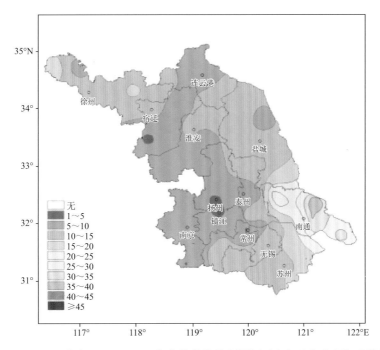

图 6.18　江苏省 1950—2015 年各站龙卷分布图(民政部门和气象部门合计)

6.5.2　影响和典型案例

由于龙卷产生强烈的旋风,中心气压很低,中心有强烈的辐合上升运动,往往造成严重的灾害。其致灾因子主要有以下几种。

(1)强烈的旋风:影响江苏的强龙卷风速一般在 50~70 m/s,少数能达到 80 m/s 以上。强风常会卷倒房屋、拔起或折断树木,伤害人、畜,甚至对一些重要设施造成致命的破坏。

(2)飞射物:强烈的旋风常会卷起一些物品随风飞舞,对人、畜和建筑、设施造成破坏。

(3)强烈的气压降:龙卷发生时瞬时中心气压很低,形成巨大的大气压力差,从而可能对核反应堆以及一些密闭容器造成毁灭性破坏。

6.5.2.1　阜宁 2016 年 6 月 23 日龙卷

14 时 20—55 分,在阜宁县板湖、硕集、新沟、金沙湖出现了龙卷天气,14 时 29 分新沟出现 34.6 m/s(12 级)强风,是自阜宁 1959 年建站 57 a 以来观测到的最大风速。受其影响,阜宁县、射阳市因房屋倒塌等原因死亡 98 人,152 人重伤,694 人轻伤;转移安置 27910 人,倒毁房屋 1300 户,3200 多间,严重损坏房屋 1000 户 2500 间,一般损坏房屋 1500 户 3000 间(图 6.19)。

图 6.19　阜宁龙卷灾害实景图

6.5.2.2　高邮、兴化 2000 年 7 月 13 日龙卷

2000 年 7 月 13 日,宝应、兴化、高邮等地遭受龙卷袭击。龙卷在宝应县广洋湖、鲁垛等 4 个乡镇形成并逐渐加强向南运动,下午 15 时 30 分,龙卷进一步加强后进入高邮市甘垛、三垛两个乡镇,随后向东横扫兴化市竹泓、临城、安丰等 13 个乡镇,下午 16 时许,一路从兴化市大邹、安丰镇出境北上向盐都、射阳、阜宁县方向而去,另一路从兴化市竹泓镇出境向南沿东台至海安县方向而去,风势逐渐减弱。据高邮、兴化市受灾最重的干部、群众反映,风力最强劲时超过 12 级,狂风经过之处,房倒屋塌,一排排大树被齐刷刷地拦腰折断,钢筋混凝土桥梁被摧毁,农船翻沉,连数吨重的输变电铁塔也不能幸免被狂风掀翻,正在路上行驶的中巴车也被掀翻到河中。高邮市境内龙卷宽度达 500 m,长度达 20 km。宝应、高邮两县(市)有 6 个乡镇、19 个村 54 个村民小组遭受龙卷袭击。初步统计,因灾倒塌房屋 5009 间,损坏房屋 2907 间,死亡 12 人(高邮市三垛镇 4 人,甘垛镇 8 人),其中倒房砸死 10 人,倒树砸死 2 人,失踪 1 人,受伤 1404 人,其中重伤 144 人,倒断"三杆"2070 根,树木 46100 株,砸死牲畜 2465 头,家禽 72800 只。兴化:灾情严重,初步统计,因灾倒塌房屋 4543 间,损坏房屋 3790 间,死亡 11 人(倒塌房屋砸死),失踪 1 人,500 多人受伤,其中危重病人 30 人,沉船 37 条,损坏桥梁、涵闸 5 座,大量树木、供电通信设施、家禽、家畜遭损,直接经济损失近 5000 万元。

调查发现,该龙卷生命史较长、路径也长、范围广。龙卷在宝应南部生成,进入高邮西部进一步加强,但真正接地并造成巨大危害是在高邮三垛、甘垛镇往东到兴化经济开发区、竹泓镇这一段,长约30 km,有跳跃式前进的特点,据当地目击者称,这是所见过的最为可怕的龙卷。

7月13日下午15时左右,一股强烈的对流云团自宝应县进入高邮市境内,15时10分左右突然从云层中伸下两股龙卷,自西向东先后侵袭了三垛镇的柳北村、武宁村、少游村和甘垛镇的启南村、荷花村、振兴村、学忠村、启北村、横铁村,共47个村民小组受灾。此次龙卷的强度为高邮历史上罕见。高邮市以三垛镇柳北村灾情最为严重。龙卷从北面宝应移过来,跳跃式发展,下午15时10分左右,到三垛后转为向东移动。路径为一条狭长的路径,持续约30 min,地域范围长10 km,宽约2 km,最宽约100余米。目击者称,当时看到两条漏斗云接地,天昏地暗,非常怕人。瞬间停电停水、交通中断。树木齐刷刷被折断,启南村一棵直径50 cm以上的老柳树(木质坚硬)被扭成麻花状折断。路上行驶的中巴车被风掀下河,一条水泥农船(重1 t以上)从一条河刮到另一条河。路径内房子全部被毁坏,造成大量人员伤亡。一户人家事发前有几个老太太在打牌,其中一位因家里有事离开回家幸免于难,其余几位因房倒,非死即伤。甘垛镇远东液化气站30多米高的防雷铁塔被拦腰扭折。

兴化市受灾最重的为竹泓镇,事发后去调查时,路已经完全不通,多座钢筋混凝土桥梁被摧毁,路上树木被刮倒、刮断,一片狼藉。龙卷发生于下午15时40分左右,持续10~15 min,从西南往东北方向移动,当地很多人看到漏斗云接地,天昏地暗。路径里所有房子被毁坏,造成大量人员伤亡。树木被齐刷刷地拦腰折断,连直径50~60 cm的大树也被折断,有人被卷走,刮到河里。一家农户2层楼房倒塌,楼顶(钢筋混凝土整浇顶)被整块刮下地。一个单位一排2层楼房上面一层完全被毁坏,只留下正面的墙壁。一家农户三间瓦房屋顶被掀,屋内一些东西被刮跑。一户人家房子里的洗衣机被刮到屋后的河里。一家农户2层楼房的屋顶(尖顶)被掀掉,刮走50~60 m,造成1人死亡,多人受伤。竹山村5 t重的水泥船从河里刮到了岸上。鱼塘里的鱼被刮起带往他处,被人捡到。竹山大桥(钢筋水泥桥,长约50 m)一共10块桥板,有4块被刮下河,造成交通中断。竹泓中心小学钢筋混凝土教学楼的铝合金窗户全部被损坏,大量被整个扯掉,4楼顶上的大水箱从西边刮到东面落下地,离教学楼十几米远(图6.20,图6.21)。

图6.20 兴化龙卷灾害图片1

图 6.21　兴化龙卷灾害图片 2

第 7 章
江苏省风电开发专业气象服务典型案例

2005 年以来,为了配合和支持全省风能资源开发利用工作,江苏省气象部门开展了大量的专业气象服务工作,主要包括风能资源观测、风能资源评估、风电场选址、风电工程气象条件研究、风参数研究、风电功率预报服务等。先后开展了全省风能资源普查、全省风能资源详查和评价;骆马湖、洪泽湖、南京地区以及大唐金湖风电场、龙源盱眙风电场(一期、二期)、嘉鑫能源洪泽风电场、嘉鑫能源淮阴风电场、南京高传泗洪风电场、高传泗阳风电场等风能资源评估工作,为中广核如东 150 MW 海上风电场、海装如东 300 MW 海上风电场以及滨海、射阳、大丰、东台四个海上风电特许权项目开展气候可行性论证分析和研究,本章对江苏省气象部门开展的风电开发专业气象服务典型案例进行介绍。

7.1 南京地区风能资源评估和风机试验场 选择

7.1.1 服务概况

2010 年 8 月,中国高速传动设备集团有限公司为了在南京地区选址建设风机试验场,委托江苏省气候中心开展"南京地区风能资源评估和风机试验场选择工作"。该项工作通过开展南京地区风能资源评估,找到风能资源较为丰富的风机试验场址,结合土地可用性、交通条件、施工条件等,推荐 2～3 个风机试验场候选场址(江苏省气候中心,2010b)。

该项工作通过在南京地区开展高分辨率数值模拟,结合实测风资料,摸清南京地区不同高度的风能资源分布状况。在此基础上,初步选定 5 个候选场址,对 5 个候选场址的风能资源以及土地可用性等建设条件进行详细分析,最终给出推荐的候选场址。

7.1.2 数值模拟方案

南京市区域南北长、东西窄,南北直线距离约 150 km,中部东西宽 50～70 km,南北两端东西宽约 30 km。为此,内层模拟区域涵盖了南京地区周边 180 km×150 km 的区域,网格距为 1 km(图 7.1)。外层模拟区域包括大部分华东地区在内,为内层目标区域提供环流背景场,网格距为 3 km,格点数为 281×281 个。

南京地区多低山丘陵,六合区北部有东平山、冶山,东南部有方山、灵岩山;浦口境内分布着东北—西南走向的老山山脉;城郊和江宁区是宁镇山脉西段;溧水、高淳县境的东部是茅山山脉的一部分。模式采用 30 s 分辨率(约为 900 m)的 USGS 资料建立地形高度场,能够基本呈现上述南京地区地形特征。南京地区陆面类型分布多样,其中平原区为重要农业区。长江南京段长度约 95 km,主要湖泊为南部的石臼湖和固城湖,湖泊面积分别约为 200 km² 和 25 km²;山地地区有众多林场。随着城市化发展,南京地区城区面积明显扩大,如图 7.2 所示,相对于 1993 年产生的 USGS 陆面类型分布资料,2002 年生成的 MODIS 陆面类型分布

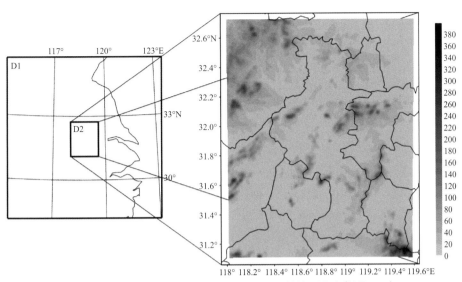

图 7.1 WRF 模式两层嵌套区域及内层区域地形高度(单位：m)

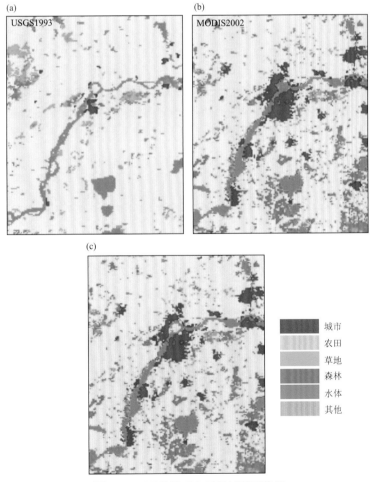

图 7.2 WRF 模式内层区域陆面类型

(a)USGS 陆面类型资料；(b)MODIS 陆面类型资料；(c)WRF 模式中使用的陆面类型

资料更加接近陆面现状,但其缺失八卦洲,因此模式综合考虑了上述两笔资料来建立陆面类型,使其能够更加真实的反映陆面分布现状。

为提高大气边界层内的分辨率,WRF 模式垂直方向上共分为 35 层,其中 1 km 以下 12 层,以提高边界层过程的模拟效果。外层网格时间步长为 18 s,内层网格时间步长为 9 s。微物理过程采用 WSM 3-class 方案,短波辐射采用 Dudhia 方案,长波辐射采用 RRTM 方案,大气边界层采用 YSU 方案,陆面模式采用 thermal diffusion 方案,另外,显式计算积云对流。

模式采用的气象驱动场为日本气象厅(JMA)区域谱模式(RSM)再分析资料,分辨率约为 20 km。JMA-RSM 资料具有较高的水平分辨率,包含丰富的中尺度环流信息,能够为气象模式提供优良的初始条件。陆面模式驱动场采用的是 1°×1° FNL 分析资料中包含的陆面参量。

历史观测数据表明,南京地区 2001 年风速与 1981—2010 年气候平均值较为接近,因此选取模拟时段为 2001 年 3 月—2002 年 2 月。为避免模式连续积分造成误差积累,将一整年的模拟分为 122 组,每组初始时刻为 00 时(世界时),积分长度为 84 h,其中前 12 h 作为模式调整时间。一年的模拟结果由 122 组模拟数据整合而成。

7.1.3　模拟误差分析

本研究使用南京地区各气象台站的地面逐日风速观测资料对模拟结果进行检验,表 7.1 中列出了各地面气象站概况。每个测站观测序列由 365 个数据点组成。南京境内 6 个地面常规气象站均位于平坦地形处,海拔较低。地面平均风速较小,在 2.11~2.88 m/s。从位置分布来看(图 7.3),6 个站点由北至南均匀分布在南京境内,能够对模拟结果进行较为全面的检验。选取模式 10 m 高度风速的输出结果(表 7.2),将其插值到站点位置与观测进行对比检验。

7.1.4　模拟结果分析

7.1.4.1　年平均风速

大气近地层风速时空分布是天气系统和下垫面状况共同作用的结果,特别是陆面粗糙度对近地层风速影响较大。从 10 m 高度的年平均风速分布来看(图 7.4),南京地区地面风速在 1.0~4.0 m/s,江面、湖区大于陆地,山体、丘陵大于平原。其中,风速大值区位于长江水面以及南部石臼湖、固城湖湖面等粗糙度较小的地区,水面上的平均风速在 3.5 m/s 以上。长江沿线的新生洲、新济洲、江心洲、八卦洲年平均风速也在 3.5 m/s 以上。受地形影

表 7.1　模拟期间各气象台站年平均风速

测站名	纬度/°	经度/°	海拔高度/m	年平均风速/(m/s)
六合	32.35	118.83	12.2	2.24
浦口	32.05	118.62	8.9	2.88
南京	32.00	118.80	7.1	2.11
江宁	31.95	118.85	22.1	2.38
溧水	31.65	119.03	25.5	2.31
高淳	31.33	118.88	14.9	2.69

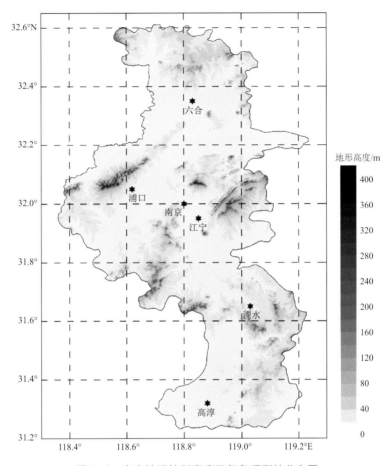

图 7.3 南京地区地形高度及气象观测站分布图

表 7.2 10 m 高度风速模拟误差统计

站名	时段	观测风速/ (m/s)	模拟风速/ (m/s)	绝对误差/ (m/s)	相对误差/%
六合	春季	2.00	2.05	0.05	2.5
	夏季	1.32	1.96	0.64	48.5
	秋季	2.77	1.82	0.95	34.3
	冬季	2.89	1.79	1.10	38.1
浦口	春季	3.14	2.26	0.88	28.0
	夏季	2.88	2.24	0.64	22.2
	秋季	2.66	2.20	0.46	17.3
	冬季	2.84	2.09	0.75	26.4
南京	春季	2.28	1.96	0.32	14.0
	夏季	2.12	1.91	0.21	9.9
	秋季	2.14	1.77	0.37	17.3
	冬季	1.90	1.67	0.23	12.1

续表

站名	时段	观测风速/ (m/s)	模拟风速/ (m/s)	绝对误差/ (m/s)	相对误差/%
江宁	春季	2.60	2.15	0.45	17.3
	夏季	2.44	2.16	0.28	11.5
	秋季	2.27	1.96	0.31	13.7
	冬季	2.18	1.85	0.33	15.1
溧水	春季	2.57	2.21	0.36	14.0
	夏季	2.38	2.25	0.13	5.5
	秋季	2.11	2.03	0.08	3.8
	冬季	2.18	1.88	0.3	13.8
高淳	春季	2.77	3.36	0.59	21.3
	夏季	2.71	3.39	0.68	25.1
	秋季	2.58	3.31	0.73	28.3
	冬季	2.72	3.10	0.38	14.0
平均	全年	2.44	2.22	0.22	9.0

响,浦口老山地区、市区东郊紫金山地区、江宁青龙山—钓鱼台地区及溧水双尖山—秋湖山附近地面风速均较大,在 3.0～3.5 m/s。六合东部的丘陵地区、江宁区的西南部山地丘陵地区以及高淳大部分地区年平均风速在 2.5～3.0 m/s。由于城市下垫面粗糙度较大,城镇化水平较高的南京市区、溧水县城、江宁东山以及江北的江浦至大厂沿线风速较小,在 2.0 m/s 以下。

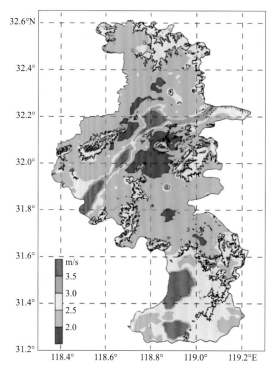

图 7.4 南京地区 10 m 高度年平均风速分布

　　近地层风速随高度增加而增大，其增长速率与下垫面状况有关。由于水面开阔平滑、摩擦小，风随高度变化相对较小，而山地、丘陵、城区由于下垫面粗糙，风速高度变化较为明显。相对于地面风速分布而言，70 m 高度上风速的大值区不是水面，而位于山地地区(图 7.5)。在距地面 70 m 处，南京大部分地区风速在 4.0～4.5 m/s，湖面风速在 4.5～5.0 m/s。浦口大刺山—狮子岭(老山山脉)、江宁上坊镇青龙山—钓鱼台及溧水永阳镇双尖山—秋湖山地区的风速达 5.0 m/s 以上。另外，八卦洲、新生洲、新济洲及石臼湖、固城湖的风速也较大，在 4.5～5.0 m/s。南京城区、江宁区中部和浦口、六合西北部地区风速相对较小，在 3.5～4.0 m/s。南部的高淳、溧水大部分地区以及沿江地区、六合中东部地区风速在 4.0～4.5 m/s。

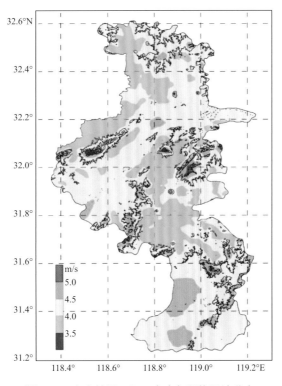

图 7.5　南京地区 70 m 高度年平均风速分布

7.1.4.2　年平均风功率密度

　　就 10 m 高度年平均风功率密度而言，其分布状况与 10 m 高度年平均风速的分布较为一致。南京地区 10 m 高度年平均风功率密度大部分在 10～60 W/m² ，长江沿线的新生洲、新济洲、八卦洲及石臼湖、固城湖年平均风功率密度较大，在 60 W/m² 以上。南京城区、江北沿长江建筑密集带以及江宁东山、溧水县城等地风功率密度最小，不足 10 W/m² 。

　　从 10 m 高度年平均风功率密度来看(图 7.6)，南京地区风能资源并不丰富，绝大部分均未能达到 2 级的风资源标准，明显小于沿海地区。仅有长江的新生洲、新济洲、八卦洲及石臼湖、固城湖的风资源接近 2 级。

　　对 70 m 高度而言，南京地区绝大部分区域年平均风功率密度在 50～110 W/m² (图 7.7)。石臼湖以及浦口区的老山山脉大刺山—狮子岭、江宁区的青龙山—钓鱼台、溧水

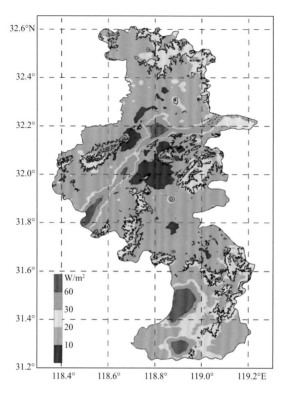

图 7.6　南京地区 10 m 高度年平均风功率分布

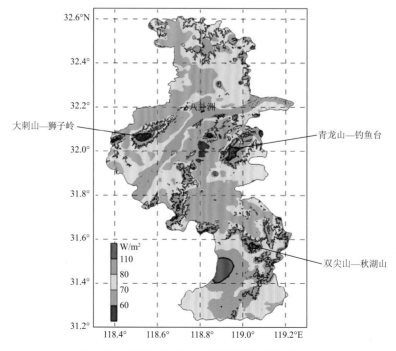

图 7.7　南京地区 70 m 高度年平均风功率分布

县的双尖山—秋湖山部分地区风功率密度最大,达 110 W/m² 以上。其次为石臼湖、固城湖沿岸、长江沿线以及部分山地、丘陵地区,风功率密度在 80～110 W/m²。溧水县北部、江宁区中部、南京城区以及浦口西北部、六合西部风功率密度较小,大部分地区在 60～70 W/m²。最小值区位于南京城区的东南部,在 60 W/m² 以下。

7.1.5　风机试验场的初步选择

从 10 m 高度的风资源分布来看,南京地区风能相对丰富区主要位于长江江面以及石臼湖、固城湖地区,其年平均风速可达 3.5 m/s 以上。其次为老山山脉、青龙山、云台山、秋湖山地区,可达 3.0 m/s 以上。从各季节风速的分布来看,也是这些地区风速相对较大。

对 70 m 高度而言,则以老山山脉西南麓的大刺山—狮子岭、青龙山—钓鱼台、双尖山—秋湖山风速较大,可达 5.0 m/s 以上。

无论是 10 m 高度还是 70 m 高度,对平均风功率密度而言,其分布与平均风速的分布相似。

风机的轮毂高度一般为 70 m 甚至更高,在风机试验场的选择时,应更关注 70 m 高度的风资源状况。通过以上分析,初步选择 70 m 高度年平均风功率密度在 100 W/m² 以上的地区作为风机试验场候选场址。这些地区包括长江江面的八卦洲和浦口区的老山山脉西南麓的大刺山—狮子岭、江宁区的青龙山—钓鱼台、溧水县的双尖山—秋湖山以及石臼湖地区。在下面的工作中,详细分析这些地区的风能资源状况,结合地理特征、土地利用属性,进行风机试验场的选择。

7.1.6　候选场址条件分析

前面的分析已经选定八卦洲和浦口区的老山山脉西南麓的大刺山—狮子岭、江宁区的青龙山—钓鱼台、溧水县的双尖山—秋湖山以及石臼湖地区作为风机试验场的候选场址,其地理分布如图 7.8 所示。下面分别就各场址的风资源、地理条件进行分析。

7.1.6.1　八卦洲

八卦洲地区处于南京北郊长江中,32.18°N、118.8°E 附近,为长江冲淤积作用形成的江中沙洲型平原,洲内地势低平,多数地区高于长江江面 2～5 m。八卦洲现有面积 55.62 km²,人口近 3.3 万人,岛内设有一个行政镇,隶属于南京市栖霞区管辖。八卦洲地区毗邻南京城区,交通发达,南京二桥高速直接从洲上通过。八卦洲树木植被较多,间杂有农田。

八卦洲 70 m 高度年平均风速在 4.0～4.5 m/s,年平均风功率密度在 60～110 W/m²,年平均风功率密度在 100 W/m² 以上的区域面积约为 50 km²。

八卦洲地区 70 m 高度以 3.0～4.0 m/s 风速最多,占 16.4%;3.0～7.0 m/s 风速占 53.4%;3 m/s 以下风速频率约为 29.4%(图 7.9)。

八卦洲年主导风向为东北偏东风,E、ENE、NE 三个风向占总数的 40% 以上。就风能方向频率而言,则以东风的能量最大,约占总数的 23%,其次为东北风,约占 15%。在偏南风和西北风方向能量最少(图 7.10,图 7.11)。

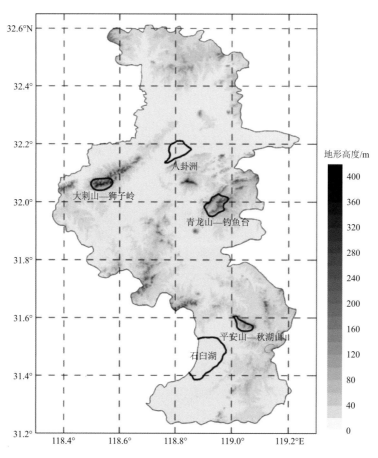

图 7.8　风机试验场候选场址地理分布图

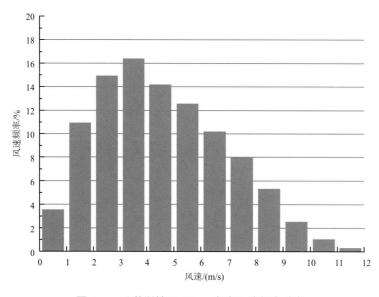

图 7.9　八卦洲地区 70 m 高度风速频率分布

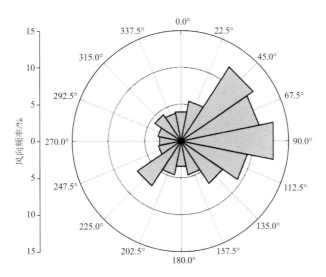

图 7.10 八卦洲地区 70 m 高度风向玫瑰图

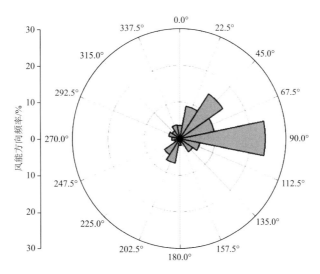

图 7.11 八卦洲地区 70 m 高度风能方向频率

持续平稳的风速有利于风力发电机的稳定发电。八卦洲地区风速日变化呈单峰型,日出后风速由 3.5 m/s 左右开始增大,至 16 时达到峰值,风速达 6.0 m/s 以上,日落后开始减小,凌晨 03 时降至低谷,风速仅 3 m/s 左右,日变化幅度约为 3 m/s(图 7.12)。

从模拟的结果来看,八卦洲地区 70 m 高度的风速月际差异明显。其中 3 月风速最大,达 5.3 m/s,其次为 9 月,达 5.2 m/s。11 月风速最小,仅 3.5 m/s,其次为 1 月,为 3.7 m/s(图 7.13)。

风机的轮毂高度一般在 70 m 甚至更高,叶片扫掠范围很大,风速在垂直方向上的变化可能对风机叶片造成荷载损耗。因此,需要考察风机建设场地风速随高度的变化规律。

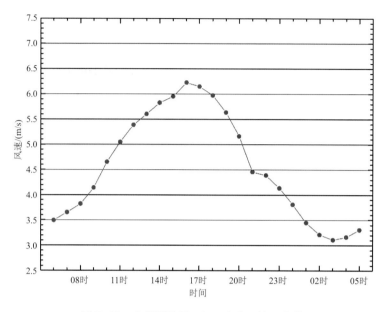

图 7.12　八卦洲地区 70 m 高度风速日变化

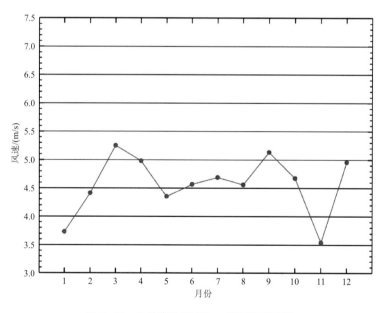

图 7.13　八卦洲地区 70 m 风速逐月变化

　　由于八卦洲地处长江水道中央,地势平坦,下垫面对风的摩擦作用相对较小,风速高度递增的速率较低。从模拟的结果来看,八卦洲地区地面风速约为 4.0 m/s,100 m 处风速约为 4.8 m/s,10~100 m 高度以内风速变化仅 0.8 m/s 左右(图 7.14)。

　　八卦洲地区全年累计有效小时数达 6202 h,月平均有效小时数约 500 h,其中 3 月有效小时数超过 600 h,11 月有效小时数最少约 400 h(图 7.15)。

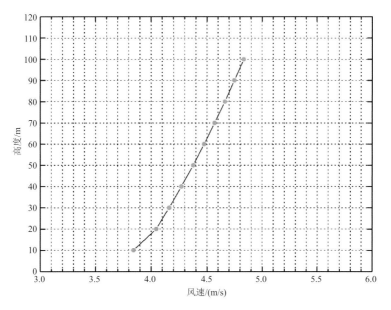

图 7.14　八卦洲风速廓线图

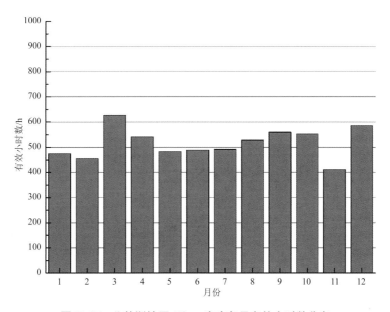

图 7.15　八卦洲地区 70 m 高度各月有效小时数分布

7.1.6.2　大刺山—狮子岭

大刺山—狮子岭位于浦口区老山山脉西南麓,32.06°N、118.54°E 附近。该区域主要为低山丘陵地区,老山山脉呈西南—东北走向,最高海拔约 442 m,主要山峰有大刺山、狮子岭等。该区域属于老山国家森林公园,森林覆盖率高达 80%,多高大林木,且受保护。该地区交通发达,宁淮、宁合高速从其旁边经过。

大刺山—狮子岭地区 70 m 高度年平均风速达 5.0 m/s 以上,年平均风功率密度可达 110 W/m² 以上,年平均风功率密度在 100 W/m² 以上的区域面积约为 42 km²。

大刺山—狮子岭地区风速集中分布在 3.0～7.0 m/s,占 65.6%。其中,又以 5.0～6.0 m/s 风速频率最高,达 17.8%,其次为 4.0～5.0 m/s 的风速,占 16.6%。3.0 m/s 以下风速频率约为 15.2%(图 7.16)。

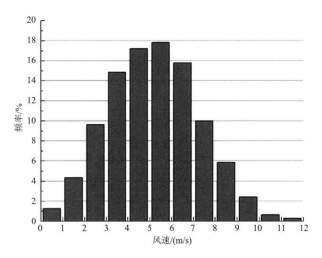

图 7.16　大刺山—狮子岭地区 70 m 高度风速频率

大刺山—狮子岭地区盛行偏东风,SE、ESE、E、ENE、NE 等五个风向占总数的 50% 以上。就风能方向频率而言,则以偏东北风方向最高,ENE、NE、NNE 三个风向上的能量占全部的 40% 以上。偏南、偏西方向能量较小,均不足 10%(图 7.17,图 7.18)。

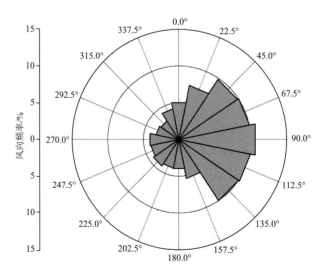

图 7.17　大刺山—狮子岭地区 70 m 高度风向玫瑰图

大刺山—狮子岭地区风速日变化不是十分显著,基本呈单峰型变化。白天风速由 5.0 m/s 左右开始缓慢增大,至 18—19 时达到峰值,风速达 5.6 m/s 左右,随后风速开始下降,至凌晨 03 时左右,风速降至谷值,为 4.6 m/s 左右(图 7.19)。

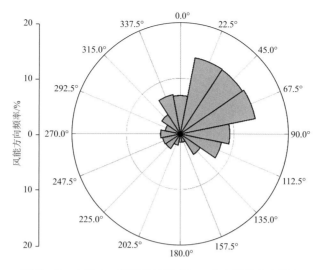

图 7.18　大刺山—狮子岭地区 70 m 高度风能方向频率

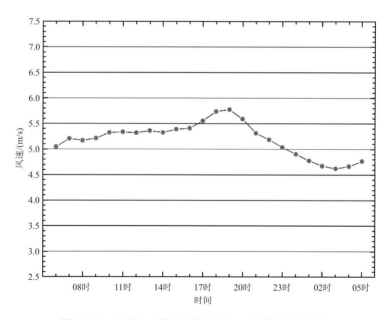

图 7.19　大刺山—狮子山地区 70 m 高度风速日变化

模拟结果表明,大刺山—狮子山地区 70 m 风速月际变化较大。其中 12 月风速最大,达 6.0 m/s,其次为 3 月,达 5.8 m/s。5 月风速最小,仅 4.4 m/s,其次为 11 月,为 4.5 m/s (图 7.20)。

由于多森林植被,地表摩擦大,大刺山—狮子岭地区风速随高度增加明显。10 m 高度风速为 3.2 m/s,至 100 m 处达 5.6 m/s,100 m 以内风速变化达 2.4 m/s(图 7.21)。

大刺山—狮子岭地区全年累计有效小时数 7449 h,月平均有效小时数约 600 h,其中 3 月有效小时数超过 700 h,5 月有效小时数最少约 500 h(图 7.22)。

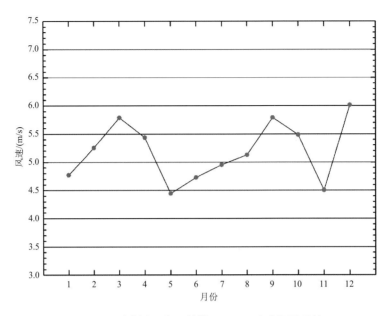

图 7.20 大刺山—狮子岭地区 70 m 高度逐月风速

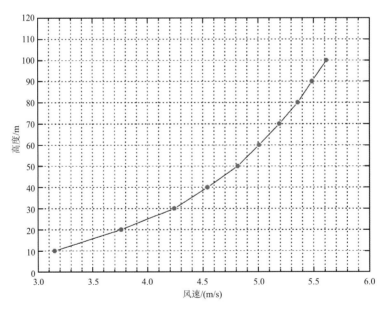

图 7.21 大刺山—狮子岭地区风速廓线图

7.1.6.3 青龙山—钓鱼台

青龙山—钓鱼台地区位于江宁淳化、上坊、上峰镇交界处,32°N、118.96°E 附近。该地区属于低山丘陵地区,山体近西南—东北走向,长约 15 km,宽约 6 km,主要山峰有青龙山、小茅山、钓鱼台、半面山等,最高海拔 275.1 m。该地区有省级青龙山森林公园,森林覆盖率高。

该地区附近交通发达,沪宁高速从其北面通过,规划建设的省道 002 线沿山体附近经

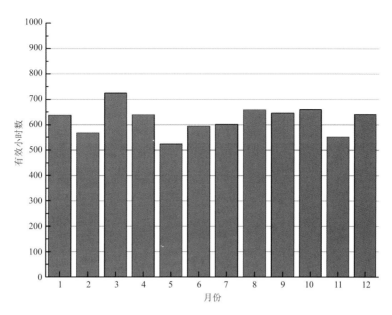

图 7.22　大刺山—狮子岭地区逐月有效小时数

过,国道 104 线从其南面通过。

青龙山—钓鱼台地区 70 m 高度年平均风速可达 5.0 m/s 以上,年平均风功率密度可达 110 W/m² 以上,年平均风功率密度在 100 W/m² 以上的区域面积约为 50 km²。

青龙山—钓鱼台地区 70 m 风速主要分布在 3.0~8.0 m/s,占总数的 78.6%。其中,又以 5.0~6.0 m/s 风速出现频率最高,约为 19.0%,其次为 4.0~5.0 m/s 的风速,约占 17.8%。3 m/s 以下的风速频率约为 13.9%(图 7.23)。

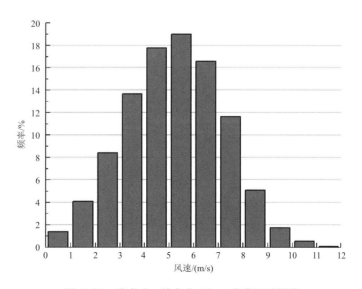

图 7.23　青龙山—钓鱼台 70 m 高度风速频率

青龙山—钓鱼台地区全年以东南偏东风为主,SE、ESE、E 三个风向占总数的 33% 以上(图 7.24)。就风能方向频率而言,青龙山—钓鱼台地区同样以东南偏东方向最大,该方向的能量约占全部能量的 16%;另外,偏东北方向的能量所占比例较高,NNE、NE、ENE、E 四个方向约占全部能量的 42%(图 7.25)。

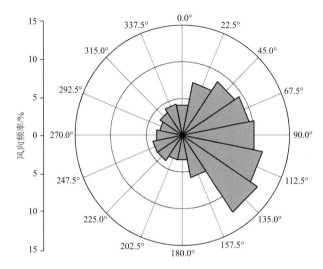

图 7.24　青龙山—钓鱼台地区 70 m 高度风向玫瑰图

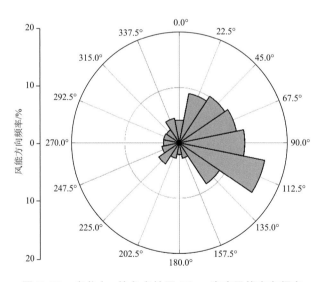

图 7.25　青龙山—钓鱼台地区 70 m 高度风能方向频率

青龙山—钓鱼台地区 70 m 高度风速日变化相对较为平缓。白天风速由 4.9 m/s 左右增加,至傍晚增加至 5.7 m/s 左右,日落后风速下降,至凌晨 02—03 时,最低降至 4.5 m/s 左右(图 7.26)。

从模拟结果来看,青龙山—钓鱼台地区 70 m 风速各月之间变化明显。其中,3 月风速最大,达 6.0 m/s,其次为 4 月,达 5.7 m/s。11 月风速最小,仅 4.5 m/s,其次为 5 月,约 4.7 m/s(图 7.27)。

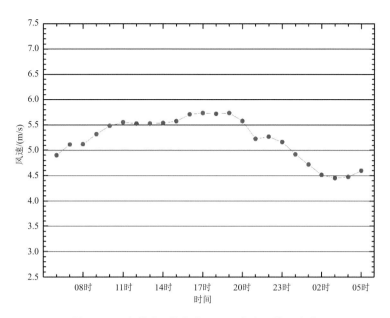

图 7.26　青龙山—钓鱼台 70 m 高度风速日变化

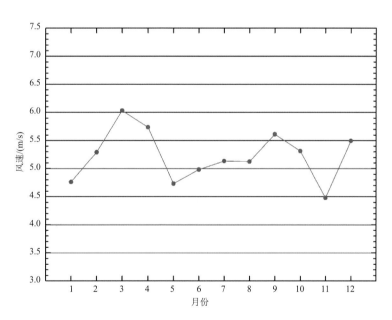

图 7.27　青龙山—钓鱼台地区 70 m 高度风速年变化

由于地表摩擦较大,青龙山—钓鱼台地区风速随高度增加明显。在 10 m 高度,风速从 3.3 m/s 左右开始随高度增加,至 100 m 处达 5.6 m/s,10～100 m 高度风速增加了 2.3 m/s (图 7.28)。

青龙山—钓鱼台地区 70 m 高度全年累计有效小时数达 7566 h,月平均有效小时数约 600 h。其中,3 月有效小时数最多,超过 700 h,2 月、5 月、11 月有效小时数较少,约 500 h (图 7.29)。

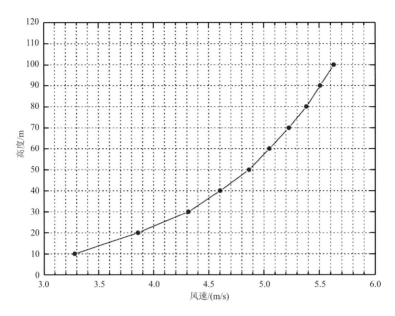

图 7.28 青龙山—钓鱼台地区风廓线

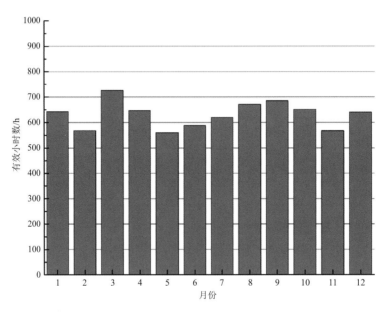

图 7.29 青龙山—钓鱼台地区 70 m 高度有效小时数

7.1.6.4 双尖山—秋湖山

双尖山—秋湖山地区位于溧水县永阳镇、洪蓝镇、晶桥镇交界处,31.57°N、119.06°E 附近,北距溧水县城约 7 km,西南距石臼湖约 4 km。该地区属于低山丘陵区,为茅山山脉余脉,山体呈西北—东南走向,最高海拔约为 279 m,自北向南依次为平安山、吴王山、双尖山及秋湖山。该区域长约 10 km,宽约 4 km。该地区西北部有无想寺森林公园,森林覆盖率高。

该地区交通便利,宁高高速、省道123线和341线从其附近经过,区域内建有公路。

双尖山—秋湖山地区70 m高度年平均风速可达5.0 m/s以上,年平均风功率密度可达110 W/m²以上,年平均风功率密度在100 W/m²以上的区域面积约为36 km²。

双尖山—秋湖山地区风速主要分布在3.0~7.0 m/s,占总数的67.1%。其中,5.0~6.0 m/s风速出现频率最高,约为19.3%。3.0 m/s以下风速频率约为16.1%(图7.30)。

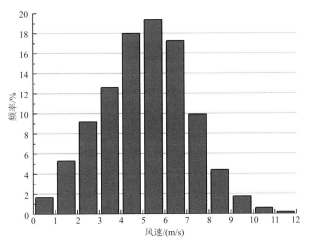

图 7.30　双尖山—秋湖山地区70 m高度风速频率

双尖山—秋湖山地区全年以偏东风为主,ESE、E、ENE 三个方向约占总数32%(图7.31)。同样,也是以偏东方向的风能最多,东风的能量占总能量的19%左右(图7.32)。

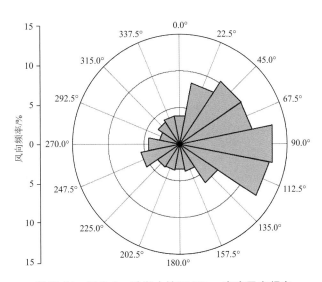

图 7.31　双尖山—秋湖山地区70 m高度风向频率

双尖山—秋湖山地区风速日变化较为平缓,基本呈单峰型变化。午后15—17时风速最大,达5.7 m/s左右,凌晨01时风速最小,约为4.4 m/s(图7.33)。

双尖山—秋湖山地区70 m风速月际变化明显,呈三峰型变化(图7.34)。其中3月、9

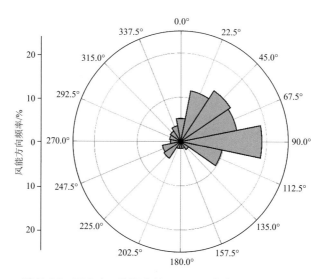

图 7.32　双尖山—秋湖山地区 70 m 高度风能方向频率

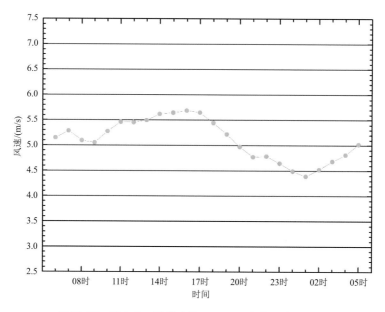

图 7.33　双尖山—秋湖山地区 70 m 高度风速日变化

月、12 月是风速峰值月,风速分别达 5.6 m/s、5.8 m/s 和 5.3 m/s;1 月、5 月、11 月是风速谷值月,其中又以 11 月最低,仅 4.3 m/s。

由于森林覆盖率高,地表摩擦大,双尖山—秋湖山地区风随高度增加较快。风速由 10 m 高度的 3.6 m/s 开始随高度增加,至 100 m 处达 5.4 m/s,10 m 至 100 m 风速变化增加了 1.8 m/s(图 7.35)。

就有效小时数而言,双尖山—秋湖山地区 70 m 高度全年累计高达 7372 h,月平均约 550 h。其中 3 月、8 月、9 月、10 月有效小时数接近 700 h,2 月、5 月、11 月有效小时数约 500 h(图 7.36)。

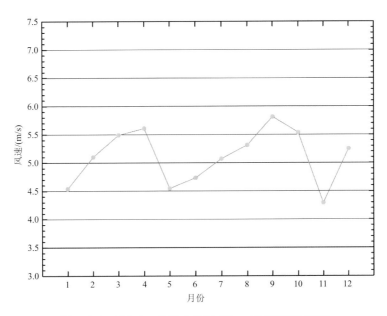

图 7.34 双尖山—秋湖山地区 70 m 高度风速年变化

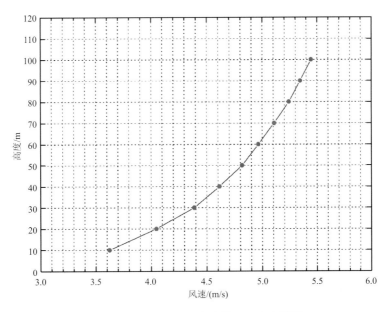

图 7.35 双尖山—秋湖山地区风速廓线图

7.1.6.5 石臼湖

石臼湖是南京市溧水县、高淳县和安徽省当涂县三县间的界湖,又名北湖。石臼湖湖长约 22 km,最宽约 14 km,总面积约 214 km²。石臼湖平均水深 1.67 m,湖底高程为 2.5～3.0 m,湖区主要以水产养殖为主。

石臼湖区交通较为便利,宁高高速、省道 123 线从其旁边经过。

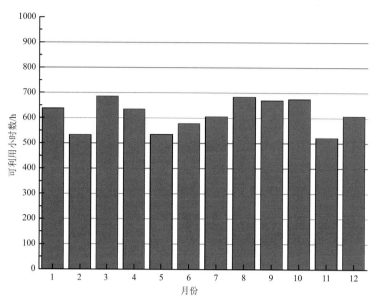

图 7.36　双尖山—秋湖山地区 70 m 高度风速有效小时数

石臼湖区 70 m 高度年平均风速在 4.5～5.0 m/s,年平均风功率密度可达 110 W/m² 以上,年平均风功率密度在 100 W/m² 以上的区域面积约为 130 km²。

石臼湖地区 70 m 高度风速以 3.0～7.0 m/s 为多,占总数的 46%。其中,又以 4.0～5.0 m/s 风速出现频率最高,约为 16%。湖区 3.0 m/s 以下风速频率约为 23%(图 7.37)。

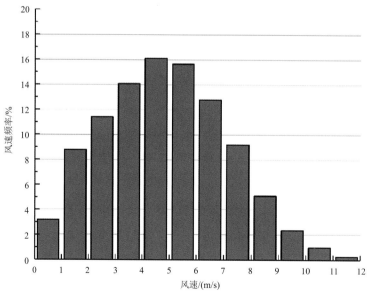

图 7.37　石臼湖地区 70 m 高度风速频率分布

湖区 70 m 高度主导风向为偏东风,ESE、E、ENE、NE 四个风向占总数的 46%,其中以东风为多,占 14%(图 7.38)。湖区的风能集中在东—东北方向,E、ENE、NE 三个风向的能量占总数的 45%。其中,又以东风能量为多,占总数的 17% 左右(图 7.39)。

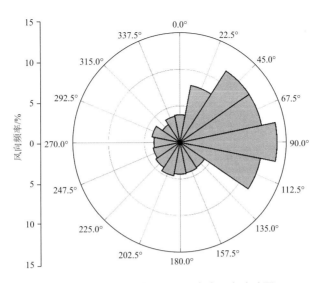

图 7.38　石臼湖地区 70 m 高度风向玫瑰图

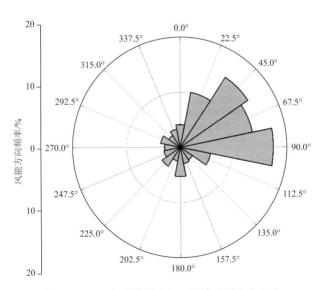

图 7.39　石臼湖地区 70 m 高度风能方向频率

石臼湖地区风速日变化比较明显,17 时左右风速最大,达 6.4 m/s 左右,凌晨 01 时最小,仅 4.0 m/s(图 7.40)。湖区的月际变化也较为显著,最高的 9 月、12 月平均风速可达 5.4 m/s,最低的 1 月仅 3.9 m/s(图 7.41)。

由于湖区水面平滑,摩擦小,风随高度变化并不明显。在 10 m 高度,湖区平均风速约 4.2 m/s,至 100 m 处达 5.1 m/s,10～100 m 高度风速仅增加了 0.8 m/s(图 7.42)。

湖区 70 m 高度全年累计有效风速小时数达 6733 h,月平均有效小时数约 550 h,其中 8 月、9 月、10 月有效风速较多,超过 600 h,2 月、5 月和 11 月有效小时数相对较少,少于 500 h(图 7.43)。

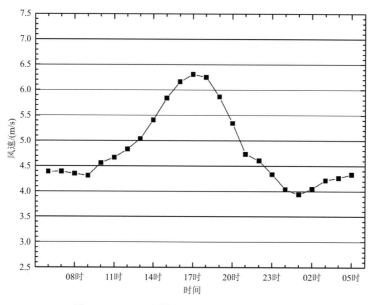

图 7.40 石臼湖地区 70 m 高度风速日变化

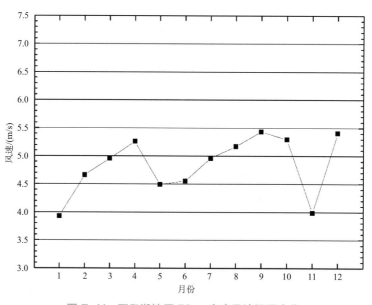

图 7.41 石臼湖地区 70 m 高度风速逐月变化

7.1.7 风机试验场的选择

从上面的分析可知,就候选场址而言,大刺山—狮子岭、青龙山—钓鱼台、双尖山—秋湖山的风资源条件较好,石臼湖次之,八卦洲相对较差。就可利用小时数来看,青龙山—钓鱼台最多,其次为大刺山—狮子岭,八卦洲最少。需要注意的是,这是根据数值模拟试验得到的结果,从 7.1.3 节的分析可知,除了高淳地区模拟结果大于实测值以外,其余地区均低于实测值。也就是说,这些地区的风能资源有可能被低估。

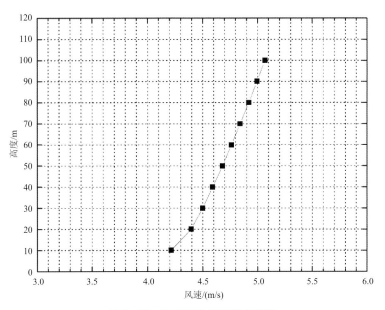

图 7.42　石臼湖地区风速廓线图

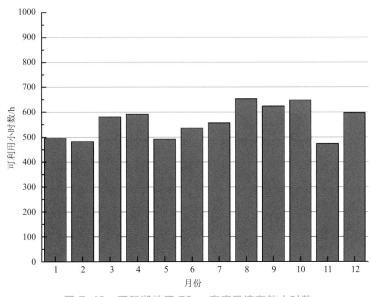

图 7.43　石臼湖地区 70 m 高度风速有效小时数

　　风机的布设需要较大的空间,风机之间的距离在 400~600 m。因此,除了风资源条件外,还需考虑土地可利用性。从土地可利用条件来说,大刺山—狮子岭由于属于老山国家森林公园,可能会受到限制;青龙山—钓鱼台有省级森林公园,土地可利用性一般;而八卦洲、石臼湖土地可利用性较好。从年平均风功率密度≥100 W/m² 的可用面积来说,石臼湖最大,双尖山—秋湖山最小。

　　另外,风机试验场的选择还需考虑施工条件。五个候选场址交通条件都比较好。大刺山—狮子岭、青龙山—钓鱼台、双尖山—秋湖山均为低山,最高海拔都在 200 m 以上,可能给施工带来一定的困难。从施工条件来看,八卦洲和石臼湖要优于另外三个场址(表7.3)。

表7.3　各候选场址条件对比

	八卦洲	大刺山—狮子岭	青龙山—钓鱼台	双尖山—秋湖山	石臼湖
风速/(m/s)	4.0~4.5	≥5.0	≥5.0	≥5.0	4.5~5.0
风功率密度/(W/m²)	60~110	≥110	≥110	≥110	≥110
100 W/m²以上可用面积/km²	50	42	50	36	130
有效小时数/h	6202	7449	7556	7372	6733
土地可利用性	好	较差	一般	较好	好
交通条件	好	好	好	好	好

综上所述,推荐风机试验场场址的选择顺序为:双尖山—秋湖山、石臼湖、青龙山—钓鱼台、八卦洲、大刺山—狮子山。

7.2　启东龙源风电场风电功率预报服务

7.2.1　服务概况

2012年10月,在江苏省启东东元风电场成功安装了风电功率预报系统,开展了对东元风电场的风电功率预报服务。系统可自动接收江苏省气象局数值天气预报产品数据,实现风电功率预报的自动计算。该系统可为风电场每天提供未来3 d的短期风电功率预报、每15 min提供一次未来4 h的超短期风电功率预报,时间分辨率均为15 min。对于各种风速、功率曲线、预报误差、准确率、合格率及上报率,用户可以简单直观地查询和输出。基于系统的风电功率预测与实况结果资料,开展了风电功率超短期与短期预报效果评估工作,并针对系统存在的数据完整性问题、预报准确率问题以及误差主要来源进行了分析探讨。

7.2.2　资料与方法

7.2.2.1　资料

所用资料为2012年11月—2013年6月共8个月的预测与实况资料,其中实况资料为风电场2012年11月—2013年6月各月的风电功率输出的实际观测资料;超短期风电功率预报资料为预报系统中的神经网络方法提供的未来4 h超短期风电功率预报资料;短期风电功率预报资料为WRF模式预报的风速资料以及预报系统原理法1提供的未来3 d短期风电功率预报资料。

7.2.2.2　评估方法

根据国家能源局的要求,如表7.4中所示,风电场发电预测预报考核指标为风电场发电预测预报准确率、合格率。除了这两个指标以外,这里还采用了相关系数(COR)、均方根误差(RMSE)、作为评估风电功率预报系统的考核指标,下面给出各个指标的具体计算方法。

表 7.4 风电功率预报国家能源局考核指标

	准确率	合格率	相关系数	均方根误差
代表符号	r_1	r_2	COR	RMSE

准确率(r_1):

$$r_1 = \left[1 - \sqrt{\frac{1}{N}\sum_{k=1}^{N}\left(\frac{P_0^i - P_f^i}{\mathrm{Cap}}\right)^2}\right] \times 100\% \tag{7.1}$$

合格率(r_2):

$$r_2 = \frac{1}{N}\sum_{k=1}^{N} B_k \times 100\% \tag{7.2}$$

其中,$\left(1 - \frac{P_0^i - P_f^i}{\mathrm{Cap}}\right) \times 100\% \geqslant 75\%,B_k = 1$;$\left(1 - \frac{P_0^i - P_f^i}{\mathrm{Cap}}\right) \times 100\% < 75\%,B_k = 0$

相关系数(COR):

$$COR = \frac{\frac{1}{N}\sum_{i=1}^{N}(P_f^i - \overline{P_f})(P_0^i - \overline{P_0})}{\sqrt{\frac{1}{N}\sum_{i=1}^{N}(P_f^i - \overline{P_f})^2 \cdot \frac{1}{N}\sum_{i=1}^{N}(P_0^i - \overline{P_0})^2}} \tag{7.3}$$

均方根误差(RMSE):

$$RMSE = \sqrt{\frac{1}{N}\sum_{i=1}^{N}(P_f^i - \overline{P_0})^2}/\mathrm{Cap} \tag{7.4}$$

式中,N 为样本个数,Cap 为风电场开机总容量,$\overline{P_f}$ 为所有预测功率样本的平均值,$\overline{P_0}$ 为所有实际功率样本的平均值,P_0^i 为 i 时刻的实际功率,P_f^i 为 i 时刻的预测功率。

7.2.3 效果检验

超短期功率的预报主要依赖于前一时刻的功率,通过前一时刻的功率实况对下一时刻的风电功率进行线性外推,而短期功率预报是先对风速进行预测,进而将其转化为相应的功率的预测。因此,在评估超短期功率预报效果时,主要考核功率的预报结果,而评估短期功率预报时,主要考核风速的预报效果。

7.2.3.1 超短期风电功率预报效果检验

首先对超短期功率预报进行效果评估。通过数据质量控制发现,超短期功率预报数据完整率较高,只在个别时段内存在一定的缺测,并且其缺测数据个数也相对较少,不存在大量数据缺测或丢失的情况。每日超短期预报与实况之间的差异很小,二者变化趋势非常一致,只是在个别时刻预报与实况存在一定的差异。

为进一步了解各月超短期预报效果,对各月超短期功率预报进行了定量化评估,如表7.5 所示。表 7.5 给出了 2012 年 11 月—2013 年 6 月不同预报时段的超短期功率预报的准确率以及样本合格率的变化情况。可以看出 6 月的风电预报效果最佳,15~180 min 以内风功率超短期预报准确率在 85% 以上,即有效预报时段达 180 min,5 月次之,有效预报时段为

281

150 min,而 2012 年 11 月—2013 年 4 月的预报效果相对较差,有效预报时段均在 1 h 左右,其中 4 月的预测效果最差,其有效预报时段仅为 30 min。合格率的变化趋势与预报的准确率基本一致,随着预报时段的增加其准确率与合格率都呈线性不断减小的趋势。表 7.6 中是给出了超短期预报的另外两种评估指标:相关性与均方根误差,对比可以看出,其得到的预报效果与表 7.5 中的评估指标是非常一致的,这里不再赘述。

表 7.5　不同预报时效的超短期功率预报准确率与合格率

%

预报时段/min	11 月		12 月		1 月		2 月		4 月		5 月		6 月	
	r_1	r_2	r_1	r_2	r_1	r_2	r_1	r_2	r_1	r_2	r_1	r_2	r_1	r_2
15	92.1	99.2	90.9	98.5	91.9	99.3	92.2	99.5	90.5	98.5	93.0	99.5	92.9	99.5
30	90.1	97.8	88.9	97.7	89.5	97.9	89.5	98.3	85.4	97.3	91.4	99.3	91.7	99.2
45	88.3	96.7	87.4	96.3	87.7	97.1	87.8	97.4	83.7	95.3	90.4	98.6	90.7	98.7
60	86.7	95.1	85.9	95.3	86.0	96.6	86.6	96.1	82.0	93.2	89.4	97.9	90.0	98.1
75	85.4	94.0	84.5	93.7	84.7	95.9	85.4	94.8	80.6	91.6	88.6	97.3	89.1	97.6
90	84.2	92.7	83.6	92.8	84.1	95.3	84.2	93.8	79.4	90.7	87.7	96.5	88.4	96.7
105	83.2	92.2	82.5	91.9	83.3	94.8	83.2	92.8	78.5	89.1	87.1	96.2	87.7	96.2
120	82.4	90.9	81.5	90.6	82.7	94.0	82.3	92.2	77.7	88.1	86.3	95.4	87.2	95.5
135	81.4	90.1	80.7	89.8	82.1	93.7	81.5	91.3	77.1	87.0	85.9	94.9	86.6	95.1
150	80.6	89.2	79.8	88.6	81.6	93.2	80.8	90.4	76.5	86.2	85.3	94.4	86.0	94.8
165	79.8	88.8	79.0	87.6	81.3	92.7	80.2	89.6	75.8	85.5	84.6	93.8	85.5	94.2
180	79.2	88.2	78.3	86.7	81.1	92.6	79.6	88.8	75.3	84.8	84.0	93.7	85.0	93.9
195	78.6	87.8	77.7	85.7	80.9	92.6	78.8	88.4	74.7	83.9	83.4	93.0	84.5	93.5
210	78.1	87.3	76.9	85.4	80.6	92.5	78.1	87.7	74.1	84.0	82.9	92.6	84.2	93.3
225	77.6	86.7	76.3	84.8	80.1	91.7	77.5	87.7	73.6	83.3	82.5	92.2	83.7	92.7
240	77.1	86.1	75.7	84.4	79.8	91.7	76.9	87.2	73.0	83.0	82.0	91.9	83.2	92.3

注:3 月数据缺测较多,故未进行讨论。

表 7.6　不同预报时效的超短期功率预报相关系数及均方根误差

预报时段/min	11 月		12 月		1 月		2 月		4 月		5 月		6 月	
	COR	RMSE	COR	RMSE	COR	RMSE	COR	RMSE	COR	RMSE	COR	RMSE	COR	RMSE
15	0.96	7.9%	0.94	9.1%	0.95	8.1%	0.96	7.8%	0.93	9.5%	0.96	7.0%	0.96	7.1%
30	0.94	9.9%	0.92	11.1%	0.91	10.5%	0.92	10.5%	0.84	14.6%	0.94	8.6%	0.94	8.3%
45	0.91	11.7%	0.89	12.6%	0.88	12.3%	0.89	12.2%	0.81	16.3%	0.92	9.6%	0.92	9.3%
60	0.88	13.3%	0.86	14.1%	0.84	14.0%	0.87	13.4%	0.76	18.0%	0.90	10.6%	0.91	10.0%
75	0.86	14.6%	0.83	15.5%	0.8	15.3%	0.85	14.6%	0.72	19.4%	0.89	11.4%	0.89	10.9%
90	0.84	15.8%	0.81	16.4%	0.79	15.9%	0.82	15.8%	0.69	20.6%	0.87	12.3%	0.88	11.6%
105	0.82	16.8%	0.78	17.5%	0.77	16.7%	0.80	16.8%	0.66	21.5%	0.85	12.9%	0.86	12.3%
120	0.80	17.6%	0.76	18.5%	0.75	17.3%	0.78	17.7%	0.64	22.3%	0.83	13.7%	0.85	12.8%
135	0.78	18.6%	0.73	19.3%	0.73	17.9%	0.76	18.5%	0.62	22.9%	0.82	14.1%	0.84	13.4%

续表

预报时段/min	11月		12月		1月		2月		4月		5月		6月	
	COR	RMSE	COR	RMSE	COR	RMSE	COR	RMSE	COR	RMSE	COR	RMSE	COR	RMSE
150	0.76	19.4%	0.71	20.2%	0.72	18.4%	0.74	19.2%	0.59	23.5%	0.81	14.7%	0.82	14.0%
165	0.74	20.2%	0.68	21.0%	0.71	18.7%	0.73	19.8%	0.57	24.2%	0.78	15.4%	0.81	14.5%
180	0.73	20.8%	0.66	21.7%	0.70	18.9%	0.71	20.4%	0.55	24.7%	0.77	16.0%	0.80	15.0%
195	0.71	21.4%	0.64	22.3%	0.70	19.1%	0.69	21.2%	0.53	25.3%	0.75	16.6%	0.78	15.5%
210	0.70	21.9%	0.62	23.1%	0.69	19.4%	0.67	21.9%	0.52	25.9%	0.73	17.1%	0.78	15.8%
225	0.68	22.4%	0.60	23.7%	0.68	19.9%	0.65	22.5%	0.5	26.4%	0.72	17.5%	0.78	16.3%
240	0.67	22.9%	0.58	24.3%	0.67	20.2%	0.63	23.1%	0.48	27.0%	0.71	18.0%	0.75	16.8%

注：3月数据缺测较多，故未进行讨论。

7.2.3.2　短期风电功率预报效果检验

（1）功率预报检验

表 7.7 中给出的是 2012 年 11 月—2013 年 6 月的风电功率短期预报的效果检验,这里的短期预报结果是采用了预报系统中的物理法 1 方案进行预报,表中分别给出了这 7 个月每月预报与实况的有效样本量、相关系数及均方根误差。从表中相关系数可以看出,2013年的 5 月和 6 月预报效果较好,相关系数在 0.5 以上,其中 5 月的相关系数达到了 0.72,具有很高的一致性,说明该月的预报很好地抓住了实况的变化趋势,而 4 月的预报效果则较差,其相关系数分别为 -0.04,说明了对实况的变化趋势的预报不够准确,二者基本没有相关。从预报的准确率来看,效果最好的为 2013 年 6 月,其准确率为 77.3%,而 2013 年 5 月虽然相关系数比 6 月高但准确率却低于 6 月,说明 2013 年 5 月的预报虽然把握住了实况的变化趋势但是对实况的量级没有预报准确。整体而言,短期预报的效果并不理想,只有 5 月和 6 月达到了国家能源局的标准,其他月份预测准确率与合格率都相对较低,后期还需要对预报结果进行修正。

表 7.7　各月短期预报的效果检验

时间（年-月）	样本量	相关系数	均方根误差/%	准确率/%	合格率/%
2012-11	2394	0.38	37.2	62.8	53.8
2012-12	1685	0.02	41.4	58.6	57.4
2013-01	962	0.04	33.9	66.1	69.5
2013-02	1452	0.23	37.0	63.0	60.1
2013-04	1819	-0.04	39.4	60.6	62.0
2013-05	2255	0.72	23.1	76.9	75.3
2013-06	1812	0.52	22.7	77.3	88.8

注：3月数据缺测较多，故未进行讨论。

（2）风速预报检验

由于风速预报是风电功率预报的关键因素,风速预报是否正确直接决定了功率预报的是否成功。因此,这里对风速进行检验分析。自 2012 年 11 月—2013 年 6 月,短期功率预报风速应测数据总数为 23232 个,其中实时风速缺测数目为 7575 个,预测风速缺测数目为 6232 个,实况数据完整率为 67.39%,预测数据完整率为 73.17%。如表 7.8 各月风速数据质量情况 所示,2012 年 11 月和 2013 年 5 月风速数据质量情况相对较好,两个月份实测风速数据完整率 达到了 90% 以上,预测数据完整率也达到了 80%,2013 年 1 月和 4 月实况数据的质量远远差 于预测数据,2012 年 12 月和 2013 年 2 月预测数据的质量略好于实况数据。2013 年 3 月风速 实况数据仅有 3 天数据,缺测较多、样本量较少,以下效果评价部分对 3 月不作分析。

表 7.8　各月风速数据质量情况

月份	应测数据数	实时风速缺测数	预测风速缺测数	实况数据完整率/%	预测数据完整率/%
11	2880	163	576	94.34	80.00
12	2976	996	960	66.53	67.74
1	2976	1376	480	53.76	83.87
2	2688	892	672	66.82	75.00
3	2976	2688	1440	9.68	51.61
4	2880	786	184	72.71	93.61
5	2976	159	604	94.66	79.70
6	2880	515	1316	82.12	54.31
总计	23232	7575	6232	67.39	73.17

由各月风速对比图可以看出,总体预报效果不是很好,其中 11 月、5 月和 6 月预测风速 和实时风速整体趋势相对还较为一致,其他月份则效果较差,对于风速的趋势把握与实况不 是很一致。预报功率是由预报的风速计算而来,因此,实时风速与预测风速的对比情况基本 上与短期预报功率与实况的对比情况保持一致。

由 2012 年 11 月风速对比图可以看出,其中 11 月 3—4 日、8—11 日、17—21 日、26—29 日预报趋势较为一致,而 11 日缺乏实时风速数据,4—7 日、12—13 日缺少预测风速数据。

由 2012 年 12 月风速对比可以看出,整体预报效果并不理想,其中 12 月 1—2 日、9—15 日 预报趋势较为一致,从数据的缺失程度来看,22—31 日缺乏实时风速数据,15—21 日缺少预 测风速数据(图 7.44)。

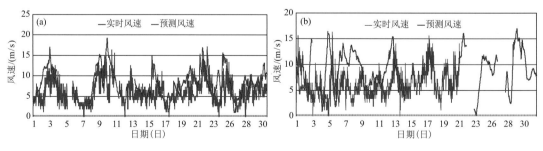

图 7.44　2012 年 11 月(a)与 12 月(b)风速对比

由 2013 年 1 月风速对比图 7.45a 可以看出,1 月整体的数据缺测较多,而 1—15 日缺乏 实时风速数据,11—14 日缺少预测风速数据;通过趋势的对比发现 1 月 17—20 日、24—28

日预报趋势较为一致。由 2013 年 2 月风速对比图 7.45b 可以看出,其中 2 月 4—6 日、12—
14 日、21—27 日预报趋势较为一致,而 14—19 日缺乏实时风速数据,16—20 日缺少预测风
速数据。

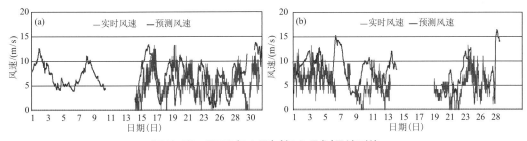

图 7.45　2013 年 1 月(a)与 2 月(b)风速对比

由 2013 年 4 月风速对比图 7.46a 可以看出,其中 4 月 15—17 日、19—20 日、23—24 日、
27—28 日预报趋势较为一致,而 3—6 日、11—15 日缺乏实时风速数据。由 2013 年 5 月风
速对比图 7.46b 可以看出,数据量的完整性相对较高,5 月 9—10 日缺乏实时风速数据、12
日、14 日、26 日缺乏预测数据;从预报效果来看,5 月风速整体预报的趋势与实况较为一致,
预报效果较好,很好地抓住了风速的日变化趋势。

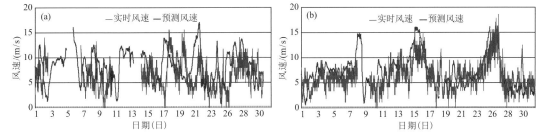

图 7.46　2013 年 4 月(a)与 5 月(b)风速对比

由 2013 年 6 月风速对比图 7.47 可以看出,预测数据缺测较多,实测数据缺测相对较
少,3—6 日、11—15 日缺乏实时风速数据;从预报效果来看,1—7 日、10—12 日预报效果相
对较好,预报趋势与实况较为一致。

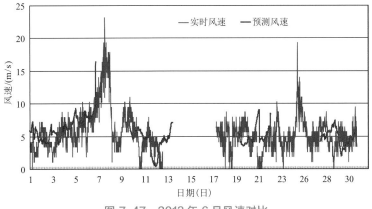

图 7.47　2013 年 6 月风速对比

7.2.4 误差来源分析

7.2.4.1 预报误差总体特征

为了进一步加深预报系统对风速预报误差的理解,以便在后期能都对系统的风速预报有针对性的调整,对各个月份的风速预测误差的分布特征进行了统计分析,对比发现各月的不同等级风速误差发生频次都呈现中间大两头小的分布,其总体特征类似于高斯分布(图7.48),其中 11—12 月以及 2—6 月的误差发生频次分布表现为单峰分布,而 1 月的误差频次分布表现为双峰分布,通过进一步对比可以看到,各个月发生频次较高的误差都是集中在负值区,误差分布特征整体较 0 值呈现左偏,其中 2—5 月以及 12 月的左偏程度较为明显,而 1 月和 6 月分布也呈现一定的左偏但程度并不十分明显,误差分布呈现左偏表示大部分时候的风速预测误差都为负值,其分布的期望值为负值,可以看出各个月的风速预报误差出现频次最高的值在 $-3\sim-2$,说明预测风速在大部分时候都是要高于实测风速的,预测风速与实况风速之间存在着一个系统性的偏差。

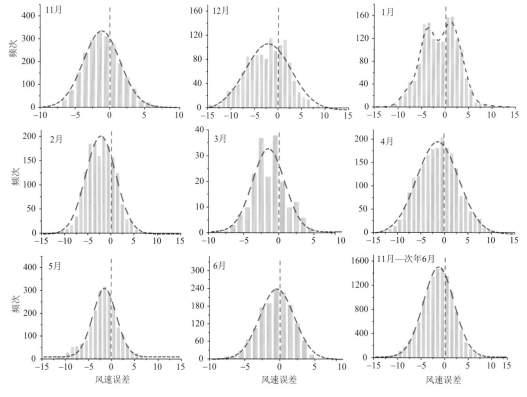

图 7.48 2012 年 11 月—2013 年 6 月风速误差分布特征

图 7.49 给出了各月风速预测误差逐级逐时三维特征分布,通过对比各个小时段的误差分布特征可以看出,其分布特征较为类似,没有明显地结构性的特征突变,并且都呈现出较为一致的左偏特征,因此,说明目前的预测风速的系统性偏差是稳定存在的,不管是逐月分布还是逐时分布都表现出了这一特征,因此,在后期的风速预测中需要加上这一系统性的偏

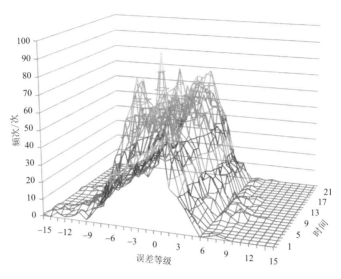

图 7.49 各月风速预测误差逐级逐时分布特征

差以纠正误差分布的系统性漂移,这样可以使得预测效果在原有基础上得到一定的提升。

图 7.50 给出了各月风速预测的均方根误差逐时分布,可以看出 3 月、5 月和 6 月的预测效果最好,其中 3 月由于样本量太少不具备统计意义,这里不作分析,5 月和 6 月的均方根误差较其他月份低并且趋势较为平稳,在各个时间段内没有出现较大的波动,而在其他月份的预测风速的均方根误差都相对较高,并且有着较大的波动,不同时段内的风速预测效果差异较大,其中 4 月的误差高发段集中在白天 10—15 时,其均方根误差最大值达到了 5 m/s,6 月的误差高发段集中在夜晚 21 时—凌晨 04 时,其均方根误差最大值达到了 6 m/s 以上,而 1 月的误差高发段集中在上午 07—09 时及晚上的 20—22 时。总之,在后期的风速预测中需要考虑时段的不同对不同月份的风速预测进行有针对性的修正。

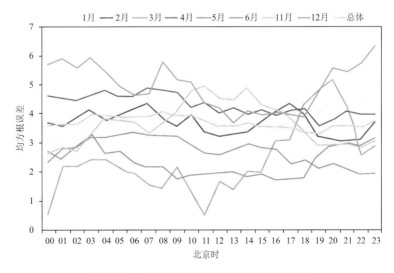

图 7.50 各月风速预测均方根误差逐时分布

图 7.51、图 7.52 分别统计了 2012 年 11 月—2013 年 6 月不同实测风速段的发生频次及其对应的预测误差分布,可以看出随着风速的增加其发生频次分布整体表现为先增大后减小的趋势,3～9 m/s 区间内的风速发生频次较为频繁,明显高于低风速段和高风速段的发生频次,其中以 5.5～6.5 m/s 风速段内的风速发生频次为最高。分析不同实测风速段的预测误差分布可以看出,随着风速的增加其预测误差分布的变化趋势与风速频次分布呈反相关,呈现出先增大后减小的趋势,在实测低风速段和高风速段内风速的预测误差较大,而在中等风速的情况下其对应的风速预测误差相对较小,其中以 7 m/s 的风速段内预测误差最小,预测误差仅为 2 m/s,而在高风速段和低风速段其预测误差可达到 5 m/s 以上,最大平均误差达到了 8.5 m/s。可以看出,高风速和低风速这两个风速段的预测效果存在较大的提升空间,因此,在后期进行系统的预报风速进行订正时应重点关注低风速和高风速段的订正,着重于研发这两个风速段预测误差的订正技术。

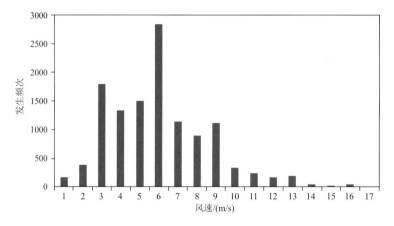

图 7.51　不同风速的发生频次

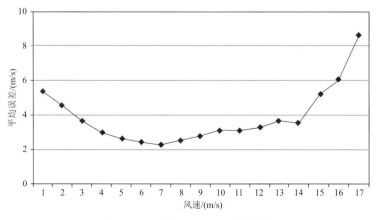

图 7.52　不同风速的平均预测误差

7.2.4.2　日平均相对误差特征及原因分析

由表 7.9 各月风速的日平均相对误差情况可以看出,总的风速日平均相对误差还比较高,为 72.87%;其中 2012 年 11 月相对误差最低,为 57.01%,其余月份相对误差均在 70%

以上。

表7.9　各月风速的日平均相对误差情况

	11月	12月	1月	2月	4月	5月	6月	总平均
相对误差/%	57.01	94.91	72.81	77.62	73.33	48.32	53.69	65.58

2012年11月的短期预报风速日平均相对误差的均值为57.01%,其中有13 d平均相对误差低于均值,11 d高于均值;而1日、11日、14日、15日、17日、22日、23日、26日的平均相对误差低于40%,以15日的日平均相对误差最低,为17.82%,2日、10日、16日、24日的平均相对误差高于100%,以24日平均相对误差最高,为139.09%。11月16日白天由于降水天气,湿度较大,风力较小,出现了雾。11月10日夜里—11日受冷空气影响,南通全市出现偏北大风,陆上7~8级,沿江沿海9~10级;11月22—24日受冷空气影响,全市出现偏北大风,陆上最大风力达6~7级,沿江沿海地区风力达到7~8级。受北方强冷空气影响,11月10—12日、11月22—24日南通地区出现寒潮天气过程。而10日、16日、24日风速预报的平均相对误差高于100%,由此可见,雾、大风、寒潮天气都会对风速预报造成一定影响,即对大风速和小风速的情况预报都不够准确(图7.53a)。2012年12月的短期预报风速日平均相对误差的均值为94.91%,其中有8 d平均相对误差低于均值,5 d高于均值;而1日、9日、11日、14日的平均相对误差低于50%,以11日的日平均相对误差最低,为29.22%,4日、5日、7日、8日、12日的平均相对误差高于100%,以8日平均相对误差最高,为233.37%。12月4日、8日南通市出现雾/霾天气,风力较小,而这几日风速预报的平均相对误差较高(图7.53b)。

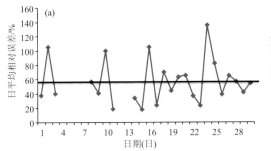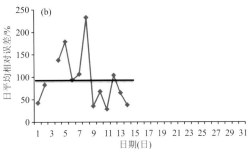

图7.53　2012年11月(a)与12月(b)风速日平均相对误差

2013年1月的短期预报风速日平均相对误差的均值为72.81%,其中有9 d平均相对误差低于均值,7 d高于均值;而17日、18日、20日、22日、27日、28日的平均相对误差低于50%,以22日的日平均相对误差最低,为25.09%,15日、16日、21日、23日、29日的平均相对误差高于100%,以15日平均相对误差最高,为123.52%。2013年1月出现多次雾/霾天气。14日夜间—15日早晨、15日夜间—16日早晨,南通全市出现大雾天气;23—24日位于弱冷空气前锋,受逆温层影响,出现能见度低于500 m、大于200 m的大雾;24日夜里—25日早晨受辐射降温影响,南通全市出现大雾天气。而15日、16日、23日风速的平均相对误差都较高,由此可见在雾/霾天气下风速预报还比较不准(图7.54a)。2013年2月的短期预报风速日平均相对误差的均值为 77.62%，其中有 12 d 平均相对误差低于均值，8 d 高于均值；而 1 日、5 日、8 日、12 日、21 日、25 日、27 日的平均相对误差低于 50%，以 27 日的日平均相对误差最低，为 19.97%，6 日、10 日、11 日、13 日、22 日、23 日、28 日的平均相对误差高于 100%，以 22 日平均相对误差最高，为 191.28%。2 月 10 日、11 日、13 日出现雾/霾天气风力较小，而这几日风速的平均相对误差较高，说明雾/霾天气可能对风速预报造成一定影响，对小风速的预报还比较不准。而 25 日夜里—26 日早晨也出现浓雾，说明雾/霾可能对预报造成一定影响，但并非决定性因素（图 7.54b）。

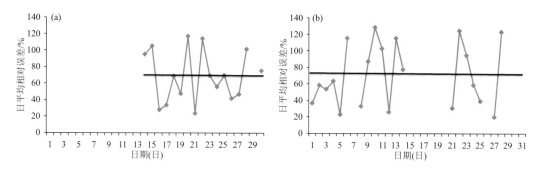

图 7.54　2013 年 1 月(a)与 2 月(b)风速日平均相对误差

　　2013 年 4 月的短期预报风速日平均相对误差的均值为 73.33%，其中有 14 d 平均相对误差低于均值，8 d 高于均值；而 16 日、19 日、20 日、23 日、25 日、27 日、28 日、29 日的平均相对误差低于 50%，以 16 日的日平均相对误差最低，为 29.47%，10 日、18 日、22 日、26 日的平均相对误差高于 100%，以 26 日平均相对误差最高，为 176.86%。4 月 18 日出现雾，风力较小，而这几日风速的平均相对误差较高，说明雾可能对风速预报造成一定影响。但 10 日、22 日、26 日并未出现特别的天气事件，说明还存在其他因素影响；4 月 16 日、28 日、29 日，出现大风天气，而这 3 d 的平均相对误差相对较低，但前面 11 月大风天气下平均相对误差却比较高，说明大风天气可能对预报造成一定影响，但并非决定性因素（图 7.55a）。2013 年 5 月的短期预报风速整体预报效果相对较好，没有出现日平均相对误差超过 100% 的情况，均值为 48.32%，其中有 15 d 平均相对误差低于均值，11 d 高于均值；而 3 日、5 日、7 日、16 日、17 日、18 日、22 日、23 日、24 日、31 日的平均相对误差低于 40%，以 18 日的日平均相

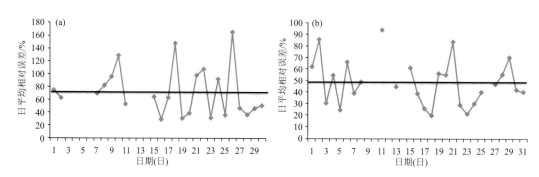

图 7.55　2013 年 4 月(a)与 5 月(b)风速日平均相对误差

对误差最低,为 19.35%;2 日、11 日、21 日、29 日的平均相对误差较高,其中以 11 日平均相对误差最高,为 93.62%。总体来说,2 日、11 日、21 日、29 日的风速预报效果较差,通过分析这 4 d 的天气现象发现,这 4 d 都出现了雾/霾天气,说明雾/霾天气对风速预报会造成一定的影响,使得预报误差增大(图 7.55b)。

7.2.5　总结与讨论

7.2.5.1　预报效果小结

(1)超短期预报

风电功率超短期预报效果相对较好,预报与实况之间具有很高的一致性,总体准确率也相对较高。但各月之间预报效果差异很大,统计可得各月的超短期有效预报时段(准确率达 85% 以上)在 30～180 min 之间,其中以 6 月的风电预报效果最佳,其有效预报时段可达 180 min,5 月次之,有效预报时段为 150 min,而 4 月的预测效果最差,其有效预报时段仅为 30 min。

(2)短期预报

风电功率短期整体预报效果相对较差,8 个月的评估结果中只有 6 月和 5 月的预报准确率达到了国家能源局的标准(准确率达 75% 以上),其预报准确率分别为 77.3% 和 76.9%,样本合格率分别为 88.8% 和 75.3%。而其他各月效果均不太理想,其预报准确率和样本合格率都在 60% 左右波动,其中 12 月和 11 月预报效果最差,其准确率仅为 58.6% 和 62.8%,相应的样本合格率为 57.4% 和 53.8%。

7.2.5.2　存在的主要问题

(1)数据完整性问题

目前系统经常性出现连续时间的实时风速和功率数据缺失,由于风电场接入实时数据的通信程序存在一定问题,需要多次与风电场的技术人员联系沟通来解决问题,并同时加强监测。同时预测风速也会出现缺测情况,也需进一步加强监测与管理。

(2)模式预报准确率问题

通过对风电功率与风速的预测误差对比分析发现,除了 5 月、6 月以外,整体预报效果不够理想,没有达到国家能源局的标准,准确率偏低。虽然系统可以对数值预报的风速进行订正,但需要一整年的风电场实测风速资料、风电功率资料和风机运行状况资料来计算风速订正系数和风速订正模型,目前缺少历史数据的积累。因此,需要收集整理风机实时功率数据,加强资料的诊断分析工作,提出有针对性的修正方案,希望通过对风速的订正可以提高风速预报的准确性。

7.2.5.3　解决方案

基于目前已有的预报与实况资料,通过对风电预报系统的预测误差来源进行分析,已经初步掌握了该系统预报误差的主要来源和存在的缺陷,并针对这几方面误差来源提出相应的解决方案,以期进一步提高风电预报系统的预报水平和应用价值。

(1)数值预报改进

风速预报是风电功率预报系统的核心,风速预报的准确与否直接决定着功率预报的准确率。正面提高风速预报的准确率是提高功率预报准确率的最直接途径,风速的预报主要依赖于数值模式,因此,必须提高数值模式对于风速的预测准确率,加强风速的监测与分析,并在数值模式中做有针对性的参数修正实现风速预测准确率的提高,从根本上提高风电功率的预测准确率。

目前,通过分析误差的统计分布特征发现数值预报与实况之间存在一个系统性的误差,在大多数情况下预测风速都比实际风速要偏大,即两者之间存在一个系统性的负误差,需在后期预报时在系统预报的结果基础上加上这一系统性偏离指数,以修正该系统漂移。

(2)数据资料改进

提高数据资料的精度,预报误差一般来源于两个方面,一是动力模式本身的缺陷,二是初边值的信息不足(包括初边值误差)。因此,在改进预测效果方面还需提高模式资料的精度和准确度,以弥补模式初边值的信息不足而产生的误差,从而实现预报准确率的提高。

(3)风速订正

通过预报系统对本地的风电场功率预报检验发现不同时段的预报准确率并不相同,同时系统对不同风速段的预报效果也并不一致,对大风速和小风速的预报准确率相对较低,平均误差较大,因此,在进行风速误差订正时需要考虑其时段以及风速大小分别进行有针对性的订正。

(4)加强天气事件的监测预测

通过数据分析可以发现,雾/霾、寒潮、大风等天气事件都会对风速预报产生较为明显的影响,当出现以上天气事件时往往其对应的风速预报日平均相对误差会明显升高,即这几种天气事件会大大降低风电预报系统的准确率,因此,在后期系统运行时需要考虑天气气候事件的影响,加强雾/霾、寒潮、大风等天气事件的预测并进行有针对性的修正,将有利于提高风电功率预报的准确率。

7.3　海上风电场工程设计气象服务

7.3.1　江苏海上风电场最大、极大风速计算及热带气旋影响分析

江苏省地处东亚季风区,又属南北气候过渡带,天气气候条件复杂,气象灾害种类多、频率高。尤其是由台风等引起的极端风速,可能会对风电场造成极大的影响,甚至是颠覆性的影响。在风电开发前期,需要对风电场附近区域的热带气旋影响情况进行调查,并计算不同重现期的极端风速,为风电场选址和工程设计提供科学依据。因此,2011 年,中国水电顾问集团华东勘测设计研究院委托江苏省气候中心承担"江苏海上风电场最大、极大风速计算及热带气旋影响分析"研究工作,计算射阳、滨海、大丰、东台站不同高度的 50 a 一遇最大、极大风速,计算射阳、滨海、东台、大丰海上测风塔不同高度的 50 a 一遇最大、极大风速,并收集和提供有关风速资料,为江苏海上风电场建设提供科学依据和基础数据(孙济良 等,1998)。

7.3.1.1 最大风速订正和计算

(1)滨海

滨海站自1959年建站以来未进行迁址,而1997年开始,苏北开始"3年大变样"的城市建设,城市化进程加快。从滨海1975—2009年最大风速的年际变化曲线(图7.56)也可以看出,自1999年开始,滨海站的年最大风速明显低于1975—2009年的平均值。可见,城市化进程给滨海站的观测环境带来了较大影响。另外,从滨海站的历史沿革也可以看出,为了降低周围环境的变化给风速观测带来的影响,1999年开始,风观测高度抬高到20.2 m。运用t检验发现,$t=4.01$,$t>t_{0.01}$,表明1999年前后的年最大风速有显著差异。

计算得到滨海1975—1998年最大风速的均值为13.42 m/s,1999—2009年最大风速的均值为10.75 m/s,两者的比值为1.248,利用比例系数1.248将滨海1999—2009年最大风速进行订正,得到均一化订正后的滨海年最大风速序列(李超平,2002)。

利用F检验来检验滨海年最大风速订正前后的方差差异,计算得到$F=1.392$,$F<F_{0.01}$,表明订正前后的滨海年最大风速序列方差无显著差异。

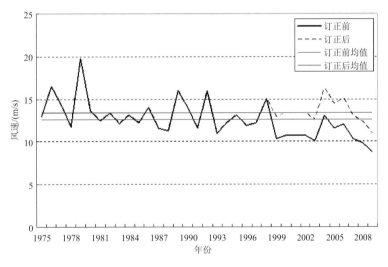

图7.56 滨海站年最大风速的年际变化

(2)射阳

1997年开始加快的城市化进程建设同样给射阳站的观测带来了影响。从射阳站的历史沿革可以看到,由于观测环境的变化,射阳站于1997年开始抬高风观测高度。从射阳站年最大风速变化曲线可以看出,1975—2009年,射阳站年最大风速呈较为明显的下降趋势,从2001年开始,年最大风速明显低于1975—2009年最大风速的均值。运用t检验发现,$t=4.31$,$t>t_{0.01}$,表明2001年前后射阳的年最大风速存在显著差异(图7.57)。

计算得到射阳1975—2000年最大风速的均值为14.05 m/s,2001—2009年最大风速的均值为11.18 m/s,两者的比值为1.257,利用比例系数1.257将射阳站2001—2009年最大风速进行订正,得到均一化订正后的射阳站年最大风速序列。

运用F检验来检验射阳年最大风速序列订正前后的方差差异,计算得到$F=1.446$,$F<$

$F_{0.01}$，表明订正前后的射阳年最大风速序列方差无显著差异。

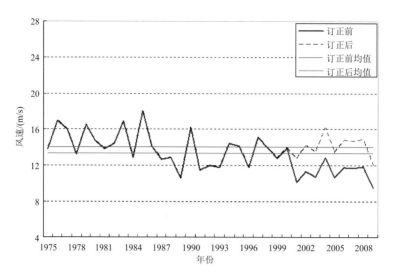

图 7.57 射阳站年最大风速年际变化

（3）大丰

城市化进程给大丰站的观测环境带来了一定的影响，从大丰站年最大风速的变化曲线（图 7.58）可以看出，从 2002 年开始，大丰站的年最大风速呈明显下降趋势，2005 年后下降更为明显。2002 年以后大丰站的年最大风速明显低于其序列平均值，运用 t 检验发现，$t = 4.07$，$t > t_{0.01}$，表明 2002 年前后大丰站的年最大风速存在明显差异。

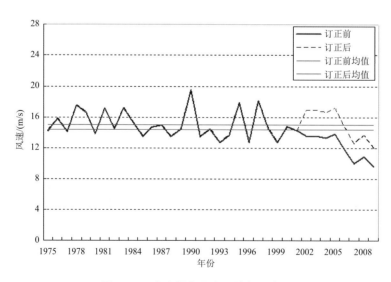

图 7.58 大丰站年最大风速年际变化

大丰站 1975—2001 年最大风速的均值为 15.04 m/s，2002—2009 年最大风速的均值为 12.07 m/s，两者的比值为 1.246。利用比例系数 1.246 对大丰站 2002—2009 年最大风速进行订正，得到经过均一化订正后的大丰站年最大风速序列。

大丰站年最大风速均一化订正前后的方差 F 检验值为 1.358，$F<F_{0.01}$，表明订正前后的大丰站年最大风速序列方差无显著差异。

（4）东台

从东台站的历史沿革可以看出，由于观测环境的变化，东台站先后于 1954 年、1981 年和 2005 年进行过 3 次迁站。从东台站年最大风速的年际变化曲线（图 7.59）可以看出，东台站 1976—1980 年和 1991—2004 年最大风速基本低于其序列平均值。分别运用 t 检验对这两段时间的年最大风速进行检验。对 1976—1980 年而言，$t=1.399$，$t<t_{0.01}$，表明东台站 1976—1980 年年最大风速与其他年份的差异并不显著。对 1991—2004 年最大风速而言，$t=4.96$，$t>t_{0.01}$，表明东台站 1991—2004 年的年最大风速和其他年份的年最大风速存在明显差异。

计算得到东台站 1975—1990 年和 2005—2009 年最大风速的均值为 13.69 m/s，1991—2004 年最大风速的均值为 10.80 m/s，两者的比值为 1.268。利用比例系数 1.268 对东台站 1991—2004 年的年最大风速进行订正，得到经过均一化订正后的东台年最大风速序列（李军 等，2005）。

东台站年最大风速均一化订正前后的方差 F 检验值为 1.446，$F<F_{0.01}$，表明订正前后的东台站年最大风速序列方差无显著差异。

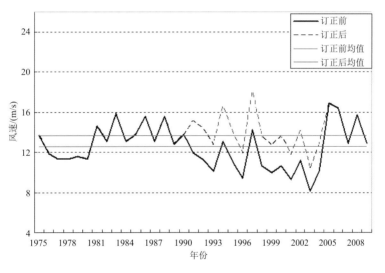

图 7.59　东台站年最大风速年际变化

7.3.1.2　气象站 50 a 一遇最大风速

在工程建设中，关心的是一定保证率下的设计值，亦即考虑不同的工程设计参数保证率。因此，分别采用 $+1\sigma$（90% 的保证率）、$+2\sigma$（95% 的保证率）、$+3\sigma$（99% 的保证率）计算各气象站不同高度的年最大风速。利用计算得到的不同高度的年最大风速序列，运用极值 I 型分布可以计算得到各气象站不同高度的 50 a 一遇最大风速，列于表 7.10、表 7.11、表 7.12 和表 7.13。

表 7.10　滨海站 50 a 一遇最大风速

单位：m/s

高度	无保证率	+1σ	+2σ	+3σ	标准差 σ
70 m	25.9	28.4	31.0	33.5	2.5430
80 m	26.5	29.1	31.7	34.3	2.5980
90 m	27.0	29.6	32.3	34.9	2.6473
100 m	27.4	30.1	32.8	35.5	2.6923

表 7.11　射阳站 50 a 一遇最大风速

单位：m/s

高度	无保证率	+1σ	+2σ	+3σ	标准差 σ
70 m	26.2	28.6	31.0	33.7	2.3714
80 m	26.8	29.2	31.7	34.1	2.4227
90 m	27.3	29.8	32.3	34.7	2.4687
100 m	27.8	30.3	32.8	35.3	2.5107

表 7.12　大丰站 50 a 一遇最大风速

单位：m/s

高度	无保证率	+1σ	+2σ	+3σ	标准差 σ
70 m	28.2	30.7	33.3	35.9	2.5635
80 m	28.8	31.4	34.0	36.6	2.6188
90 m	29.3	32.0	34.7	37.3	2.6686
100 m	29.8	32.5	35.3	38.0	2.7140

表 7.13　东台站 50 a 一遇最大风速

单位：m/s

高度	无保证率	+1σ	+2σ	+3σ	标准差 σ
70 m	26.1	28.6	31.1	33.6	2.4932
80 m	26.7	29.2	31.8	34.3	2.5471
90 m	27.2	29.8	32.4	35.0	2.5955
100 m	27.6	30.3	32.9	35.6	2.6397

7.3.1.3　气象站 50 a 一遇极大风速

（1）滨海

运用滨海气象站 2004—2009 年同期观测的逐日最大、极大风速共 2192 组数据，得到两者的相关关系（图 7.60）。结果表明，滨海气象站极大风速（Y）与最大风速（X）的平均值之间比值达 1.8014。两者的相关系数高达 0.9215，剩余均方差 $\sigma=1.0339$，通过信度 0.001 的显著性检验，线性相关良好。两者的关系式为：

$$Y = 1.7729X + 0.1286 \tag{7.5}$$

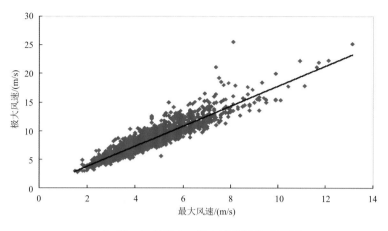

图 7.60　滨海最大、极大风速相关点聚图

根据统计学原理,用一个有限的样本统计得出的变量之间的回归方程并非数学上的严格函数关系式,而是概率统计关系,它仅代表了平均状况。由于各种随机因素影响,线性回归式计算值一般不会刚好等于实测值。实测值总在以回归线值为中心的某个区间内摆动,在一定可靠信度(在工程结构中常称为保证率)下,估计出这一摆动区间,对于工程可靠性设计是必要的。

根据统计学理论有:

$$P(Y-\sigma < Y_{实际} < Y+\sigma)(\approx 68\%) \tag{7.6}$$

$$P(Y-2\sigma < Y_{实际} < Y+2\sigma)(\approx 95\%) \tag{7.7}$$

$$P(Y-3\sigma < Y_{实际} < Y+3\sigma)(\approx 99\%) \tag{7.8}$$

式中,σ 值为剩余均方差,P 为概率。也就是说,根据式(7.6),用滨海气象站日最大风速推算日极大风速时,将有 90% 的极大风速计算值将落在:

$$Y = 1.7729X + 0.1286 + \sigma \tag{7.9}$$

和

$$Y = 1.7729X + 0.1286 - \sigma \tag{7.10}$$

两条线之间,从而给出了计算结果的精度估计(即保证率)。

同理,根据式(7.7),用滨海气象站日最大风速推算日极大风速时,将有 95% 的极大风速计算值将落在:$Y=1.7729X+0.1286+2\sigma$ 和 $Y=1.7729X+0.1286-2\sigma$ 两条线之间。根据式(7.8),将有 99% 的极大风速计算值落在 $Y=1.7729X+0.1286+3\sigma$ 和 $Y=1.7729X+0.1286-3\sigma$ 两条线之间。

对于工程设计来说,关心的是极大风速的情况,即在保证率 σ 前提下,实际值不会超过计算值。因此,本研究采用不同的保证率计算滨海站 50 a 一遇的风速值,列于表 7.14,供工程设计参考。

表 7.14　滨海站 50 a 一遇极大风速

单位：m/s

高度	无保证率	+1σ	+2σ	+3σ
70 m	46.1	47.5	48.9	50.3
80 m	47.1	48.5	50.0	51.4
90 m	48.0	49.4	50.9	52.4
100 m	48.8	50.3	51.8	53.3

（2）射阳

运用射阳气象站 2004—2009 年同期观测的逐日最大、极大风速共 2192 组数据，得到射阳气象站逐日最大风速、极大风速之间的相关关系（图 7.61）。结果表明，射阳气象站极大风速（Y）与最大风速（X）的平均值之间比值达 1.6535，两者的相关系数高达 0.9514，剩余均方差 $\sigma=1.0195$，通过信度 0.001 的显著性检验，线性相关良好。两者的关系式为：

$$Y = 1.7088X - 0.3326 \qquad (7.11)$$

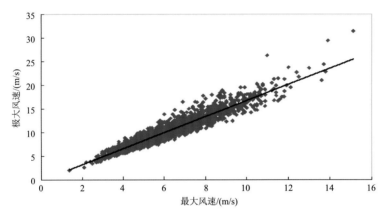

图 7.61　射阳最大、极大相关点聚图

利用式（7.11）可以根据经过订正的年最大风速来计算极大风速值。利用指数律（指数取 0.16）计算得到射阳站不同高度的年极大风速序列。在进行射阳站不同高度极大风速计算时，同样采用不同的保证率进行计算。运用极值 I 型计算得到不同保证率下的射阳站不同高度的 50 a 一遇极大风速，列于表 7.15。

表 7.15　射阳站 50 a 一遇极大风速

单位：m/s

高度	无保证率	+1σ	+2σ	+3σ
70 m	44.4	45.8	47.2	48.6
80 m	45.4	46.8	48.2	49.6
90 m	46.2	47.7	49.1	50.6
100 m	47.0	48.5	50.0	51.4

（3）大丰

大丰气象站2004—2009年同期观测的逐日极大风速（Y）、最大风速（X）之间的平均值之间比值达1.6624。两者之间的相关系数为0.9324，剩余均方差$\sigma=0.9097$，通过信度0.001的显著性检验，两者线性相关良好（图7.62）。两者的关系式为：

$$Y = 1.6182X + 0.2363 \tag{7.12}$$

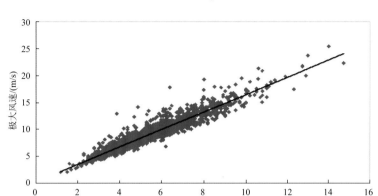

图7.62 大丰最大、极大风速相关点聚图

利用指数律（指数取0.16），采用不同的保证率计算得到大丰站不同高度的年极大风速序列。运用极值Ⅰ型分布，计算得到不同保证率下的大丰站不同高度的50 a一遇极大风速，列于表7.16。

表7.16 大丰站50 a一遇极大风速

单位：m/s

高度	无保证率	$+1\sigma$	$+2\sigma$	$+3\sigma$
70 m	45.9	47.1	48.4	49.6
80 m	46.9	48.2	49.4	50.7
90 m	47.8	49.1	50.4	51.7
100 m	48.6	49.9	51.2	52.5

（4）东台

东台气象站2004—2009年同期观测的逐日极大风速（Y）、最大风速（X）之间的平均值之间比值达1.5389。两者之间的相关系数为0.9423，剩余均方差$\sigma=1.0363$，通过信度0.001的显著性检验，两者线性相关良好（图7.63）。两者的关系式为：

$$Y = 1.4278X + 0.6692 \tag{7.13}$$

利用指数律（指数取0.16），采用不同的保证率计算得到东台站不同高度的年极大风速序列。运用极值Ⅰ型计算得到不同保证率下的东台站不同高度的50 a一遇极大风速，列于表7.17。

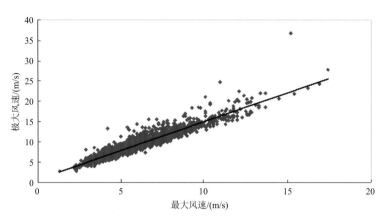

图 7.63　东台最大、极大风速相关点聚图

表 7.17　东台站 50 a 一遇极大风速

单位：m/s

高度	无保证率	$+1\sigma$	$+2\sigma$	$+3\sigma$
70 m	42.3	43.7	45.1	46.5
80 m	43.2	44.7	46.1	47.5
90 m	44.0	45.5	46.9	48.5
100 m	44.8	46.3	47.8	49.3

7.3.1.4　海上测风塔 50 a 一遇风速

海上风电场一般位于近海的浅海区域。由于下垫面性质的不同,近海与陆地的风速有较大的差异,气象站的 50 a 一遇最大风速、极大风速并不能代表近海的状况。因此,本节利用大丰、东台两座海上测风塔和大丰、东台气象站同步观测资料,计算测风塔所在地不同高度的 50 a 一遇最大、极大风速。大丰测风塔位于大丰以东的近海海域,离岸距离为 28 km,距离大丰气象站约 68 km,离东台气象站约 90 km。大丰海上测风塔塔高 70 m,资料为 70 m逐日最大风速,起止时间为 2006 年 1 月 3 日—2007 年 1 月 2 日。东台测风塔位于东台偏东方的近海海域,离岸距离为 31 km,距离东台气象站约 88 km,离大丰气象站约 76 km,离大丰测风塔约 23 km。东台测风塔塔高 87 m,资料为 87 m 逐日最大风速,起止时间为 2008 年11 月 1 日—2009 年 10 月 31 日。射阳测风塔位于射阳偏东方的近海海域,离岸距离为36 km,距离射阳气象站约 138 km,测风塔塔高 100 m,资料为 90 m、100 m 两层逐日最大风速,起止时间为 2010 年 7 月 19 日—2011 年 7 月 18 日。滨海测风塔位于滨海偏东方的海岸,距离海岸约21 km,距离滨海气象站约 100 km,测风塔塔高 100 m,资料为 90 m、100 m两层逐日最大风速,起止时间为 2010 年 6 月 14 日—2011 年 6 月 13 日。

（1）东台测风塔 50 a 一遇最大风速

考虑到工程设计的不同保证率,分别采用无保证率、$+1\sigma$（90％的保证率）、$+2\sigma$（95％的保证率）、$+3\sigma$（99％的保证率）计算东台测风塔所在地的年最大风速。东台测风塔 87 m 日最大风速（Y）与大丰气象站日最大风速（X）的关系式如表 7.18 所示。

表 7.18 东台塔 87 m 与大丰站日最大风速的相互关系

项目	方程
无保证率	$Y=1.3884X+3.0025$
90%保证率（+1σ）	$Y=1.3884X+5.2532$
90%保证率（+2σ）	$Y=1.3884X+7.5039$
90%保证率（+3σ）	$Y=1.3884X+9.7546$

利用表 7.18 中各式，根据东台站经过订正的 1975—2009 年最大风速，可计算得到测风塔所在地年最大风速。利用指数律（指数取委托方通过海上测风塔计算得到的 0.06），可计算得到东台测风塔不同高度的年最大风速。运用极值 I 型分布计算得到东台测风塔不同高度的 50 a 一遇最大风速，列于表 7.19。

表 7.19 东台测风塔 50 a 一遇最大风速

单位：m/s

高度	无保证率	+1σ	+2σ	+3σ
70 m	31.2	33.7	36.2	38.7
80 m	31.5	34.0	36.5	39.0
90 m	31.7	34.2	36.8	39.3
100 m	31.9	34.5	37.0	39.5

（2）大丰测风塔 50 a 一遇最大风速

在计算大丰测风塔所在地的年最大风速时，分别采用不同保证率进行计算。大丰测风塔 70 m 日最大风速（Y）与大丰气象站日最大风速（X）的关系式如表 7.20 所示。

利用表 7.20 各式，根据大丰站经过订正的 1975—2009 年最大风速，可计算得到测风塔所在地年最大风速。利用指数律（指数取委托方通过海上测风塔计算得到的 0.06），可计算大丰测风塔不同高度的年最大风速。运用极值 I 型分布计算得到大丰测风塔不同高度的 50 a 一遇最大风速，列于表 7.21。

表 7.20 大丰塔 70 m 与大丰站日最大风速的相互关系

项目	方程
无保证率	$Y=1.4094X+2.6789$
90%保证率（+1σ）	$Y=1.4094X+5.1660$
90%保证率（+2σ）	$Y=1.4094X+7.6441$
90%保证率（+3σ）	$Y=1.4094X+10.1222$

表 7.21 大丰测风塔 50 a 一遇最大风速

单位：m/s

高度	无保证率	+1σ	+2σ	+3σ
70 m	31.8	34.2	36.7	39.2
80 m	32.0	34.5	37.0	39.5
90 m	32.3	34.8	37.3	39.8
100 m	32.5	35.0	37.5	40.1

（3）射阳测风塔 50 a 一遇最大风速

在计算射阳测风塔所在地的年最大风速时，分别采用不同保证率进行计算。射阳测风塔 90 m 日最大风速(Y)与射阳气象站日最大风速(X)的关系式如表 7.22 所示。

利用表 7.22 各式，根据射阳站经过订正的 1981—2010 年最大风速，可计算得到测风塔所在地年最大风速。利用指数律（指数取委托方通过海上测风塔计算得到的 0.06），可计算射阳测风塔不同高度的年最大风速。运用极值 I 型分布计算得到射阳测风塔不同高度的 50 a 一遇最大风速，列于表 7.23。

表 7.22　射阳塔 90 m 与射阳站日最大风速的相互关系

项目	方　程
无保证率	$Y = 1.3447X + 2.3011$
90%保证率($+1\sigma$)	$Y = 1.3447X + 4.8337$
90%保证率($+2\sigma$)	$Y = 1.3447X + 7.3663$
90%保证率($+3\sigma$)	$Y = 1.3447X + 9.8989$

表 7.23　射阳测风塔 50 a 一遇最大风速

单位：m/s

高度	无保证率	$+1\sigma$	$+2\sigma$	$+3\sigma$
70 m	32.2	34.7	37.2	39.8
80 m	32.5	35.0	37.5	40.0
90 m	32.7	35.2	37.7	40.3
100 m	32.9	35.4	37.9	40.5

（4）滨海测风塔 50 a 一遇最大风速

在计算滨海测风塔所在地的年最大风速时，分别采用不同保证率进行计算。滨海测风塔 100 m 日最大风速(Y)与滨海气象站日最大风速(X)的关系式如表 7.24 所示。

利用表 7.24 各式，根据滨海站经过订正的 1981—2010 年年最大风速，可计算得到测风塔所在地年最大风速。利用指数律（指数取委托方通过海上测风塔计算得到的 0.06），可计算滨海测风塔不同高度的年最大风速。运用极值 I 型分布计算得到滨海测风塔不同高度的 50 a 一遇最大风速，列于表 7.25。

表 7.24　滨海塔 100 m 与滨海站日最大风速的相互关系

项目	方　程
无保证率	$Y = 1.5989X + 3.7494$
90%保证率($+1\sigma$)	$Y = 1.5989X + 6.4560$
90%保证率($+2\sigma$)	$Y = 1.5989X + 9.1626$
90%保证率($+3\sigma$)	$Y = 1.5989X + 11.8692$

表 7.25 滨海测风塔 50 a 一遇最大风速

单位:m/s

高度	无保证率	+1σ	+2σ	+3σ
70 m	31.3	34.0	36.6	39.3
80 m	31.6	34.3	36.9	39.6
90 m	31.8	34.5	37.2	39.9
100 m	32.0	34.7	37.4	40.1

(5)50 a 一遇极大风速

大丰、东台、射阳、滨海海上测风塔缺少极大风速观测,而大丰、东台、射阳、滨海气象站的极大风速观测只有几年,观测样本不足。若仅凭几年的年极大风速观测资料计算 50 a 一遇极大风速,必然存在较大的误差和不确定性。因此,根据已有的研究,从工程设计的保守性原则出发,建议采用 50 a 一遇最大风速的 1.4 倍作为 50 a 一遇极大风速参数值(表7.26—表 7.29)。

表 7.26 东台测风塔 50 a 一遇极大风速

单位:m/s

高度	无保证率	+1σ	+2σ	+3σ
70 m	43.7	47.2	50.7	54.2
80 m	44.1	47.6	51.1	54.6
90 m	44.4	47.9	51.5	55.0
100 m	44.7	48.3	51.8	55.3

表 7.27 大丰测风塔 50 a 一遇极大风速

单位:m/s

高度	无保证率	+1σ	+2σ	+3σ
70 m	44.5	47.9	51.4	54.9
80 m	44.8	48.3	51.8	55.3
90 m	45.2	48.7	52.2	55.7
100 m	45.5	49.0	52.5	56.1

表 7.28 射阳测风塔 50 a 一遇极大风速

单位:m/s

高度	无保证率	+1σ	+2σ	+3σ
70 m	45.1	48.6	52.1	55.7
80 m	45.4	49.0	52.5	56.0
90 m	45.8	49.3	52.8	56.4
100 m	46.0	49.6	53.1	56.6

表 7.29　滨海测风塔 50 a 一遇极大风速

单位：m/s

高度	无保证率	$+1\sigma$	$+2\sigma$	$+3\sigma$
70 m	43.9	47.6	51.3	55.0
80 m	44.2	48.0	51.7	55.4
90 m	44.5	48.3	52.1	55.8
100 m	44.8	48.6	52.4	56.2

7.3.1.5　合理性和适用性分析

（1）风廓线指数选取的合理性

为了计算气象站所在地 50 a 一遇最大风速，选取了指数律分布拟合风速随高度的变化，气象站选取 B 类地貌的推荐值 0.16 进行计算。为了证明其合理性，收集了江苏省沿海部分测风塔的风廓线指数计算结果，作为比较。

滨海二置测风塔的地貌特征与气象站较为类似，由于其位于海岸（离海岸约 200 m），其指数略小于本研究所取的气象站指数 0.16。东台东川垦区测风塔（位于滩涂地区）指数与本研究所取的气象站指数接近。射阳测风塔周围主要为低矮的芦苇，离海岸较近，其指数较小。通过与各测风塔的风速高度变化幂指数的计算结果比较发现，气象站所在地风随高度变化的指数取为 0.16 是较为合理的，符合气象站的地貌特征（表 7.30）。

表 7.30　部分测风塔幂指数计算结果

项目	滨海二置测风塔	射阳东沙港测风塔	东台东川垦区测风塔
地貌特征	沿海岸，有少量树木和房屋	沿海岸，芦苇地	沿海岸，有少量树木和芦苇，有堤
指数值	0.151	0.138	0.158

（2）结果的合理性

为了探讨各气象站及海上测风塔不同高度 50 a 一遇最大、极大风速计算结果的合理性，将计算结果与沿海部分测风塔计算结果以及根据《建筑结构荷载规范》（GB 50009—2001）直接推算的结果进行对比分析。

为了客观分析本研究 50 a 一遇最大风速的合理性，收集了射阳、东台沿海地区四座测风塔不同高度的 50 a 一遇最大风速计算结果，分别与气象站、海上测风塔不同高度的 50 a 一遇最大风速进行比较。

从表 7.31—表 7.34 可以看出，在相同的高度，海上测风塔 50 a 一遇最大风速比沿海测风塔大，沿海测风塔则比气象站略大，海上测风塔明显高于气象站。50 a 一遇最大风速的分布反映了近海—海岸—气象站的风速衰减规律，完全按照"海上＞沿海＞气象站"分布，这与风速的观测事实完全相符。

表 7.31　气象站及各测风塔 50 a 一遇最大风速(无保证率)

单位：m/s

高度	滨海站	射阳站	大丰站	东台站	射阳沿海	东台沿海	大丰海上	东台海上	射阳海上	滨海海上
70 m	25.9	26.2	28.2	26.1	30.2	29.9	31.8	31.2	32.2	31.3
80 m	26.5	26.8	28.8	26.7	30.7	30.5	32.0	31.5	32.5	31.6
90 m	27.0	27.3	29.3	27.2	31.2	31.1	32.3	31.7	32.7	31.8
100 m	27.4	27.8	29.8	27.6	31.7	31.6	32.5	31.9	32.9	32.0

表 7.32　气象站及各测风塔 50 a 一遇最大风速(90%的保证率)

单位：m/s

高度	滨海站	射阳站	大丰站	东台站	射阳沿海	东台沿海	大丰海上	东台海上	射阳海上	滨海海上
70 m	28.4	28.6	30.7	28.6	32.1	31.9	34.2	33.7	34.7	34.0
80 m	29.1	29.2	31.4	29.2	32.7	32.5	34.5	34.0	35.0	34.3
90 m	29.6	29.8	32.0	29.8	33.2	33.1	34.8	34.2	35.2	34.5
100 m	30.1	30.3	32.5	30.3	33.7	33.3	35.0	34.5	35.4	34.7

表 7.33　气象站及各测风塔 50 a 一遇最大风速(95%的保证率)

单位：m/s

高度	滨海站	射阳站	大丰站	东台站	射阳沿海	东台沿海	大丰海上	东台海上	射阳海上	滨海海上
70 m	31.0	31.0	33.3	31.1	34.1	33.8	36.7	36.2	37.2	36.6
80 m	31.7	31.7	34.0	31.8	34.7	34.5	37.0	36.5	37.5	36.9
90 m	32.3	32.3	34.7	32.4	35.3	35.2	37.3	36.8	37.7	37.2
100 m	32.8	32.8	35.3	32.9	35.8	35.8	37.5	37.0	37.9	37.4

表 7.34　气象站及各测风塔 50 a 一遇最大风速(99%的保证率)

单位：m/s

高度	滨海站	射阳站	大丰站	东台站	射阳沿海	东台沿海	大丰海上	东台海上	射阳海上	滨海海上
70 m	33.5	33.7	35.9	33.6	36.0	35.8	39.2	38.7	39.8	39.3
80 m	34.3	34.1	36.6	34.3	36.7	36.6	39.5	39.0	40.0	39.6
90 m	34.9	34.7	37.3	35.0	37.3	37.2	39.8	39.3	40.3	39.9
100 m	35.5	35.3	38.0	35.6	37.8	37.9	40.1	39.5	40.5	40.1

为了确定海上测风塔所在地 50 a 一遇计算风速的合理性,还将计算结果与根据《建筑结构荷载规范》(GB 50009—2001)直接推算的结果进行了对比分析。

根据《建筑结构荷载规范》,按常规从 B 类地貌(标准气象站)换算到 A 类地貌,其风压值需乘以系数 1.38。也就是说,若按《建筑结构荷载规范》上给出的上述气象站风压值 0.40 kN/m²,推算到 A 类地貌,则其风压值为：$W = 0.40 \text{ kN/m}^2 \times 1.38 = 0.552 \text{ kN/m}^2$。若根据气象站风压值简单外推至 A 类地貌,则其对应的 10 m 高度的 50 a 一遇最大风速东台为 29.7 m/s,大丰为 30.0 m/s,射阳为 30.0 m/s。

根据海上测风塔和气象站资料,利用指数律(指数取 0.06),运用极值 I 型分布可以计算出测风塔所在地不同保证率下的 10 m 高度的 50 a 一遇最大风速。根据风压计算公式:

$$W = 1/2\rho V^2 \tag{7.14}$$

可计算得到东台、大丰、射阳测风塔 10 m 高度 50 a 一遇最大风速相对应的 50 a 一遇风压值,列于表 7.35。

表 7.35 测风塔 10 m 高度 50 a 一遇最大风速

项目	无保证率	+1σ	+2σ	+3σ
东台测风塔 10 m 高度 50 a 一遇最大风速/(m/s)	27.8	30.0	32.2	34.4
东台测风塔 10 m 高度 50 a 一遇风压/(kN/m²)	0.483	0.563	0.648	0.740
大丰测风塔 10 m 高度 50 a 一遇最大风速/(m/s)	28.3	30.5	32.7	34.9
大丰测风塔 10 m 高度 50 a 一遇风压/(kN/m²)	0.489	0.569	0.654	0.745
射阳测风塔 10 m 高度 50 a 一遇最大风速/(m/s)	28.5	30.7	32.9	35.1
射阳测风塔 10 m 高度 50 a 一遇风压/(kN/m²)	0.490	0.567	0.653	0.745

从表 7.35 可以看出,当风廓线指数取为 0.06 时,东台、大丰、射阳海上测风塔 10 m 高度 90% 保证率下的 50 a 一遇最大风速分别为 30.0 m/s、30.5 m/s、30.7 m/s,对应的 50 a 一遇风压值为 0.563 kN/m²、0.569 kN/m²、0.567 kN/m² 略大于根据规范简单外推的结果。而无保证率下的东台、大丰、射阳测风塔 10 m 高度 50 a 一遇最大风速仅分别为 27.8 m/s、28.3 m/s、28.5 m/s,对应的 50 a 一遇风压值为 0.483 kN/m²、0.489 kN/m²、0.490 kN/m² 均明显小于根据规范简单外推的结果。由此可见,本研究采用不同保证率进行 50 a 一遇最大风速的计算是合理的。

(3)结果的适用性

东台、大丰、射阳、滨海海上测风塔所在地 50 a 一遇最大风速、极大风速计算过程考虑了工程的不同保证率,在计算中采取了工程设计参数的保守性原则,其结果是相对保守的,适用于测风塔所在地附近区域风电场工程设计,也可作为其他风电场工程设计的参考依据。

研究结果符合沿海地区风速分布规律,与沿海地区的观测事实较为吻合。由于结果是根据气象站的地表属性(B 类地貌)计算得到的,而对于不同的下垫面地表状况,其不同高度的 50 a 一遇最大风速将有所不同。因此,气象站 50 a 一遇最大风速的计算结果仅能代表气象站所在地一定范围内的状况。

7.3.2 中广核如东 150 MW 海上风电场示范项目气候条件分析及气象灾害评估

中广核如东 150 MW 海上风电场示范项目位于江苏省如东县以东的近海海域,其北面为洋口港港区。如东 150 MW 海上风电场示范工程的北区离岸约 32 km,离洋口港人工岛约 35 km。风电场海底高程在 $-18 \sim -7$ m 之间,海底地形变化较为平缓。风电场形状呈平行四边形,平行于海岸线方向距离约为 5.4 km,垂直于海岸线方向距离约 13.6 km,规划海域面积为 73 km²。中广核如东 150 MW 海上风电场示范项目初拟为 50 台单机容量为 3 MW 的风电机组,总装机容量为 150 MW。经过预可行性研究和进一步论证,风电场场址、场外交通、地区经济、电网以及沿海风力资源状况,能够满足建设 150 MW 风电场的要求。在此基础上,中广核风力发电有限公司华东分公司就如东 150 MW 海上风电场示范项目开展工程可行性研究。大型风机对极端风速较为敏感,强风有可能对风机造成损害。因此,本研究利用如东气象站、中广核如东海上风电场测风塔观测资料,运用概率分析方法,计算如东海上风电场所在地不同高度的 50 a 一遇最大、极大风速,为风电场风机选型、风电场设计提供科学依据(江苏省气候中心,2011b)。

7.3.2.1　同步观测结果分析

(1)测风情况

中广核如东海上风电场测风塔在拟建的风电场内,位于如东县城偏东方,离如东气象站约 59 km,离洋口港人工岛约 36 km。该测风塔塔高 100 m,共分为 7 层,分别为 100 m、80 m、65 m、55 m、40 m、25 m 和 14 m,其中 14 m 观测气压、气温和相对湿度,其余 6 层测风,具体观测层次及项目详见表 7.36。该塔在东南方和西北方向各安装一套测风仪器,分别编号为 90305 和 90306,互为备份。该塔从 2009 年 11 月 26 日开始观测,观测的项目包括风速及其标准差、风向、最大风速、气压、气温和相对湿度,观测的时间分辨率为 10 min。

表 7.36　测风塔基本情况及观测项目

海上测风塔			
编号:90305		编号:90306	
高度	观测项目	高度	观测项目
100 m	风向、风速	100 m	风速
80 m	风向、风速	80 m	风速
65 m	风速	65 m	风向、风速
55 m	风速	55 m	风速
40 m	风速	40 m	风速
25 m	风速	25 m	风向、风速
14 m	气压、气温、相对湿度		

表 7.37 列出了如东海上风电场测风塔观测期间的平均风速。从表中可以看出,总体而言,位于东南一侧的 90305 的平均风速略小于西北侧的 90306 测风塔。

表 7.37　测风塔各层平均风速

单位:m/s

测风塔编号	25 m	40 m	55 m	65 m	80 m	100 m	时间
90305	6.56	6.78	7.098	7.54	7.60	7.75	2010 年 1 月 1 日—12 月 31 日
90306	6.64	6.89	7.17	7.56	7.63	7.70	

风电场工程施工建设对风力条件较为敏感,风力太大有可能对施工带来不便和安全威胁,尤其是海上风电场。因此,本研究利用测风塔 2010 年 1 月 1 日—12 月 31 日的观测资

料,统计了该塔各月各层不同风速阈值的日数(根据风电场工程施工的实际需要,统计时段为 06—18 时),列于表 7.38—表 7.43,作为风电场工程施工的参考。需要注意的是,由于测风塔 100 m、80 m、65 m 高度 2010 年 9 月 11 日—11 月 6 日缺测,其统计结果未能真实反映这一期间测风塔所在地这些层次上的风力情况。

表 7.38 测风塔(90305)各层日最大风速＜8 m/s 日数

单位：d

月份	100 m	80 m	65 m	55 m	40 m	25 m
1 月	0	0	3	3	5	6
2 月	1	1	4	4	4	4
3 月	0	0	0	1	1	1
4 月	0	0	1	4	6	9
5 月	1	2	2	3	6	9
6 月	7	8	8	9	10	12
7 月	1	1	1	1	3	4
8 月	3	4	5	5	7	10
9 月	0	0	0	7	7	7
10 月	0	0	0	10	10	10
11 月	7	7	9	13	14	14
12 月	1	1	1	3	3	4

表 7.39   测风塔(90305)各层日最大风速＜10.8 m/s(6 级)日数

单位：d

月份	100 m	80 m	65 m	55 m	40 m	25 m
1 月	7	9	12	12	14	18
2 月	4	4	6	9	12	13
3 月	1	1	4	6	7	9
4 月	9	9	12	12	15	19
5 月	10	8	16	18	19	20
6 月	18	19	19	20	22	25
7 月	5	6	6	6	13	16
8 月	15	18	20	21	25	25
9 月	4	6	6	18	19	21
10 月	0	0	0	19	19	19
11 月	13	13	15	20	20	20
12 月	5	5	5	6	8	9

表 7.40　测风塔(90305)各层日最大风速＜17.2 m/s(8 级)日数

单位：d

月份	100 m	80 m	65 m	55 m	40 m	25 m
1 月	24	25	30	31	31	31
2 月	22	22	26	27	27	27
3 月	18	20	29	29	30	31
4 月	23	24	30	30	30	30
5 月	23	24	29	29	31	31
6 月	30	30	30	30	30	30
7 月	30	30	30	30	30	31
8 月	30	30	30	30	31	31
9 月	11	11	11	30	30	30
10 月	0	0	0	29	29	30
11 月	24	24	25	30	30	30
12 月	28	29	28	30	30	31

表 7.41　测风塔(90306)各层日最大风速＜8 m/s 日数

单位：d

月份	100 m	80 m	65 m	55 m	40 m	25 m
1 月	3	4	0	4	4	1
2 月	1	3	1	4	5	2
3 月	1	0	0	0	1	1
4 月	3	3	1	3	4	2
5 月	2	3	2	4	7	3
6 月	6	7	6	9	10	12
7 月	1	1	1	2	2	4
8 月	2	3	3	3	5	9
9 月	0	1	0	6	6	5
10 月	0	0	0	10	10	10
11 月	6	7	7	13	13	13
12 月	1	1	2	3	4	4

表 7.42　测风塔(90306)各层日最大风速＜10.8 m/s(6 级)日数

单位：d

月份	100 m	80 m	65 m	55 m	40 m	25 m
1 月	10	12	8	13	14	10
2 月	7	8	4	10	10	8
3 月	3	3	1	5	5	2
4 月	10	13	9	13	13	12
5 月	13	15	11	17	19	17
6 月	19	19	20	20	22	25
7 月	5	4	7	9	11	16

续表

月份	100 m	80 m	65 m	55 m	40 m	25 m
8 月	14	13	16	18	20	24
9 月	5	5	5	17	17	18
10 月	0	0	0	18	18	18
11 月	12	12	13	19	20	21
12 月	4	4	4	5	5	6

表 7.43　测风塔(90306)各层日最大风速＜17.2 m/s(8 级)日数

单位：d

月份	100 m	80 m	65 m	55 m	40 m	25 m
1 月	28	29	26	29	31	27
2 月	24	25	24	26	27	25
3 月	23	25	19	28	28	24
4 月	29	29	25	29	30	26
5 月	27	27	25	28	30	29
6 月	30	30	30	30	30	30
7 月	29	30	30	30	31	30
8 月	30	30	30	30	30	31
9 月	11	11	11	30	30	30
10 月	0	0	0	29	30	30
11 月	23	24	24	30	30	30
12 月	26	27	27	27	29	29

(2)风速相关性分析

由于各种原因,在不同的历史时期,如东气象站的测风高度有所不同,为了避免因测风高度的差异给计算结果带来的影响,在分析同步观测的风速的相关性之前,首先对如东气象站的测风数据进行高度订正。

同样,采用指数律将如东气象站的观测资料订正到标准 10 m 高度。气象站为典型的 B 类地貌,根据《建筑结构荷载规范》(GB 50009—2001)的规定,采用 B 类地貌的推荐值 0.16 将如东气象站的测风数据订正到 10 m(表 7.44)。

表 7.44　不同地表类型的幂指数推荐值(引自 GB 50009—2001)

	A 类	B 类	C 类	D 类
地表状况	海面、海岸、开阔水面、沙漠	田野、乡村、丛林、平坦开阔地、低层建筑物稀少地区	树木及低层建筑物密集地区、中高层建筑物稀少地区、平缓的丘陵地	中高层建筑物密集地区、起伏较大的丘陵地
推荐值	0.12	0.16	0.22	0.30

利用如东海上风电场测风塔 90305 和经过高度订正的如东气象站 2010 年 1—12 月同步观测资料,运用数理统计方法分析如东海上风电场测风塔 90305 各层(Y)与如东气象站(X)的日最大 10 min 平均风速相互关系。结果列于表 7.45,图 7.64—图 7.69。

表 7.45 测风塔各层与如东站日最大风速的关系式

高度	方程	剩余标准差	F	相关系数	样本数
100 m	$Y=1.4585X+5.9026$	3.123	112.322	0.520	305
80 m	$Y=1.4593X+5.4886$	2.905	129.323	0.548	304
65 m	$Y=1.2909X+5.3899$	2.456	141.270	0.565	303
55 m	$Y=1.2957X+4.7814$	2.327	175.007	0.581	346
40 m	$Y=1.2726X+4.4651$	2.222	183.603	0.592	343
25 m	$Y=1.2579X+4.1614$	2.130	195.123	0.604	342

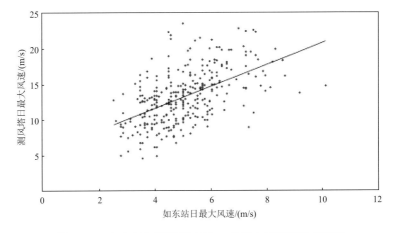

图 7.64 如东站与测风塔 100 m 日最大风速相关点聚图

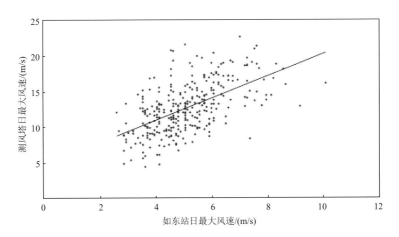

图 7.65 如东站与测风塔 80 m 日最大风速相关点聚图

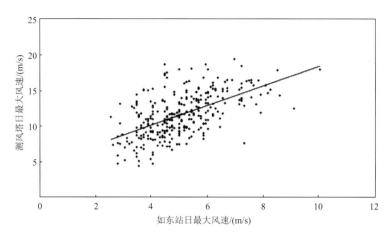

图 7.66　如东站与测风塔 65 m 日最大风速相关点聚图

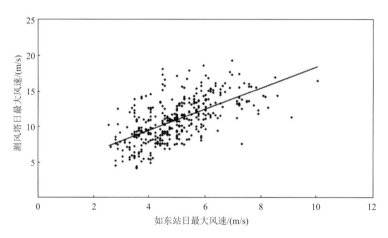

图 7.67　如东站与测风塔 55 m 日最大风速相关点聚图

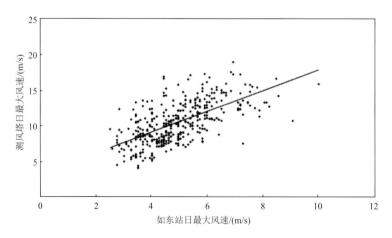

图 7.68　如东站与测风塔 40 m 日最大风速相关点聚图

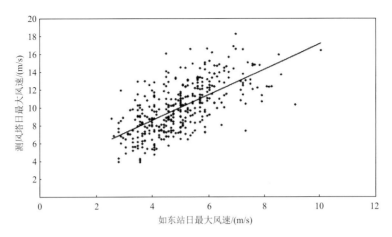

图 7.69　如东站与测风塔 25 m 日最大风速相关点聚图

从表 7.45 中可以看出，测风塔各层日最大风速与如东站均存在明显的相关关系，均通过信度 0.001 的显著性检验。测风塔 25 m 日最大风速与如东站相关最为显著，拟合误差最小，本研究将利用测风塔 25 m 和如东站日最大风速的关系计算如东海上风电场测风塔所在地 50 a 一遇最大风速和极大风速值。

根据统计学原理，用一个有限的样本统计得出的变量之间的回归方程并非数学上的严格函数关系式，而是概率统计关系，它仅代表了平均状况。由于各种随机因素影响，线性回归式计算值一般不会刚好等于实测值。实测值总在以回归线值为中心的某个区间内摆动，在一定可靠信度（在工程结构中常称为保证率）下，估计出这一摆动区间，对于工程可靠性设计是必要的。

根据统计学理论有：

$$P(Y-3\sigma < Y_{实际} < Y+3\sigma) \approx 99\% \tag{7.15}$$

式中，σ 值为剩余标准差，P 为概率。也就是说，根据表 7.45 的结果，用如东气象站日最大风速推算风电场测风塔 25 m 日最大风速时，将有 99% 的测风塔日最大风速计算值落在：

$$Y = 1.2579X + 4.1614 + 3\sigma \tag{7.16}$$

和

$$Y = 1.2579X + 4.1614 - 3\sigma \tag{7.17}$$

两条线之间，从而给出了计算结果的精度估计（即保证率）。

对于工程设计来说，关心的是最大风速的情况，即在保证率 α 前提下，实际值不会超过计算值。因此，本研究在计算如东海上风电场测风塔所在地 50 a 一遇的风速值时，采用 99% 的保证率，风速计算采用 +3σ 准则，即：

$$Y = 1.2579X + 10.5514 \tag{7.18}$$

7.3.2.2　50 a 一遇最大风速

（1）计算方法

拟合极值概率分布的方法有多种，气象上常用如皮尔逊-Ⅲ型分布、第Ⅰ型极值分布、威布尔（Weibull）分布等。以往的研究表明，它们与气象要素极值分布拟合良好，在气象、水文上获得广泛的应用。本研究采用极值Ⅰ型分布,计算不同重现期的风速极值。

设风速值为变量 x,极值Ⅰ型的分布函数为:

$$F(x) = \exp\{-\exp[-a(x-b)]\} \tag{7.19}$$

式中:a 为分布的尺度参数;b 为分布的位置参数,即分布的众值。

用耿贝尔(Gumbel)分布拟合风速极值,首先要估计参数 a、b,本研究研究采用耿贝尔法计算。

(2)50 a 一遇最大风速

利用式(7.18)和如东气象站1975—2009年最大风速,选取0.129作为风随高度变化的 θ 指数值,计算得到如东海上风电场测风塔不同高度的年最大风速序列。运用极值Ⅰ型概率分布,计算得到如东海上风电场测风塔所在地50 a 一遇最大风速如表7.46所示。

表 7.46 测风塔所在地不同高度的 50 a 一遇最大风速

项目	100 m	90 m	80 m	70 m	50 m	30 m	10 m
风速/(m/s)	41.9	41.3	40.7	40.0	38.3	35.9	31.1

7.3.2.3 不同风向的 50 a 一遇最大风速

在风电场工程设计,往往需要计算不同风向的50 a 一遇最大风速,而如东气象站和如东海上风电场测风塔并没有不同风向的日最大风速观测资料。因此,本研究利用海上测风塔观测得到的逐10 min最大风速资料,挑选当日某风向上出现的最大风速值,作为该风向的日最大风速近似值,得到近似的各风向日最大风速序列。然后,通过数理统计方法,计算不同风向的50 a 一遇最大风速,作为工程设计的参考。

(1)日最大风速与各风向相关分析

已有研究表明,越贴近地面,风受地表摩擦的影响越大。考虑到数据样本和风特性,运用数理统计方法分析如东海上风电场测风塔90305的100 m高度日最大风速(X)与各风向日最大风速(Y)的关系,结果列于表7.47。从表中可以看出,测风塔100 m高度日最大风速与各风向均存在明显的相关关系,均通过信度0.001的显著性检验。

表 7.47 测风塔 100 m 高度日最大风速与各风向的关系

风向	关系式	剩余均方差	相关系数	F	样本数/个
N	$Y=0.7129X+1.9563$	2.602	0.692	305.089	129
NNE	$Y=0.5410X+3.6394$	2.474	0.614	111.035	76
NE	$Y=0.5380X+3.1015$	2.296	0.628	124.595	89
ENE	$Y=0.5331X+3.3925$	2.266	0.586	95.578	84
E	$Y=0.6787X+1.3459$	2.236	0.718	297.496	130
ESE	$Y=0.8411X+1.0511$	1.970	0.820	569.185	143
SE	$Y=0.7937X+1.5246$	2.360	0.751	416.469	129
SSE	$Y=0.6134X+2.8579$	2.780	0.615	222.754	122
S	$Y=0.3965X+4.8018$	2.751	0.441	56.430	84
SSW	$Y=0.5616X+0.1725$	3.412	0.518	136.686	111

风向	关系式	剩余均方差	相关系数	F	样本数/个
SW	$Y=0.7364X-1.4868$	3.835	0.610	231.995	104
WSW	$Y=0.6095X+0.1444$	4.147	0.500	142.621	105
W	$Y=0.4478X+0.9098$	3.367	0.501	109.570	107
WNW	$Y=0.9173X-1.4933$	3.796	0.706	408.019	110
NW	$Y=0.9380X-1.3317$	3.676	0.731	522.847	126
NNW	$Y=0.7830X+1.4410$	2.766	0.703	287.169	108

（2）各风向 50 a 一遇最大风速

根据日最大风速与各风向日最大风速的关系，利用式（7.15）计算得到的各层年最大风速序列，采用指数律计算得到不同高度的各风向年最大风速序列。运用极值 I 型概率分布，计算得到不同高度的各风向 50 a 一遇最大风速，列于表 7.48。

从表 7.48 中可以看出，海上风电场测风塔所在地 70 m 高度的西北风（NW）50 a 一遇最大风速最大，达 36.2 m/s。其次为西北偏西风（WNW），达 35.2 m/s。最小为西风（W），仅 18.8 m/s，其次为南风（S），仅 20.7 m/s。这与测风塔所在地的各风向日最大风速的分布相符。

表 7.48　测风塔所在地不同高度的各风向 50 a 一遇最大风速

单位：m/s

风向	100 m	90 m	80 m	70 m	50 m	30 m	10 m
N	31.8	31.4	31.0	30.5	29.3	27.5	24.1
NNE	26.3	26.0	25.7	25.3	24.4	23.0	20.5
NE	25.6	25.3	25.0	24.6	23.7	22.4	19.8
ENE	25.7	25.4	25.1	24.7	23.8	22.5	20.0
E	29.8	29.4	29.0	28.5	27.3	25.7	22.5
ESE	36.3	35.8	35.3	34.7	33.3	31.2	27.2
SE	34.8	34.3	33.8	33.3	31.9	30.0	26.2
SSE	28.5	28.2	27.8	27.4	26.4	24.9	21.9
S	21.4	21.2	20.9	20.7	20.0	19.0	17.1
SSW	23.7	23.4	23.0	22.6	21.7	20.3	17.6
SW	29.4	28.9	28.5	28.0	26.7	24.9	21.4
WSW	25.7	25.3	24.9	24.5	23.5	22.0	19.1
W	19.7	19.4	19.1	18.8	18.1	17.0	14.8
WNW	36.9	36.4	35.8	35.2	33.6	31.4	27.1
NW	38.0	37.4	36.8	36.2	34.6	32.3	27.9
NNW	34.2	33.8	33.3	32.8	31.4	29.5	25.8

7.3.2.4　50 a 一遇极大风速

由于测风塔无极大风速观测，无法利用如东站和测风塔观测资料直接进行不同高度的

50 a 一遇计算。根据有关工程研究的结果,50 a 一遇极大风速约为 50 a 一遇最大风速的 1.3~1.4 倍。考虑到工程设计的保守性原则,选取测风塔所在地不同高度的 50 a 一遇最大风速的 1.4 倍作为其 50 a 一遇极大风速,列于表 7.49,仅供参考。

表 7.49 测风塔所在地不同高度的各风向 50 a 一遇极大风速

单位：m/s

风向	100 m	90 m	80 m	70 m	50 m	30 m	10 m
不分风向	58.6	57.8	57.0	56.0	53.6	50.2	43.6
N	43.8	43.2	42.6	41.9	40.2	37.7	33.0
NNE	35.4	34.9	34.5	33.9	32.6	30.8	27.2
NE	34.6	34.2	33.8	33.2	31.9	30.1	26.5
ENE	34.6	34.2	33.8	33.2	32.0	30.2	26.6
E	41.1	40.6	40.0	39.4	37.7	35.4	30.9
ESE	50.4	49.7	49.0	48.1	46.1	43.3	37.7
SE	48.1	47.4	46.7	46.0	44.1	41.4	36.1
SSE	38.8	38.3	37.8	37.2	35.7	33.6	29.6
S	28.0	27.7	27.4	27.0	26.1	24.7	22.1
SSW	33.1	32.7	32.2	31.6	30.3	28.4	24.6
SW	41.7	41.1	40.5	39.7	38.0	35.5	30.6
WSW	35.9	35.4	34.9	34.3	32.8	30.7	26.7
W	27.2	26.8	26.4	26.0	24.9	23.4	20.4
WNW	52.3	51.6	50.8	49.9	47.7	44.6	38.5
NW	53.7	52.9	52.1	51.2	49.0	45.8	39.5
NNW	47.4	46.7	46.0	45.3	43.4	40.7	35.6

7.3.2.5 计算结果的合理性和适用性

(1)指数 θ 取值的合理性

根据《建筑结构荷载规范》(GB 50009—2001)的规定,海面、海岸、开阔水面和沙漠属于 A 类地貌,其幂指数推荐值为 0.12(表 7.44)。如东海上测风塔位于如东附近海域,离岸距离约 32 km,属于开阔的海面。风随高度变化的指数 θ 值取为 0.129,符合该地的实际下垫面状况。当 $\geqslant 5$ m/s 的风速拟合效果最好,拟合的剩余标准差最小,其对应的指数 θ 值 0.129 更为合理。

由此可见,指数 θ 值取为 0.129 是合理的,符合实际情况。

(2)50 a 一遇最大风速计算结果的合理性

为了确定风电场 50 a 一遇计算风速的合理性,将计算结果与根据《建筑结构荷载规范》(GB 50009—2001)直接推算的结果进行了对比分析。

根据 50 a 一遇最大风速计算结果,可以计算出风电场测风塔所在地 10 m 高度的 50 a 一遇风压值约为 0.605 kN/m²。而根据《建筑结构荷载规范》及《工程抗风设计计算手册》(张相庭,1998),按常规从 B 类地貌(标准气象站)换算到 A 类地貌,其风压值需乘以系数

1.38。也就是说,若按《建筑结构荷载规范》上给出的如东气象站风压值 0.45 kN/m²,推算到 A 类地貌,则其风压值为:$W=0.45$ kN/m² $\times 1.38=0.621$ kN/m²,略高于本研究的计算值。若根据如东气象站风压值简单外推至 A 类地貌,则其对应的 50 a 一遇最大风速为 31.5 m/s,略大于本研究的计算结果。

与根据规范简单外推结果比较,风电场 50 a 一遇最大风速的计算结果在简单外推结果附近,略大于简单外推结果,计算结果在合理范围内,符合风电场测风塔所在地的地貌特征。

(3)不同风向计算结果的合理性

以 100 m 为例,如东海上风电场测风塔观测期间,较大的日最大风速主要出现在偏东南风方向和偏西北风方向。其中 SSE、SE 和 ESE 分别出现了 24.2 m/s、23.5 m/s 和 22.3 m/s 的日最大风速,WNW、NNW 和 NW 分别出现了 23.1 m/s、22.8 m/s 和 22.2 m/s 的日最大风速。相对而言,风向为西风、东北偏东和西南偏南风的日最大风速较小,其中 ENE、E、W、NE 和 SSW 分别出现了 15.4 m/s、18.0 m/s、17.1 m/s、17.1 m/s 和 18.9 m/s 的日最大风速(图 7.70)。

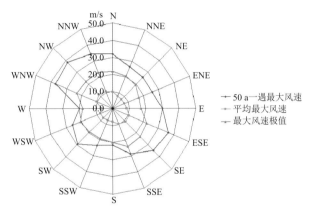

图 7.70　测风塔 100 m 各风向风速

从日最大风速的各风向平均值来看,也呈现较为一致的分布。西北方向最大,NW、NNW 和 WNW 的平均值分别为 11.8 m/s、10.6 m/s 和 10.5 m/s;其次为东南方向,SE 和 ESE 的平均值分别达 10.8 m/s 和 10.6 m/s。而东北偏东、偏南和西风相对较小,其中 W 最小,平均值仅 6.7 m/s,其次为 ENE,平均值为 7.5 m/s。NE、SSW 和 SW 的平均值分别仅有 7.6 m/s、7.6 m/s 和 7.8 m/s。

从各风向的 50 a 一遇最大风速来看,其各风向的分布与日最大风速极值和平均值的分布非常一致,其分布是合理的。

(4)计算结果的适用性

本研究的 50 a 一遇最大风速、极大风速计算过程考虑了工程的 99% 保证率,在计算中采取了工程设计参数的保守性原则,其结果适用于中广核如东 150 MW 海上风电场示范项目工程设计。

对于不同高度的各风向 50 a 一遇最大风速、极大风速而言,由于测风塔观测时间仅为 1 a 多,各风向的最大风速样本相对较少,可能对计算结果带来影响,有待进一步的检验。

7.3.3 海装如东 300 MW 海上风电场工程风参数研究

海装如东 300 MW 海上风电场(规划中的 H3 号风电场)位于江苏省管区东侧的牛角沙,如东 H1 号风电场南侧。风电场中心离岸距离 39 km,水深在 3.1~24.6 m,部分区域海底地形起伏明显。风电场形状呈梯形,东西方向长约为 18 km,南北方向平均宽约为 6 km,规划面积约为 90 km²。大型风机的轮毂高度一般在 70 m 以上,根据风电场风机选型以及风电场设计的需求,应计算风电场所在地不同高度、不同重现期的极端风速。本研究利用测风塔和如东气象站的同步观测资料,运用概率分析方法,计算近海风电场所在地不同高度的50 a 一遇、100 a 一遇最大风速、极大风速,为风电场工程可行性研究提供科学依据(江苏省气候中心,2015)。

7.3.3.1 拟合优度检验

拟合极值频率分布的方法有多种,气象上常用的如皮尔逊-Ⅲ型(P-Ⅲ)分布、极值Ⅰ型分布、威布尔 Weibull 分布等。以往的研究表明,它们与气象要素极值分布拟合良好,在气象、水文上获得了广泛的应用。本研究采用 Gumbel 分布、Weibull 分布和 P-Ⅲ 分布,对测风塔各层风速序列分别进行拟合。如图 7.71 所示,从 100 m、90 m、80 m、60 m、40 m 及 20 m 近一年逐日最大风速的拟合情况看,P-Ⅲ分布能较好地拟合各层的日最大风速序列(胡青叶等,2014)。

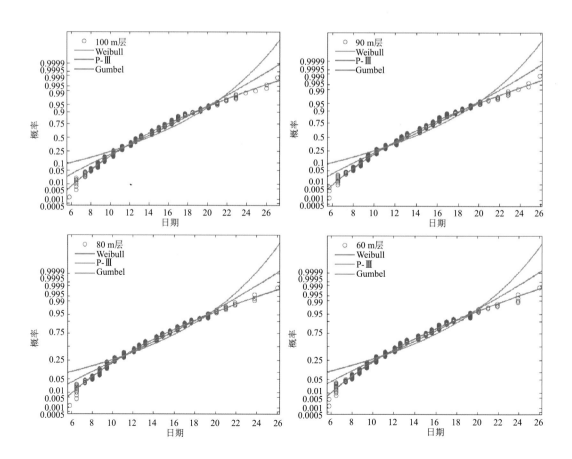

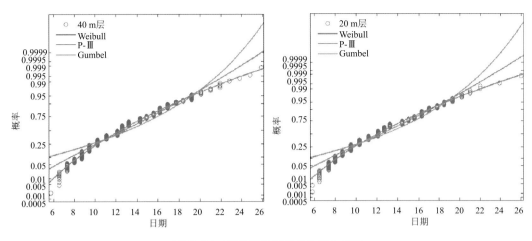

图 7.71　测风塔各层风速的拟合情况

此外,从表 7.50 中也可看出,基于三种分布模型拟合的各层日最大风速序列均通过了柯尔莫哥洛夫检验。具体而言,P-Ⅲ分布、Weibull 分布及 Gumbel 分布的柯莫哥洛夫拟合度分别为 0.068~0.081、0.093~0.113、0.082~0.1036。但就同一层而言,P-Ⅲ分布的柯莫哥洛夫拟合度相对较小,拟合效果较好。

综上所述,由柯尔莫哥洛夫检验可知,P-Ⅲ分布能较好地反映测风塔各层风速序列的分布规律。

表 7.50　三种分布的柯尔莫哥洛夫检验

分布函数模型	100 m	90 m	80 m	60 m	40 m	20 m
Gumbel	0.09724	0.10366	0.09569	0.08637	0.09125	0.08231
Weibull	0.09373	0.09421	0.09538	0.10981	0.11278	0.11305
P-Ⅲ	0.07059	0.07417	0.07082	0.06829	0.08123	0.07371

7.3.3.2　气象站测风高度订正

由于各种原因,在不同历史时期,如东气象站的测风高度存在差异。为了减小测风高度不同对计算结果的影响,首先要对如东气象站的测风数据进行高度订正。

近地面层风随高度的变化与地表粗糙度及低层大气的层结状态密切相关。已有的科学研究表明,在风速较大的情况下,大气往往处于中性层结状态,风速随高度的变化满足指数律分布。

本研究采用指数律将如东气象站历年的测风数据订正到 10 m 高度。气象站为典型的 B 类地貌,根据《建筑结构荷载规范》(GB 50009—2001)的规定,采用 B 类地貌的推荐值 0.16 作为风速随高度变化的拟合指数。

7.3.3.3　测风塔风切变指数计算

受地形与大气层稳定度等因素的影响,风速随高度变化的程度不同。因此,风切变指数的大小也各有差异。本研究将利用所需的数据,通过最小二乘法拟合风切变指数。

本研究将测风塔 20 m、40 m、60 m、80 m、90 m、100 m 高度的实测数据代入下式中,最终得到风切变指数(α)的值为：

$$\alpha = \frac{\displaystyle\sum_{i=1}^{n} x_i y_i}{\displaystyle\sum_{i=1}^{n} x_i^2} = 0.05$$

由此可知,测风塔风切变指数的值为 0.05,在本研究后续的合理性检验中,将以此为依据,推算测风塔所在地 10 m 高度的最大风速。

7.3.3.4 测风塔 50 a、100 a 一遇风速分析

海上风电场一般位于近海附近的浅海区域。由于下垫面性质的不同,近海与陆地的风速有较大的差异,气象站 50 a 一遇的最大风速、极大风速并不能代表近海的状况。所以,本研究基于测风塔风速数据和如东气象站同步观测资料,推算测风塔所在地不同高度 50 a 一遇、100 a 一遇的最大风速、极大风速。

(1)同步观测的相关性分析

风作为连续分布的气象要素,在相邻不远处的两地,其风速存在较好的相关关系。本研究利用测风塔和经过高度订正的如东气象站 2013 年 7 月 13 日—2014 年 7 月 12 日同步观测资料,运用数理统计方法,计算测风塔各层(Y)与如东气象站(X)日最大风速的相互关系,如表 7.51 所示。两者之间的相关点聚图如图 7.72 所示。

表 7.51　测风塔与气象站日最大风速的相互关系

项目	相关系数	方程	剩余标准差
测风塔 100 m 与气象站	0.579	$Y = 1.7938X + 5.2614$	2.6625
测风塔 90 m 与气象站	0.575	$Y = 1.7815X + 5.0410$	2.7218
测风塔 80 m 与气象站	0.576	$Y = 1.7666X + 4.9386$	2.6736
测风塔 60 m 与气象站	0.602	$Y = 1.7731X + 4.6838$	2.4934
测风塔 40 m 与气象站	0.593	$Y = 1.6819X + 4.8294$	2.4098
测风塔 20 m 与气象站	0.566	$Y = 1.6142X + 4.7758$	2.4696

(2)不同保证率条件下的计算方法

根据统计学原理,用一个有限的样本统计得出变量之间的回归方程并非数学上的严格函数关系式,而是概率统计关系,它仅代表了平均状况。由于各种随机因素影响,线性回归式计算值一般不会刚好等于实测值。实测值在以回归线值为中心的某个区间内摆动,在一定可靠信度(在工程结构中常称为保证率)下,估计出这一摆动区间,对于工程可靠性设计是必要的。

根据统计学理论有：

$$P(Y - \sigma < Y_{实际} < Y + \sigma)(\approx 68\%)$$

$$P(Y - 2\sigma < Y_{实际} < Y + 2\sigma)(\approx 95\%)$$

$$P(Y - 3\sigma < Y_{实际} < Y + 3\sigma)(\approx 99\%)$$

式中,σ 值为剩余标准差,P 为概率。根据表 7.51 的结果(以测风塔 20 m 高度层为例),利用

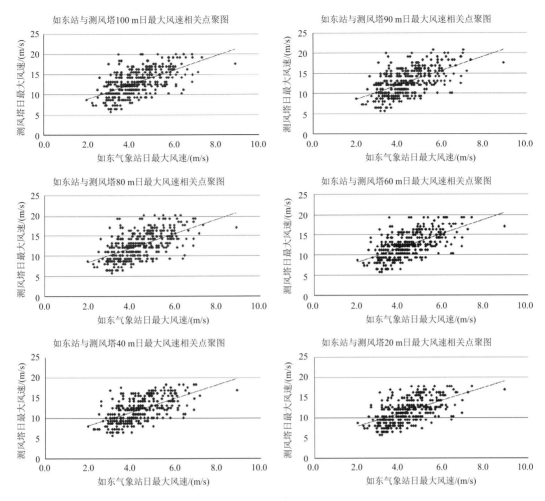

图7.72 如东气象站与测风塔各层日最大风速的相关点聚图

如东气象站年最大风速推算测风塔 20 m 高度层的年最大风速时,将有 68% 的年最大风速计算值落在:

$$Y = 1.6142X + 4.7758 + \sigma$$

和

$$Y = 1.6142X + 4.7758 - \sigma$$

两条线之间,从而给出计算结果的精度估计(即保证率)。

同理,利用如东气象站年最大风速推算测风塔 20 m 高度层的年最大风速时,将有 95% 的年最大风速计算值落在:$Y = 1.6142X + 4.7758 + 2\sigma$ 和 $Y = 1.6142X + 4.7758 - 2\sigma$ 两条线之间;将有 99% 的年最大风速计算值落在:$Y = 1.6142X + 4.7758 + 3\sigma$ 和 $Y = 1.6142X + 4.7758 - 3\sigma$ 两条线之间。

对于工程设计来说,关心的是最大风速的情况,即在保证率 σ 前提下,实际值不会超过计算值。因此,本研究采用不同的保证率推算测风塔所在地 50 a 一遇、100 a 一遇的风速值。

（3）最大风速计算

基于表 7.51 所述的线性关系式和剩余均方差结果，并考虑到工程设计的不同保证率，可以计算得到不同保证率下测风塔各层与如东气象站年最大风速之间的相互关系，具体的线性关系式如表 7.52—表 7.57 所示。

表 7.52　不同保证率下测风塔 100 m 高度与如东气象站日最大风速的相互关系

项目	方程
无保证率	$Y=1.7938X+5.2614$
90%保证率（$+1\sigma$）	$Y=1.7938X+7.9239$
95%保证率（$+2\sigma$）	$Y=1.7938X+10.5864$
99%保证率（$+3\sigma$）	$Y=1.7938X+13.2489$

表 7.53　不同保证率下测风塔 90 m 高度与如东气象站日最大风速的相互关系

项目	方程
无保证率	$Y=1.7815X+5.0410$
90%保证率（$+1\sigma$）	$Y=1.7815X+7.7628$
95%保证率（$+2\sigma$）	$Y=1.7815X+10.4846$
99%保证率（$+3\sigma$）	$Y=1.7815X+13.2064$

表 7.54　不同保证率下测风塔 80 m 高度与如东气象站日最大风速的相互关系

项目	方程
无保证率	$Y=1.7666X+4.9386$
90%保证率（$+1\sigma$）	$Y=1.7666X+7.6122$
95%保证率（$+2\sigma$）	$Y=1.7666X+10.2858$
99%保证率（$+3\sigma$）	$Y=1.7666X+12.9594$

表 7.55　不同保证率下测风塔 60 m 高度与如东气象站日最大风速的相互关系

项目	方程
无保证率	$Y=1.7731X+4.6838$
90%保证率（$+1\sigma$）	$Y=1.7731X+7.1772$
95%保证率（$+2\sigma$）	$Y=1.7731X+9.6706$
99%保证率（$+3\sigma$）	$Y=1.7731X+12.1640$

表 7.56　不同保证率下测风塔 40 m 高度与如东气象站日最大风速的相互关系

项目	方程
无保证率	$Y=1.6819X+4.8294$
90%保证率（$+1\sigma$）	$Y=1.6819X+7.2392$
95%保证率（$+2\sigma$）	$Y=1.6819X+9.6490$
99%保证率（$+3\sigma$）	$Y=1.6819X+12.0588$

表 7.57　不同保证率下测风塔 20 m 高度与如东气象站日最大风速的相互关系

项目	方程
无保证率	$Y=1.6142X+4.7758$
90%保证率（$+1\sigma$）	$Y=1.6142X+7.2454$
95%保证率（$+2\sigma$）	$Y=1.6142X+9.7150$
99%保证率（$+3\sigma$）	$Y=1.6142X+12.1846$

基于上述各表中的回归方程及如东气象站 1985—2014 年最大风速，可以计算得到测风塔所在地各层年最大风速序列。运用 P-Ⅲ型分布推算测风塔各层 50 a 一遇、100 a 一遇的最大风速，结果分别列于表 7.58、表 7.59。

表 7.58　测风塔 50 a 一遇最大风速

单位：m/s

高度	无保证率	$+1\sigma$	$+2\sigma$	$+3\sigma$
20 m	31.2	33.7	36.2	38.7
40 m	32.4	34.8	37.2	39.6
60 m	33.8	36.2	38.7	41.2
80 m	33.9	36.6	39.3	41.9
90 m	34.3	37.0	39.7	42.4
100 m	34.7	37.3	40.0	42.7

表 7.59　测风塔 100 a 一遇最大风速

单位：m/s

高度	无保证率	$+1\sigma$	$+2\sigma$	$+3\sigma$
20 m	32.2	34.7	37.2	39.6
40 m	33.4	35.9	38.3	40.7
60 m	34.8	37.3	39.8	42.3
80 m	35.0	37.7	40.3	43.0
90 m	35.4	38.1	40.8	43.5
100 m	35.8	38.4	41.1	43.8

（4）极大风速计算

由于测风塔无极大风速观测，本研究首先考虑如东气象站 2013 年 7 月 13 日—2014 年 7 月 12 日同期观测的逐日极大风速（Y）、最大风速（X）的相关关系。如图 7.73 所示，两者平均值之间的比值达 1.793，相关系数为 0.895，线性关系式：$Y=1.6977X+0.4041$，剩余均方差 $\sigma=0.9586$。

不可否认的是，由于下垫面性质不同，近海与陆地的风速有较大的差异，气象站的 50 a 一遇最大风速、极大风速并不能真实反映近海的状况。若仅凭气象站的逐日极大风速、最大风速的相关关系来推算测风塔 50 a 一遇、100 a 一遇极大风速，可能存在较大的误差和不确定性。因此,从工程设计的保守性原则出发,参考如东气象站逐日极大风速、最大风速的相关关系,并根据已有的研究,采用测风塔所在地不同高度的 50 a 一遇、100 a 一遇最大风速的 1.4 倍作为其 50 a 一遇、100 a 一遇的极大风速,具体的计算结果列于表 7.60、表 7.61。

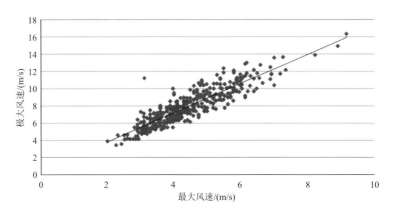

图 7.73　如东气象站最大、极大风速相关点聚图

表 7.60　测风塔 50 a 一遇极大风速

单位:m/s

高度	无保证率	+1σ	+2σ	+3σ
20 m	43.7	47.2	50.7	54.1
40 m	45.4	48.7	52.1	55.5
60 m	47.3	50.7	54.2	57.7
80 m	47.5	51.2	55.0	58.7
90 m	48.0	51.8	55.6	59.4
100 m	48.5	52.3	56.0	59.7

表 7.61　测风塔 100 a 一遇极大风速

单位:m/s

高度	无保证率	+1σ	+2σ	+3σ
20 m	45.1	48.6	52.0	55.5
40 m	46.8	50.2	53.6	56.9
60 m	48.8	52.3	55.8	59.3
80 m	49.0	52.7	56.5	60.2
90 m	49.5	53.3	57.2	60.9
100 m	50.1	53.8	57.5	61.3

由表 7.60、表 7.61 可以看出,在不同保证率下,测风塔各层风速值随高度的上升而增大。测风塔 100 m 高度无保证率下的 50 a、100 a 一遇极大风速分别比 20 m 高度增加了 4.8 m/s、5.0 m/s。99%保证率下,测风塔 100 m 高度 50 a 一遇的极大风速比无保证率下的风速增大了 11.2 m/s。

7.3.3.5　合理性和适用性分析

（1）结果的合理性

为了确定测风塔所在地50 a一遇最大风速的合理性，将计算结果与根据《建筑结构荷载规范》（GB 50009—2001）直接推算的结果进行了比较。

根据《建筑结构荷载规范》及《工程抗风设计计算手册》（张相庭，1998），按常规从B类地貌（标准气象站）换算到A类地貌，其风压值需乘以系数1.38。若按《建筑结构荷载规范》上给出的如东气象站风压值0.45 kN/m²，推算到A类地貌，则其风压值为：$W = 0.45$ kN/m² $\times 1.38 = 0.621$ kN/m²。若根据气象站风压值简单外推至A类地貌，则其对应的10 m高度的50 a一遇最大风速为31.5 m/s。

由50 a一遇最大风速的计算结果，可以推算出测风塔所在地不同保证率下10 m高度的50 a一遇最大风速。如表7.62所示，测风塔10 m高度在90%保证率下的50 a一遇最大风速为32.6 m/s，对应的风压值为0.662 kN/m²，略大于根据规范简单外推的结果。而无保证率下测风塔10 m高度的50 a一遇最大风速仅为30.1 m/s（风压值为0.568 kN/m²），两者均明显小于根据规范简单外推的结果。由此可知，本研究采用不同保证率计算的50 a一遇最大风速是合理的。

表7.62　测风塔10 m高度50 a一遇最大风速

项目	无保证率	+1σ	+2σ	+3σ
测风塔10 m高度50 a一遇的最大风速/(m/s)	30.1	32.6	35.0	37.4
测风塔10 m高度50 a一遇的风压/(kN/m²)	0.568	0.662	0.764	0.873

（2）结果的适用性

测风塔所在地50 a、100 a一遇最大风速、极大风速的计算过程考虑了工程设计的不同保证率，在计算中采取了工程设计参数的保守性原则，其结果是相对保守的，适用于测风塔所在地附近区域风电场工程设计，也可作为其他风电场工程设计的参考依据。本研究的计算结果符合沿海地区风速分布规律，与沿海地区的观测事实较为吻合。

7.3.3.6　主要结论和建议

（1）基于如东气象站和测风塔的同步观测资料，建立了气象站与测风塔各层之间的回归关系。考虑到工程设计的不同保证率，分别采用无保证率、+1σ（90%的保证率）、+2σ（95%的保证率）、+3σ（99%的保证率）计算测风塔所在地的年最大风速序列。运用P-Ⅲ型分布推算测风塔所在地不同高度50 a一遇、100 a一遇的最大风速。由于无极大风速观测，采用测风塔所在地50 a一遇、100 a一遇最大风速的1.4倍作为该地50 a一遇、100 a一遇的极大风速。经过与根据《建筑结构荷载规范》（GB 50009—2001）的简单外推结果相比较，本书90%保证率的计算结果与简单外推值较为接近，略高于简单外推值。经过分析，说明本研究计算结果是合理的、保守的，计算结果适用于测风塔所在地风电场工程设计，也可以作为其他海域风电场工程设计的参考依据。

（2）本研究的计算结果是基于测风塔2013年7月13日—2014年7月12日逐10 min观测资料推算得到的，由于测风时间较短，样本相对较少，其结果有待进一步的观测验证。

而近海天气气候条件复杂,风电场投资大、风险高。建议在进行风电场工程建设前,通过补充观测资料,对计算结果进行修正和检验。强风、强湍流、风向短时突变可能会引起塔筒及叶片的折断,如2006年台风"桑美"几乎把浙江苍南风电场完全摧毁。由于江苏省近海地区夏半年常受热带气旋影响,热带气旋也常常带来强风天气。因此建议在进行海上风电场设计时,采用较高保证率的计算结果。另外,建议在风电场风机选型时,采用抗风能力较强的风机。由于海上风电场工程建设的特殊性,建议在工程建设阶段,尽量规避气象灾害风险(雷击、低温、强风等),合理安排工期。同时,根据天气预警预报进行施工建设,避免人员伤亡和财产损失。

第 8 章
发展与展望

本书第 1 至第 7 章已经研究了全省风能资源开发利用的进程和现状,阐述了风能资源监测和评估的情况,对全省不同下垫面条件下的风能资源分布和风资源特征进行了探索,估算了全省风能资源的储量,初步研究了高影响天气可能对风能资源开发利用的影响,并通过实际案例介绍了全省风能资源开发利用专业气象服务情况,为全省风能资源开发利用提供了参考。本章根据全省风能资源分布特点、风电发展现状和开发利用条件,研究未来全省风电发展的前景和方向。

8.1 发展前景

江苏省位于中国东部沿海地区中部,长江、淮河下游,地处 $30°45'$—$35°07'$N,$116°21'$—$121°55'$E 之间,南北跨度 460 余千米,东西跨度 320 余千米,土地面积约 10.26 万 km²,占全国土地总面积的 1.05%。江苏省北接山东,南临上海、浙江,西界安徽,东濒黄海,拥有近 1000 km 长的海岸线,沿海滩涂面积达 6500 km²,约占全国滩涂总面积的 1/4,居全国各省、市之首,全省具有海域面积达 3.14 万 km²,且大部分海域的水深在 50 m 以上,具备开发海上风电的巨大潜力。

从风电开发的风能资源来看,全省蕴含丰富的风能资源,具备风电开发的风能资源潜力。根据全省风能资源详查和评估的成果,沿海大部分地区 50 m 高度年平均风功率密度在 $200\sim250$ W/m²,属于 2 类风资源等级。内陆地区风能资源较少,大部分地区 50 m 高度年平均风功率密度在 $150\sim200$ W/m²,属于 1 类风资源等级。内陆太湖、洪泽湖等大型水体周围风能资源相对丰富,50 m 高度年平均风功率密度在 $200\sim250$ W/m²,属于 2 类风资源等级(江苏省气候中心,2012)。同时,根据江苏近海多座梯度测风塔的观测结果来看,全省近海海域的 10 m 高度年平均风速大多在 6 m/s 以上,属于 3 类风资源等级,风能资源非常丰富,具备大规模开发的资源条件。

从风电的消纳条件来看,江苏省经济发达,人口达到 8500 多万,电力消费需求量大。同时,江苏省紧靠上海,是全国的电力消纳中心之一。另外,江苏省电网较为发达,风电接入方便,国网江苏电力已构建江苏"四纵"500 kV 网架结构,建成泰州泰兴到无锡斗山、扬州江都到镇江梦溪(大港)以及南京境内的秋藤到秦淮和三汊湾到龙王山 4 条 500 kV 电力过江通道,总体输电能力为 1100 万~1200 万 kW,第五条 500 kW 过江通道——凤城—梅里 500 kW 输变电工程已经核准批复建设。由于江苏省电网发达,且位于电力消纳中心,电力输送成本明显低于我国西部地区,全省具备风电大规模发展的电力消纳和输送条件。

从工作积累和技术储备来看,江苏省具备了大规模发展风电的经验和技术条件。首先,风能资源监测和评估能力显著提升。通过陆地、沿海滩涂和近海风电的开发,建立了包括国家气象站、区域自动气象站、梯度测风塔等在内的立体风能资源观测网,发展了基于观测和高分辨率、精细化数值模拟技术的风能资源评估技术,提升了风能资源监测、评估和风电场工程设计及服务的能力,形成了风能资源监测和评估的专业技术队伍。其次,通过风能资源的开发利用,风电场设计、施工、运营和风电产业装备技术能力大幅提升,以高塔筒、大叶轮为特点的低风速风机技术达到世界领先水平,大容量海上风电核心技术取得突破,海上风电柔性直流集中输电技术得到发展,风电装备和电力输送技术进步推进了风电成本的下降,为风电大规模开发提供了技术储备,也大大增强了风电的市场竞争力。

从风电场施工条件上来看,江苏省海岸线总长954 km,除了北部滨海海域以外,基本为淤积性海岸线,近海海域水深在25 m以内,绝大部分在15 m左右,建设近海风电场的条件较好,航运、军事等制约因素相对较少,适合海上风电大规模开发利用。从交通条件上来看,截至2020年末,全省高速公路里程达到4924 km,高速公路密度全国第一。京沪铁路、陇海铁路等铁路干线、支线贯通全省。全省已建成南京长江大桥、长江二桥、长江三桥、长江四桥、长江五桥、大胜关长江铁路桥、五峰山长江大桥、润扬大桥、泰州大桥、江阴大桥、沪苏通大桥、苏通大桥、崇启大桥等过江通道,正在开展常泰大桥、张靖皋大桥、苏通第二通道等跨江大桥建设,长江不再成为"天堑"。连云港、滨海港、大丰港、洋口港、南通港等港口为全省风电工程建设提供支撑。

从政策环境上来看,江苏省风力发电的大规模发展处于大有可为的战略机遇期。"十四五"及今后一段时期,全球能源将加速向低碳方向演进,我国将坚决落实"碳达峰、碳中和"目标任务,推进能源机构加快调整。绿色低碳成为能源技术创新主攻方向,风电领域科技创新高度活跃,风电迈入产业成熟期。我国已经明确"到2030年非化石能源占一次能源消费比重将达到25%左右,风电、太阳能发电总装机容量达到12亿kW以上"等发展愿景和目标,发展风电、太阳能已成为实现我国庄严承诺的必然要求,也是负责任大国的主动作为。从江苏省的实际情况来看,全省能源资源禀赋少,环境承载能力弱,能源消费基数高,面临的挑战非常严峻,能源低碳化、绿色化将是今后较长一段时期内实现"双碳"目标的主攻方向(江苏省发展和改革委员会,2013)。同时,国家消纳责任权重考核要求江苏省进一步加快可再生能源规模化发展,努力提高可再生能源生产和消费比重。随着江苏经济发展进入创新引领加速、质量全面提升的新阶段,风能、太阳能等可再生能源产业成为全省经济发展的重要增长点,江苏省逐步迈入可再生能源利用大省和可再生能源产业强省协调并进的发展态势,为"强富美高"新江苏建设贡献力量。

8.2 开发利用建议

(1)强化不同等级风能资源区域的规划和开发利用

根据风能资源监测和评估的已有成果,江苏沿海陆地主要是2类风能资源(50 m高度年平均风功率密度大于200 W/m²),面积约为3000 km²。海上风能资源更丰富,3类风能资源(50 m高度年平均风功率密度大于300 W/m²)面积约为49000 km²,大部分海域在5 m等深线处基本达到3类风能资源等级,适宜大规模开发利用。同时,洪泽湖、骆马湖等大型水体以及沿江、丘陵山地周围接近2类风能资源,具有适度开发的潜力。随着低风速风力发电技术的进步,部分内陆地区的风能资源也具备了被开发的可能。全省不同高度的风能资源丰富程度也有差别,建议充分开发利用。

江苏省的特点是地少人多,水面面积占比大,城镇化程度高,海域使用程度高。建议加强风电发展规划和选址,加强发改、能源、交通、海洋、国土、环境、农业、气象等各部门的联动和沟通,强化规划选址的可行性,减少土地使用带来的制约。重点做好近海、沿海、沿湖等区域的风电规划工作,加强分散式风电发展规划,提倡"风、光、渔"互补等一地多用的开发利用模式。在规划选址阶段,充分考虑风能资源条件和土地使用、环境、景观、交通等制约因素,并与当地的发展规划进行衔接。

(2)加强海上风能资源的科学监测和评估

江苏海上风电是未来风电发展的重点,受建设条件和成本限制,目前海上气象观测很少,尤其是缺少风机轮毂高度的梯度测风数据,本研究给出的结论主要是基于近海少量测风塔、沿海陆上观测和数值模拟所得,缺乏离岸 50 km 以上的风资源观测数据,海上风能资源评估带来了一些不确定性。建议由政府组织、统一规划,由气象部门开展海上风能资源梯度观测和资料收集工作,利用气象专业技术和已有历史长序列气象资料,进行海上风能资源进一步的科学、精细评估。

同时,江苏海域地处东亚季风区,受东亚季风的影响,天气气候条件复杂。常有台风北上影响江苏海域,温带气旋变性入海后也常常带来大风天气。由于海面摩擦力小,且海洋能为气旋提供水汽和热量条件,往往台风和气旋的风力较大,可能会给风电场建设和运营带来不确定性的影响,甚至可能会产生颠覆性的影响。另外,江苏海域也是雷电、海雾等高影响天气的多发区,可能影响风电场的安全建设、运营,影响风电场的发电效率。而江苏海域还缺少气象观测资料,难以评估大风、雷电、海雾等高影响天气可能带来的影响,也给风电场选址、风机选型和工程设计带来困难。

因此,建议加强海上气象条件和风能资源的科学监测工作。通过合理规划布局,建立梯度测风塔,开展风能资源和气象条件的监测。利用实测数据,开展风能资源评估、风参数研究,为风电场选址、风机选型、工程设计和风电场建成后的运行、维护等提供基础数据及技术支撑。

(3)重视风速变化对电网安全的影响

风电具有波动性、难以精准预测的特点,江苏风能资源有明显的季节变化和日变化周期,风力出力具有显著的波动性,且波动幅度较大。根据《江苏省"十四五"可再生能源发展规划》提出的发展目标,到"十四五"末,全省风电装机将达到 28000 MW,占全省总装机的 15%。随着风电上网比例逐步增大,风能发电量的波动会对电网调度、安全运营产生较大影响,建议充分重视,做好准备。同时,江苏风速集中区主要位于大型风机的低风速区。在风机选型时建议选择在该区间发电效率较高的机型,充分利用风能,提高风电场运行效益。

同时,加强风电出力的预测预报工作。强化风电功率预测技术的研发,提高预测的时效性和准确度,建立可靠的风电功率预测系统,充分利用气象部门现有的精细化气象预报技术,结合工程实际,开展有针对性的风电功率预测试验和研究。建议由能源主管部门统一组织,联合气象、电网、发电企业等部门和单位,开展风电功率预测技术攻关和预测系统研发,建立统一、高效、可靠的风电功率预测系统,同时加强考核,改变"各自为政"的风电功率预测状态。

另外,建议加强电网基础设施的建设,按照"统一规划、统一送出"的思路,探索开展海上风电柔性直流集中送出等前沿技术示范。加强电网规划建设,加快可再生能源项目配套送出及电网加强协同,进一步完善电网主网架,积极推进沿海第二通道和过江通道等建设,提高北电南送输电能力,畅通绿电能流,提升电网对高比例风电的消纳能力。推动配电网扩容改造升级,着力打造适应大规模风电并网和多元负荷需要的智能配电网,全面提升风电的输送和消纳能力。

8.3　未来展望

江苏风电发展的基本思路是:整体规划,分步实施;科学布局,协调发展;技术创新,提升水平。全省以风电开发拉动风机制作业的发展,形成具有江苏特色的风电产业链,实现风电与风机制造业同步发展。

根据《江苏省"十四五"可再生能源发展专项规划》制定的发展目标,到 2025 年,全省可再生能源消费占比要达到 15%,而风电装机要达到 28000 MW,5 a 时间要增加装机 12530 MW,新增投资约 1650 亿元,相当于再造一个千万千瓦级风电基地。要完成这个目标,必须加快风电规模化发展,尤其是全力推进近海海上风电的发展。

在大规模发展风电的同时,必然对风电开发的配套基础设施和风电装备提出了更高的要求,风电机组、零配件等产业也将迎来一个发展机遇期。同时,风电大规模装机必然给输电工程建设带来更高的要求,电网建设尤其是开关站、过江通道等建设将加速。

在"碳达峰、碳中和"的目标要求下,结合生态文明建设的要求,风电建设要加强开发布局,协调好与自然保护地、水利设施、风景名胜区和候鸟迁徙通道等之间的关系,并采取措施防止噪音污染以及对鸟类、景观的影响,海上风电要加强对通航安全等的影响分析,防止对航道锚地、船用雷达以及船舶自动识别系统等产生影响。

参考文献

卞光辉,2008.中国气象灾害大典:江苏卷[M].北京:气象出版社.

陈兵,邱辉,赵巧华,2010.江苏省年最大风速的时空分布及突变分析[J].气象科学(2):214-220.

陈燕,程婷,李进喜,2014.江苏沿海风速空间衰减规律研究[J].高原气象,33(4):1086-1092.

陈燕,许遐祯,黄敬峰,等,2017.ENVISAT 星载合成孔径雷达反演风场在江苏近海风场研究中的应用初探[J].高原气象,36(3):852-864.

陈燕,张宁,2019a.江苏沿海近地层风阵性及台风对其影响[J].应用气象学报,30(2):177-190.

陈燕,张宁,许遐祯,等,2019b.江苏沿海近地层强风风切变指数特征研究[J].高原气象,38(5):1069-1081.

杜坤,魏鸣,许遐祯,等,2011.江苏省雾的集中程度及其气候趋势研究[J].气象科学,31(5):632-638.

高峰,2000.江苏省风能资源的开发与利用[J].水力发电,9:59-60.

高健,王秀珍,许遐祯,等,2015.卫星遥感反演海面风矢量数据真实性检验与质量评价[J].遥感技术与应用,30(3):439-447.

国家发展和改革委员会,2004.全国风能资源评价技术规定[R].北京:国家发展和改革委员会.

龚志强,王晓娟,支蓉,等,2009.中国近 58 a 温度极端事件的区域特征及其与气候突变的联系[J].物理学报,58(6):4342-4353.

胡青叶,范梦歌,2014.P-III 型分布参数估计误差分析[J].科技信息(10):60-61.

胡文忠,1996.用矩阵法估算 Weibull 分布三参数[J].太阳能学报,17(4):348-352.

黄浩辉,宋丽莉,植石群,等,2007.广东省风速极值 I 型分布参数估计方法的比较[J].气象(3):103-108.

黄世成,姜爱军,刘聪,等,2007.江苏省风能资源重新估算与分布研究[J].气象科学(4):407-412.

黄世成,任健,王冰梅,等,2009a.江苏 80 m 高度风能评估方法探讨[J].气象科学(4):519-523.

黄世成,周嘉陵,任健,等,2009b.长江下游百年一遇的极值风速分布[J].应用气象学报,20(4):437-442.

江苏省发展和改革委员会,2013.江苏省低碳发展报告 2012[M].南京:江苏人民出版社.

《江苏省气候变化评估报告》编写委员会,2017.江苏省气候变化评估报告[M].北京:气象出版社.

江苏省气候中心,2005. 江苏省风能资源评估报告[R]. 南京:江苏省气候中心.

江苏省气候中心,2010a.洪泽湖泗洪区域风能资源评估[R].南京:江苏省气候中心.

江苏省气候中心,2010b.南京地区风能资源评估及风机试验场选择技术报告[R].南京:江苏省气候中心.

江苏省气候中心,2011a.龙源盱眙风电场风能资源评估报告[R]. 南京:江苏省气候中心.

江苏省气候中心,2011b.中广核如东 150MW 海上风电场示范项目气候条件分析及气象灾害评估专题报告[R].南京:江苏省气候中心.

江苏省气候中心,2012.江苏省风能资源详查和评估报告[R]. 南京:江苏省气候中心.

江苏省气候中心,2015.海装如东海上风电场工程风参数研究报告[R]. 南京:江苏省气候中心.

江苏省气候中心,2019.常泰大桥工程风参数研究报告[R]. 南京:江苏省气候中心.

江苏省气候中心,2022.张皋过江通道工程桥址处气象及风参数研究[R]. 南京:江苏省气候中心.

江苏省气象科学研究所,2005a.崇启大桥风参数研究报告[R]. 南京:江苏省气象科学研究所.

江苏省气象科学研究所,2005b.宿迁骆马湖风能资源初步评估[R]. 南京:江苏省气象科学研究所.

江苏省气象科学研究所,2006.骆马湖宿迁区域风能资源评估[R].南京:江苏省气象科学研究所.

姜爱军,项瑛,彭海燕,等,2006.近40 a江苏省各区域气候变化分析[J].气象科学,26(5):525-529.

李超,魏建苏,严文莲,等,2013.江苏沿海大风特征及其变化分析[J].气象科学,33(5):584-589.

李超平,2002.气象要素延长订正方法探讨[J].钢铁技术(5):40-43.

李军,黄敬峰,王秀珍,等,2005.山区月降水量的短序列订正方法[J].山地学报,23(6):687-693.

李晓燕,余志,2005.基于MM5的沿海风资源数值模拟方法研究[J].太阳能学报,26(1):400-408.

李艳,王元,2007a.岛屿型复杂地形地貌条件下有效风能分布的甚高分辨率数值模拟[J].太阳能学报(6):663-669.

李艳,王元,汤剑平,2007b.中国近地层风能资源的时空变化特征[J].南京大学学报(自然科学版)(3):280-291.

李艳,王元,储惠芸,等,2008.中国陆域近地层风能资源的气候变异和下垫面人为改变的影响[J].科学通报(21):2646-2653.

李艳,汤剑平,王元,等,2009.区域风能资源评价分析的动力降尺度研究[J].气候与环境研究(2):192-200.

林忠辉,莫兴国,李宏轩,等,2002.中国陆地区域气象要素的空间插值[J].地理学报,57(1):47-56.

刘峰,2004.应用Kriging算法实现气象资料空间内插[J].气象科技,32(2):110-115.

路屹雄,王元,李艳,2009.江苏风能资源代表年选择的方法比较[J].气象科学,29(4):524-526.

潘文卓,2008.江苏省龙卷分布特征及其灾害评估[D].南京:南京信息工程大学.

申华羽,吴息,谢今范,等,2009.近地层风能参数随高度分布的推算方法研究[J].气象(7):54-60.

孙济良,陈喜军,孙秀艳,1998.新能源——风能的计算研究[J].气象,20(4):15-19.

汤国安,杨昕,2006.ArcGIS地理信息系统空间分析实验教程[M].北京:科学出版社.

汪婷,吴息,江志红,等,2008.自动站风能参数的短序列订正方法及其应用研究[J].应用气象学报(5):547-553.

王晓惠,巫黎明,杨杰,等,2020.江苏沿海平均风速空间衰减规律拟合研究[J].气象科学,40(3):393-401.

王易,韩桂荣,曹舒娅,等,2018.江苏一次灾害性大风天气过程分析[J].气象科技进展,8(6):17-21.

吴息,赵彦厂,王冰梅,等,2009.江苏省风电资源的调峰能力评估[J].气象科学,29(5):633-637.

徐新华,杨岳平,汪大翠,1999.华东地区风能资源分析[J].能源研究与利用(3):19-22.

许瑞林,巢建东,2011.江苏省可再生能源发展报告[M].南京:江苏人民出版社.

许遐祯,潘文卓,缪启龙,2010.江苏省龙卷灾害易损性分析[J].气象科学(2):70-75.

薛桁,朱瑞兆,杨振斌,等,2001.中国风能资源贮量估算[J].太阳能学报(2):167-170.

严慧敏,2005.江苏风电发展规划与政策机制研究[J].江苏电机工程,24(1):8-10.

张相庭,1998.工程抗风设计计算手册[M].北京:中国建筑工业出版社.

张一民,沈才元,徐继先,1997.江苏省风能的简便计算方法研究[J].气象科学,17(3):268-272.

赵彦厂,江志红,吴息,2008.基于区域气候模式的江苏省风能评估试验[J].南京气象学院学报(1):75-82.

郑有飞,丁雪松,吴荣军,等,2012.近50 a江苏省夏季高温热浪的时空分布特征分析[J].自然灾害学报(2):45-52.

中国船级社,2008.风力发电机组规范[M].北京:人民交通出版社.

中国气象局,2010.地面气象观测规范[M].北京:气象出版社.

朱飙,王振会,李春华,等,2009.江苏雷暴时空变化的气候特征分析[J].气象科学(6):143-146.

朱超群,1993.风能计算及其随高度的变化[J].太阳能学报,14(1):7-15.

朱明月,2013.江苏省主要气象灾害特征及风险评估研究[D].南京:南京大学.